ÉTUDES
D'ÉCONOMIE RURALE

PAR

M. D. ZOLLA

Lauréat de l'Institut
Professeur à l'École de Grignon et à l'École libre des Sciences politiques

LES VARIATIONS DU PRIX DU BÉTAIL ET DE LA VIANDE
LES CHARGES FISCALES
DE LA PROPRIÉTÉ RURALE ET DE L'AGRICULTURE
L'IMPÔT FONCIER. — LA QUESTION DU BLÉ
ÉTUDE SUR LA DIMINUTION DU NOMBRE DES OVIDES
EN FRANCE ET EN EUROPE
LE COMMERCE DES PRODUITS AGRICOLES EN FRANCE
ET A L'ÉTRANGER
LE SOCIALISME ET L'AGRICULTURE EN FRANCE.

PARIS

G. MASSON, ÉDITEUR

120, BOULEVARD SAINT-GERMAIN

1896

ÉTUDES

D'ÉCONOMIE RURALE

OUVRAGES DU MÊME AUTEUR

Code manuel du propriétaire-agriculteur. 1 vol. in-18. 400 pages.
Paris, Giard et Brière, éditeurs.

Les Questions agricoles d'hier et d'aujourd'hui. Première série, 1894.
1 vol. Paris, Alcan.... .... 3 fr. 50

Les Questions agricoles d'hier et d'aujourd'hui. Deuxième série,
1895. 1 vol. Paris, Alcan.................................. 3 fr. 50

POUR PARAITRE PROCHAINEMENT

Histoire des variations du revenu et des prix des terres en France
depuis 1789 jusqu'à nos jours. (Ouvrage couronné par l'Académie
des sciences morales et politiques. Prix Léon Faucher.)

Histoire économique de la propriété foncière au XVIIᵉ et au XVIIIᵉ
siècle. (Ouvrage couronné par l'Académie des sciences morales et
politiques. Prix Rossi.)

HAVRE. — IMPRIMERIE DU COMMERCE, 3, RUE DE LA BOURSE.

ÉTUDES

D'ÉCONOMIE RURALE

PAR

M. D. ZOLLA

Lauréat de l'Institut

Professeur à l'École de Grignon et à l'École libre des Sciences politiques

LES VARIATIONS DU PRIX DU BÉTAIL ET DE LA VIANDE.
LES CHARGES FISCALES
DE LA PROPRIÉTÉ RURALE ET DE L'AGRICULTURE.
L'IMPÔT FONCIER. — LA QUESTION DU BLÉ.
ÉTUDE SUR LA DIMINUTION DU NOMBRE DES OVIDÉS
EN FRANCE ET EN EUROPE.
LE COMMERCE DES PRODUITS AGRICOLES EN FRANCE
ET A L'ÉTRANGER.
LE SOCIALISME ET L'AGRICULTURE EN FRANCE.

PARIS

G. MASSON, ÉDITEUR

120, BOULEVARD SAINT-GERMAIN

—

1896

INTRODUCTION

I

Quelles sont les questions qui préoccupent aujourd'hui le plus vivement le public agricole ; quels sont les problèmes qui intéressent presque exclusivement la classe des propriétaires ruraux ?

On pourrait croire que ce sont les questions agricoles proprement dites, et les problèmes scientifiques relatifs à la production rurale sous toutes ses formes. Il n'en est rien. Ni les entrepreneurs de culture ni les propriétaires ne se désintéressent, sans doute, des choses du métier, du développement de la production et des méthodes qui peuvent être employées dans ce but. Mais les uns comme les autres se préoccupent plus vivement des questions économiques, des variations du prix des produits ruraux notamment, et des charges fiscales de la propriété ou de l'industrie agricole.

Ces préoccupations sont fort naturelles. On ne saurait s'étonner de l'ardeur avec laquelle on discute chaque jour les problèmes économiques et financiers qui intéressent la propriété rurale ou l'agriculture elle-même. La production n'est qu'un moyen ; la réalisation d'un profit et la perception d'un revenu aussi élevé que possible, tel est le véritable but des entrepreneurs de culture et des propriétaires.

Depuis quinze ans, la baisse du cours des céréales ou des autres produits agricoles a eu comme conséquence immédiate la diminution de ces profits et la réduction de ces revenus. Sans nul doute, cette baisse a pu profiter à ceux qui vivent de salaires, et aux personnes dont les revenus restés fixes ont augmenté la richesse véritable. Cette conséquence de la baisse générale du prix des denrées agricoles n'a pas été fort sensible et, en revanche, la crise qu'ont eu à subir les cultivateurs ou les propriétaires les a durement éprouvés. L'accroissement de la quantité des produits n'a pu compenser la diminution de leur prix. Ce développement de la production exige, en outre, l'adoption de procédés nouveaux que tous nos agriculteurs ne connaissent pas ; il suppose un développement simultané de l'esprit d'initiative et l'emploi de capitaux plus abondants. Les résultats et les bénéfices de ces méthodes culturales semblent incertains à ceux qui redoutent toute transformation des anciens usages; ils ne semblent pas assez prochains à ceux que la baisse rapide des prix a déconcertés, irrités et appauvris. C'est donc la baisse, elle-même, ce phénomène économique si douloureux et si inattendu, qu'il s'agissait de constater, d'étudier, et de combattre.

Or, l'histoire nous l'apprend, lorsque les prix s'abaissent, lorsque l'on entre dans une période de dépression des cours analogue à celle que nous traversons aujourd'hui, c'est la concurrence étrangère que l'on accuse tout d'abord. Dès les premières années de la Restauration, en 1819, soudain le prix du blé fléchit; celui des autres céréales subit une baisse semblable; le bétail lui-même diminue de prix. Aussitôt, on attribue cette baisse générale et persistante à la concurrence étrangère; des droits protecteurs sont votés, relevés bientôt, rehaussés encore, et le public ne songe qu'à en réclamer le maintien ou l'aggravation.

Il en est de même, à cette heure. En 1885, le Parlement a voté, en France, un droit protecteur de 3 francs par quintal de blé et des taxes sur le bétail étranger; en 1887, ces droits sont augmentés; en 1891, on les relève encore; en 1894, une taxe de 7 francs par quintal de froment est établie à l'importation. Aujourd'hui c'est une nouvelle aggravation de cette contribution que l'on réclame.

Il s'agit bien, en vérité, de procédés nouveaux et de méthodes scientifiques appliquées au développement de la production! Ce sont les blés de l'Amérique, de l'Australie, ou de l'Inde, le bétail allemand ou américain, les riz, les maïs, et les graines oléagineuses des pays étrangers que l'on veut repousser loin de nos frontières pour soutenir les cours ou les relever à leur ancien niveau!

Cependant, loin d'augmenter, les prix s'abaissent encore, les profits diminuent, les fermages subissent des réductions nouvelles.

Si l'on ne peut arriver à élever les uns et à grossir les autres, ne serait-il pas possible, tout au moins, de réduire les charges fiscales qui les grèvent? Les impôts qui frappent l'agriculteur et ceux qui pèsent sur les revenus du sol ne sont-ils pas trop élevés, et n'est-il pas juste de les diminuer, de les supprimer au besoin, pour atténuer les effets d'une crise agricole douloureuse?

Cette crise n'est pas, d'ailleurs, spéciale à l'agriculture. Elle a aussi durement éprouvé les industriels et les commerçants.

Sans doute, les salaires n'ont pas subi une réduction correspondante à celle que l'on constate pour les profits des entrepreneurs en général, et les revenus des capitalistes. Cette curieuse fixité des salaires est même un des traits caractéristiques des périodes de baisse des prix. Mais cependant, on constate un moment d'arrêt dans le mouvement ininterrompu de hausse qui s'observait depuis 1860. Après avoir bénéficié de cette hausse si rapide, la classe ouvrière s'étonne elle-même de ne plus la constater. Ses revendications sont plus bruyantes et ses exigences plus grandes.

Les progrès nouveaux du socialisme d'État imposent au Trésor des sacrifices plus étendus au moment même où les recettes diminuent et où l'on réclame des dégrèvements au nom de l'agriculture et de la propriété rurale si cruellement éprouvées. Un parti politique qu'aucune difficulté ne semble effrayer réclame des modifications radicales et une nouvelle organisation sociale. Plus facilement saisissable, la terre est une des richesses que le socialisme prétend enlever à quelques-uns pour en faire le patrimoine collectif de la société régénérée. L'appropriation collective du sol et des moyens de production, c'est-à-dire, des capitaux d'exploitation, tel est le programme du socialisme agraire. Sans doute, le nombre des petits propriétaires est grand dans notre pays et il faut compter avec leur attachement au sol qu'ils ont acquis en travaillant.

Qu'à cela ne tienne ; on respectera leurs domaines, et

l'expropriation sociale ne dépouillera que les propriétaires bourgeois !

II

Nous venons de passer rapidement en revue les questions économiques qui préoccupent ou qui doivent préoccuper le public agricole.

Ce sont précisément celles que nous nous sommes proposé d'étudier dans ce volume. Les chapitres dont il se compose se rapportent aux variations des prix des céréales et du bétail depuis quelques années, et aux causes qui les expliquent, à la question du blé, aux charges fiscales de la propriété rurale si souvent confondues avec celles qui grèvent l'industrie agricole elle-même ; ils sont consacrés également à l'étude des théories socialistes relatives au droit de propriété et à l'appropriation collective du sol.

Sans doute, chacune de ces questions eût mérité d'être étudiée plus longuement, et cet ouvrage aurait pu être uniquement consacré à l'une d'elles. Nous n'avons, donc, nullement la prétention d'avoir épuisé notre sujet, et d'avoir dit tout ce qu'il fallait dire. Nous avons préféré la variété des questions à l'ampleur des développements qu'elles pouvaient demander.

Ce dont nous sommes certain, en revanche, c'est d'avoir apporté dans l'étude de tant de problèmes ardemment discutés une entière sincérité de pensée. Notre seul souci en écrivant ce volume a été de chercher la vérité et de dégager des faits les conclusions qu'ils nous paraissaient comporter.

Nous soumettons, donc, sans crainte cet ouvrage aux jugements, et, en particulier, aux critiques de nos lecteurs. Aucun d'eux, sans injustice, ne pourra nous accuser d'avoir voulu soutenir une théorie préconçue ou d'avoir travesti les faits pour justifier nos conclusions.

ÉTUDES
D'ÉCONOMIE RURALE

LES VARIATIONS
DU PRIX DU BÉTAIL ET DE LA VIANDE

L'année 1893 a été marquée par des variations très sensibles du prix de la viande et du bétail. Une baisse énorme s'est produite à partir du mois de mai, et cette dépression des cours s'observait encore à la fin du mois d'octobre.

Est-ce là un phénomène économique passager, ou bien doit-on considérer, au contraire, la diminution des prix comme la conséquence immédiate des faits généraux qui tendent à provoquer une baisse sensible des cours, pour la plupart des produits agricoles, sur tous les marchés de l'Europe ?

Telle est la question nettement posée que nous nous proposons d'étudier tout d'abord, aujourd'hui. Il est superflu de démontrer son importance et son intérêt. La baisse de prix du bétail a préoccupé vivement durant ces dernières années le public agricole, et la dépression si rapide des cours, à partir du mois de mai 1893, a pris dans quelques parties de la France les proportions d'un véritable désastre. La valeur du bétail a parfois diminué de moitié.

Pour résoudre le premier problème que nous avons indiqué, il est nécessaire de noter rapidement les variations du prix du bétail en France depuis cinquante ou soixante ans. Nous nous rendrons plus aisément compte des caractères de la période actuelle et des phénomènes nouveaux, permanents ou temporaires qui la distinguent des périodes antérieures.

I

Depuis 1789 jusqu'à 1820, le prix de la viande et celui du bétail augmentèrent en France de près de 50 p. 100. Des causes très générales dont nous parlerons plus tard expliquent ce mouvement ascensionnel si intéressant et si rapide.

A partir de 1820, au contraire, on voit les cours fléchir ou rester stationnaires. En 1820, une baisse très accentuée se manifeste. Le prix du kilo de bœuf, sur le marché de Paris, tombe à 0 fr. 85, puis se relève lentement vers 1827, s'abaisse encore après 1830, et atteint seulement le chiffre de 0 fr. 95 en 1835. Pendant l'année 1841, la moyenne de 1 fr. 15 est lentement et comme péniblement obtenue, puis une baisse nouvelle se produit, et, en 1851, le cours de la viande de bœuf retombe au-dessous du niveau qu'il avait atteint vers 1824, c'est-à-dire qu'il fléchit jusqu'à 0 fr. 84.

Le prix de la viande de mouton présente les mêmes fluctuations, un peu moins accentuées cependant.

Les chiffres du tableau suivant serviront à préciser nos indications.

	PRIX du kilo			PRIX du kilo	
	Bœuf	Mouton		Bœuf	Mouton
	fr. c.	fr. c.		fr. c.	fr. c.
1813........	1 13	1 17	1836........	1 »	1 13
1814........	1 08	1 05	1837........	1 05	1 12
1815........	1 08	1 07	1838........	1 07	1 15
1816........	1 08	1 20	1839........	1 10	1 18
1817........	1 09	1 19			
1818........	1 10	1 24	MOYENNE..	1 »	1 14
1819........	1 07	1 15	1840........	1 11	1 10
1820........	» 96	1 08	1841........	1 15	1 26
1821........	» 97	1 04	1842........	1 10	1 15
1822........	» 89	» 90	1843........	1 09	1 24
1823........	» 87	» 93	1844........	1 05	1 18
1824........	» 86	» 94	1845........	1 06	1 19
1825........	» 91	» 92	1846........	1 06	1 17
1826........	» 93	1 01	1847........	1 08	1 25
1827........	» 98	1 02	1848........	» 98	1 11
MOYENNE..	1 09	1 15	1849........	» 91	1 07
1828........	1 06	1 07	MOYENNE..	1 05	1 17
1829........	1 04	1 07	1850........	» 87	1 02
MOYENNE..	» 94	» 99	1851........	» 84	1 09
1830........	1 05	1 17	1852........	» 86	1 04
1831........	» 95	1 06	1853........	1 04	1 20
1832........	» 97	1 15	1854........	1 24	1 32
1833........	» 99	1 19	1855........	1 31	1 51
1834........	» 94	1 12	1856........	1 34	1 44
1835........	» 94	1 13	1857........	1 39	1 52

La première période, 1813-1820, est caractérisée par des prix relativement élevés. Ces prix fléchissent dès 1820, et la moyenne 1820-1830 tombe fort au-dessous du niveau précédent. L'écart est de 15 centimes pour le bœuf et de 16 centimes pour le mouton. Depuis 1830 jusque vers 1850, il est aisé de constater que les cours sont restés stationnaires. Enfin, une baisse soudaine se produit en 1851 et 1852.

Pour mieux faire saisir les oscillations des prix, nous avons eu recours, d'ailleurs, à la méthode graphique. En jetant les yeux sur les deux courbes qui retracent avec tant de fidélité le mouvement simultané des cours pour la viande de bœuf et pour celle de mouton sur le marché de

Paris, on remarquera aisément l'état stationnaire des prix et les inflexions qui les font retomber par trois fois à un niveau très bas. Ce phénomène ne s'observait pas seulement en France. Il était alors fort général. C'est ainsi qu'en Angleterre les mêmes oscillations se produisent aux mêmes moments.

Ce parallélisme curieux et instructif est mis en évidence dans notre tableau (page 5) par l'indication des chiffres relatifs au prix de la viande en Angleterre, et sur notre « graphique » par les inflexions des courbes qui servent à en retracer le mouvement.

L'intervalle de temps compris entre 1820 et 1852 correspond à une période bien distincte, nettement caractérisée par la stagnation ou la baisse des prix, et cela pour le bœuf comme pour le mouton, en Angleterre comme en France.

A partir de 1852, une nouvelle période commence, qui sera marquée par un phénomène tout différent. Les cours s'élèvent soudainement avec une extrême rapidité. Dans l'espace de cinq ans (1852-1857), le prix du kilo de bœuf à Paris passe de 0 fr. 85 à 1 fr 37, augmentant ainsi de 0 fr. 52. Pour le mouton, la hausse est moins rapide et reste cependant considérable. Elle atteint 0 fr. 35 par kilo. En Angleterre, le mouvement ascensionnel des cours n'est pas moins remarquable. Il est évident qu'une même cause très générale et très puissante exerce son action et tend à relever les cours.

Le graphique dont nous avons déjà parlé indique clairement ces phénomènes simultanés dans les deux pays.

Sans doute, une réaction se produit presque aussitôt après cette hausse extraordinaire, et les cours fléchissent; mais ils restent notablement plus élevés qu'avant 1850.

A partir de 1865, ils montent d'un seul élan au niveau

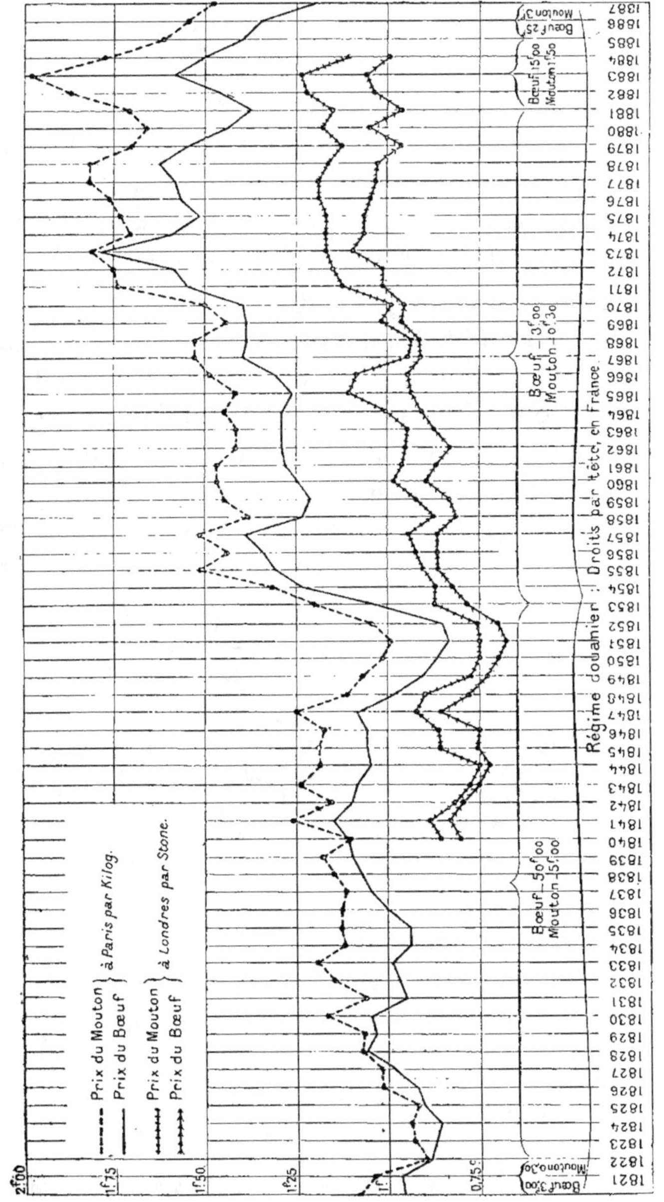

Variations des prix de la viande à Paris et à Londres.
Prix du Mouton } à Paris par Kilog.
Prix du Bœuf
Prix du Mouton } à Londres par Stone.
Prix du Bœuf
Régime douanier : Droits par tête, en France :
Bœuf 50f00 / Mouton 15f00
Bœuf 3f00 / Mouton 0f30
Bœuf 15f00 / Mouton 1f50
Bœuf 25 / Mouton 3f
Bœuf 3f00 / Mouton 0f30

qu'ils avaient atteint en 1857. En 1871, une nouvelle hausse les remporte. La viande de bœuf atteint le prix le plus élevé auquel elle soit parvenue depuis le commencement du siècle. Il en est de même pour le mouton. Depuis 1851, c'est-à-dire en vingt-deux ans, l'augmentation constatée en France avait été la suivante :

> Pour la viande de bœuf,   0 fr. 92 c., ou 108 p. 100.
> Pour la viande de mouton, 0 fr. 65 c., ou 56 p. 100.

La période 1851-1873 est donc, à juste titre, remarquable par la rapidité du mouvement ascensionnel du prix du bétail, si intimement lié à celui de la viande. Il suffit de jeter un coup d'œil sur notre tableau graphique pour constater qu'en Angleterre les mêmes fluctuations caractérisent la période dont nous venons de parler.

Voici, d'ailleurs, les chiffres qui indiquent les cours moyens officiels à Paris et à Londres :

	PRIX DE LA VIANDE de bœuf.	
ANNÉES	A PARIS par kilo.	A LONDRES par *stone* (1)
	fr. c.	fr. c.
1850-1854........	» 97	4 89
1855-1859........	1 29	5 89
1860-1864........	1 28	6 08
1865-1869........	1 35	6 45
1870-1874........	1 62	7 19

	PRIX DE LA VIANDE de mouton.	
ANNÉES	A PARIS par kilo.	A LONDRES par *stone*.
	fr. c.	fr. c.
1850-1854........	1 14	5 08
1855-1859........	1 46	6 38
1860-1864........	1 45	6 85
1865-1869........	1 47	7 11
1870-1874........	1 69	7 76

(1) Le *stone* anglais équivaut à 8 livres *avoir du poids*, correspondant chacune à 453 grammes ; le *stone* pèse donc 3 kil. 624 gr. Comme nous cherchons à noter ici des variations relatives, il est inutile de ramener les prix anglais au kilogr.

Avec l'année 1873 s'ouvre une longue période que nous traversons en ce moment et dont on ne saurait, dès à présent, prévoir la durée. C'est l'état stationnaire des prix, puis la baisse rapide qui caractérisent cette série d'années et la marqueront d'un cachet spécial quand on étudiera plus tard l'histoire économique du xixe siècle.

Pendant dix ans, depuis 1873 jusqu'à 1883, les cours subissent des fluctuations nombreuses et d'une grande amplitude. Après avoir soudain fléchi en 1875, ils se relèvent en 1878, retombent encore plus bas vers 1880, et s'élèvent encore en 1883. Ces baisses et ces hausses brusques ont fait, un moment, illusion, et certaines personnes ont pu croire qu'il s'agissait simplement de quelques oscillations passagères qui ne devaient pas arrêter, mais suspendre le mouvement ascensionnel observé depuis trente ans. Si, d'ailleurs, après chaque inflexion, le cours de la viande de bœuf remontait moins haut que le niveau auquel il était parvenu en 1873, le prix du mouton s'était, au contraire, élévé plus haut. Pour comprendre et pour prévoir les événements prochains, c'est-à-dire la baisse imminente, il eût fallu étudier le passé, et examiner ensuite, à la lumière de l'histoire, les faits contemporains.

En 1883, une nouvelle période commence. Les cours fléchissent ; ils s'abaissent même très brusquement, sans heurts ni inflexions imprévus jusqu'en 1887 et 1888. A partir de ce moment une réaction se produit, ainsi que cela arrive presque toujours après une dépression rapide ou une hausse soudaine ; les prix se relèvent en 1890 et 1891, mais ils s'abaissent, enfin, de nouveau en 1892 et durant les six premiers mois de 1893.

Le graphique spécial à la période dont nous retraçons l'histoire renseignera le lecteur sur ces variations. Les courbes relatives au prix de la viande en Angleterre lui montreront, de plus, la généralité des phénomènes économiques que nous étudions aujourd'hui.

Voici, en outre, les chiffres qu'il pourra consulter. Ce sont ceux qui se rapportent au kilogramme de viande nette, première qualité, sur le marché de la Villette à Paris, et à la meilleure viande également sur le marché central de Londres (1).

	PRIX DE LA VIANDE			
	A PARIS		A LONDRES (par *stone*)	
ANNÉES	Bœuf.	Mouton.	Bœuf.	Mouton.
	fr. c.	fr. c.	fr. c.	fr. c.
1882	1 70	2 09	7 50	8 95
1883	1 81	2 13	8 75	9 05
1884	1 69	1 99	7 15	8 00
1885	1 59	1 84	6 55	7 05
1886	1 53	1 79	6 00	7 50
1887	1 39	1 70	5 50	6 55
1888	1 44	1 82	6 10	6 00
1889	1 45	1 92	6 00	7 90
1890	1 61	2 12	6 00	7 80
1891	1 60	2 07	6 10	7 25
1892	1 52	1 93	5 75	6 90
1893 (six premiers mois).	1 50	1 92	5 60	6 65

Les diverses variations dont nous venons de montrer le sens, sont indiquées par les prix moyens d'une année entière. Cette méthode est, à coup sûr, excellente. On ne saurait baser des conclusions sérieuses sur quelques chiffres isolés se rapportant à un ou deux marchés par an. Nos moyennes ont été obtenues, ainsi que nous l'avons déjà dit, par un autre procédé. C'est en groupant les cours de quatre marchés par mois, que nous avons calculé la moyenne mensuelle, et, en groupant, à leur

(1) Voir, pour la France, les statistiques officielles relatives aux opérations du marché de la Villette, et, pour l'Angleterre, l'*Agricultural return of the Board of Agriculture,* année 1892, dont les indications ont été complétées pour 1893, par les statistiques de l'*Economist.*

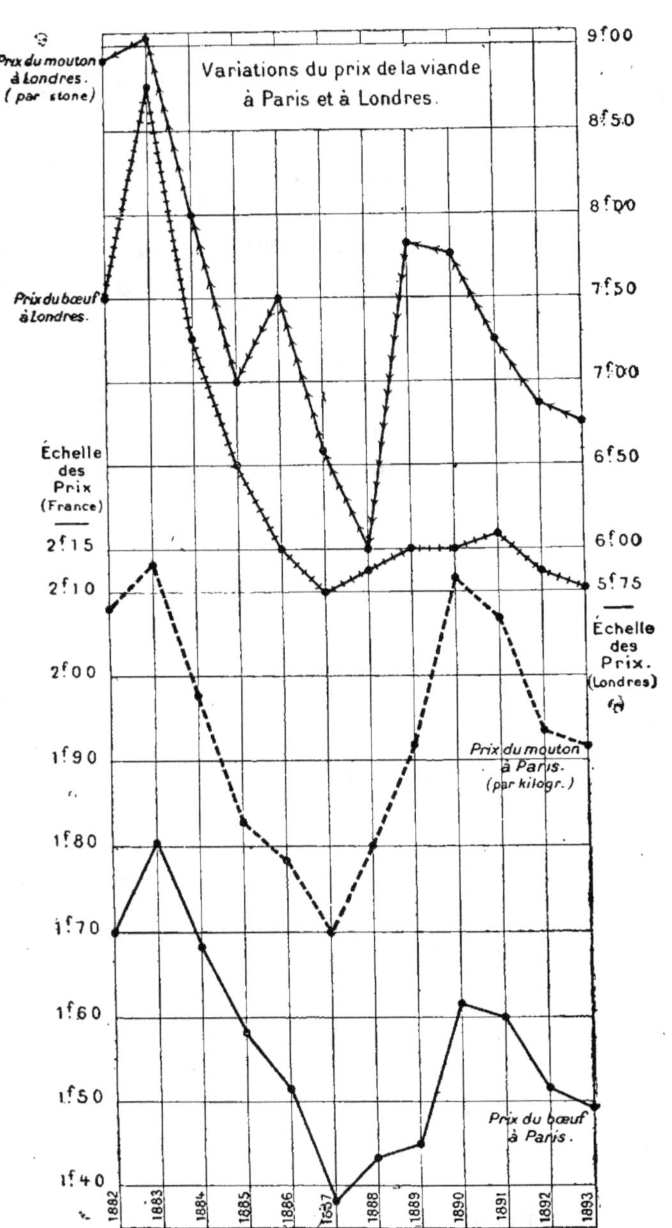
Prix du mouton
à Londres.
(par stone)
Prix du bœuf
à Londres.
Échelle
des
Prix
(France)
2f15
2f10
2f00
1f90
1f80
1f70
1f60
1f50
1f40
Variations du prix de la viande
à Paris et à Londres.
9f00
8f50
8f00
7f50
7f00
6f50
6f00
5f75
Échelle
des
Prix.
(Londres)
Prix du mouton
à Paris.
(par kilogr.)
Prix du bœuf
à Paris.
1882
1883
1884
1885
1886
1887
1888
1889
1890
1891
1892
1893

tour, ces moyennes, nous avons obtenu le cours moyen de l'année entière.

En opérant de cette façon on arrive, toutefois, à masquer des fluctuations soudaines dont il y aurait intérêt à rechercher le caractère et les causes. Ainsi, la baisse très sensible du prix de la viande à partir du mois de mai 1893 n'est pas nettement marquée dans notre tableau. Pour la rendre plus visible, il faut avoir recours aux moyennes mensuelles.

Dans le courant de l'année 1892, cette baisse s'était, déjà, manifestée, et il est également nécessaire, pour la mettre en évidence, de suivre mois par mois les fluctuations des prix. Voici comment on peut compléter à cet égard les indications déjà données.

		PRIX DE LA VIANDE			
		A PARIS		A LONDRES (par *stone*)	
ANNÉES		Bœuf.	Mouton.	Bœuf.	Mouton.
		fr. c.	fr. c.	fr. c.	fr. c.
Année 1891		1 60	2 07	6 10	7 25
1er semestre 1892		1 53	1 98	5 75	7 11
Juillet	1892	1 50	1 88	5 70	6 85
Août	—	1 53	1 90	5 60	6 65
Septembre	—	1 46	1 86	5 80	6 85
Octobre	—	1 52	1 85	5 80	6 65
Novembre	—	1 53	1 90	5 80	6 45
Décembre	—	1 57	1 91	5 80	6 65
Janvier	1893	1 55	1 92	5 80	6 65
Février	—	1 54	1 92	5 60	6 65
Mars	—	1 55	1 97	5 60	6 85
Avril	—	1 53	1 97	5 40	6 85
Mai	—	1 43	1 91	5 40	6 25
Juin	—	1 42	1 84	5 80	6 85

On voit qu'en France et en Angleterre une baisse notable s'était déjà produite dans le premier semestre de 1892. Elle est plus accentuée encore depuis le mois de juillet jusqu'en novembre. Enfin, après un mouvement de hausse très peu marqué, les cours fléchissent de nouveau.

En mai 1893, ils s'abaissent brusquement sur les deux marchés anglais et français.

Nous reviendrons plus tard sur ce point, et nous chercherons à montrer les causes qui ont provoqué ce phénomène si général et, on peut le dire, si grave par ses conséquences économiques.

Auparavant, nous voudrions rechercher et préciser les faits qui expliquent les fluctuations du prix de la viande et du bétail durant les trois longues périodes que nous avons indiquées.

Depuis 1820 jusque vers 1852, les cours restent stationnaires ou fléchissent. A partir de 1852 jusqu'en 1873 ils s'élèvent, au contraire, d'un mouvement continu qui semble les emporter graduellement toujours plus haut. De 1873 à 1883, les prix oscillent autour d'une même moyenne avec des inflexions brusques, qui les font retomber de plus en plus bas, pour la viande de bœuf tout au moins. Enfin, depuis 1883 jusqu'à l'année 1893, les cours s'abaissent encore, non pas régulièrement, à coup sûr, mais par chutes successives. Examinée dans son ensemble, malgré ces inflexions opposées, la courbe du prix de la viande de bœuf ou de mouton tend évidemment à s'abaisser.

Tels sont, résumés en quelques lignes, les phénomènes qui caractérisent les trois périodes comprises entre 1820 et 1893.

Est-il possible d'assigner à ces phénomènes des causes générales capables de les expliquer ?

C'est ce que nous allons examiner.

Les prix et la concurrence étrangère.

Les hommes qui constatent aujourd'hui la diminution graduelle du prix du bétail ne peuvent manquer d'attribuer à des faits nouveaux ce phénomène extraordinaire.

Après avoir observé pendant trente ans, depuis 1853 jusqu'à 1883, une hausse continue ou des variations momentanées qui ne faisaient guère prévoir une baisse persistante, ils sont aisément tentés de croire à l'action de plus en plus décisive et prédominante de la concurrence étrangère.

Ce sont des explications simples, des causes aisées à discerner, des chiffres imposants par la grandeur, qui satisfont le public et entraînent pour lui la conviction. L'idée du danger que présente la concurrence est en même temps liée à l'hostilité presque instinctive du producteur national contre le concurrent étranger. Le mot « concurrence étrangère » est donc bien fait pour éveiller la méfiance, inspirer en quelque sorte l'effroi, et justifier à l'avance les mesures qui pourront sauvegarder des intérêts menacés. Depuis le commencement de ce siècle, toutes les fois que la baisse des prix persistante ou même passagère, est venue effrayer les producteurs, on n'a pas hésité à employer ce terme pour indiquer la cause de la crise, et faire comprendre, en même temps, quel en était le remède.

Pendant la Restauration et le gouvernement de Juillet, la stagnation des cours ou leur dépression si souvent marquée avait déjà fait concevoir au public agricole les craintes les plus vives. Réclamés avec insistance, au nom de l'agriculture, par les représentants de la grande propriété rurale, des droits de douane très élevés, presque prohibitifs, avaient été votés. Ces droits étaient de

50 francs par tête de bœuf et de 5 francs par mouton étranger introduit en France.

Après 1853, les prix s'élèvent subitement ; et, alors, malgré l'augmentation énorme des importations de bétail étranger, malgré la transformation rapide des moyens de transport qui facilite singulièrement la concurrence étrangère, les craintes manifestées précédemment paraissent s'évanouir ; les droits à l'importation sont suspendus, tout d'abord, puis supprimés sans qu'aucune réclamation se produise, sans qu'aucune plainte se fasse entendre.

A partir de 1873, les cours cessent de monter ; dès l'année 1880, et surtout après 1883, ils fléchissent. Aussitôt, malgré la diminution de nos importations, malgré le développement incontesté de notre richesse agricole et l'accroissement du nombre ou du poids de nos animaux de ferme, on entend les plaintes d'autrefois ; la concurrence étrangère est accusée de nouveau, on s'effraie soudain de ses progrès, de ses ressources, des facilités qui lui assurent la rapidité et le bon marché des transports. Pour la repousser, et arrêter la baisse qu'elle est accusée de provoquer, des droits de douane sont demandés, réclamés et votés.

Aux yeux de l'observateur impartial qui étudie les faits dans le passé comme dans le présent, la crise actuelle, la période de dépression des prix n'est pas nouvelle. Les tendances protectionnistes et les craintes qu'excite la concurrence étrangère ont été déjà observées à une autre époque dans des circonstances analogues. En remontant plus haut dans le passé, on peut, d'ailleurs, montrer aisément que les mouvements prolongés de hausse et de baisse du cours des principales denrées agricoles, et du bétail en particulier, caractérisent certaines périodes sans que la concurrence étrangère puisse être accusée de les avoir produits. Au XVII\ :^e:\ siècle, par exemple, depuis la fin du règne de Louis XIV jusque vers 1750, on observe cette stagnation des prix ou cette baisse prolongée qui paraît caractériser uniquement les années que nous traversons. A partir de 1750, et surtout durant les dix dernières années du règne de Louis XV, pendant les années mêmes qui précédèrent la Révolution, c'est un phénomène inverse que l'on constate et dont on étudie les phases diverses avec un singulier intérêt. En quelques années, les cours des produits agricoles s'élèvent rapidement ; ils augmentent de 50 p. 100, de 100 p. 100, parfois ; les prix de fermage s'accroissent dans la même proportion, et nous retrouvons dans ces phénomènes tous les traits saillants qui caractériseront plus tard la période 1853-1873 au XIXᵉ siècle.

Est-ce à dire pour cela que le développement si rapide du commerce international, la transformation des moyens de transport, la mise en culture des « pays neufs », soient restés sans effets ? Le prétendre, ce serait commettre une erreur. Pour certaines denrées, comme le froment, il nous paraît certain que la concurrence étrangère a exercé une influence sur les cours, bien que cette action ait été certainement exagérée.

Sans rien préjuger de l'avenir, nous pensons que nos importations de bétail n'ont pas eu réellement les conséquences qu'on leur attribue *exclusivement* avec une étrange hardiesse. Ces affirmations nous semblent contredites par l'étude attentive et impartiale des chiffres de notre commerce extérieur comparés avec les cours.

Cherchons, en effet, à suivre les variations simultanées des importations étrangères et des prix depuis 1840, par exemple. Voici les résultats que nous obtenons :

Variations simultanées des importations et des prix.

Périodes.	Prix du kilo de bœuf à Paris.	Importations de bovidés en France (nombre de têtes).
	fr. c.	
1840-1850	1 05	43.000
1850-1860	1 13	92.000
1860-1870	1 31	180.000
1870-1880	1 56	193.000
1880-1884	1 57	186.000

Périodes.	Prix du kilo de mouton à Paris	Importations de moutons vivants (nombre de têtes).
	fr. c.	
1840-1850	1 17	130.000
1850-1860	1 30	260.000
1860-1870	1 46	868.000
1870-1880	1 73	1.516.000
1880-1884	1 80	2.074.000

Durant cette longue série d'années, depuis 1840 jusqu'à 1884, nous voyons les prix augmenter en même temps que le chiffre des importations. Si ces dernières exer-çaient sur les cours l'influence qu'on leur attribue trop volontiers, n'est-il pas certain que nous aurions vu, au contraire, le prix de la viande décroître à mesure que le chiffre des importations augmentait ?

Voilà, déjà, une première observation qui nous paraît fort importante. On peut faire plus, et compléter cette démonstration en étudiant les faits de plus près. Suivons, par exemple, les variations annuelles des importations et celles des prix, pendant une période de douze années qui commence en 1880 pour finir en 1892.

Les chiffres suivants vont servir à faciliter cette étude comparative pour les bovidés.

Années	Prix du kilo de bœuf à Paris.	Importations de bovidés (nombre de têtes).
—	—	—
	fr. c.	
1880	1 69	196.000
1881	1 64	150.000
1882	1 70	194.000
1883	1 81	215.000
1884	1 69	176.000
1885	1 59	152.000
1886	1 53	154.000
1887	1 39	97.000
1888	1 44	73.000
1889	1 45	80.000
1890	1 61	99.000
1891	1 60	82.000
1892	1 52	36.000

Pour mieux faire saisir les variations simultanées des importations et des prix, nous avons tracé le graphique de la page 17, où les inflexions des deux courbes relatives aux bovidés indiquent clairement la dépendance réciproque des importations et du cours de la viande.

Toutes les fois que les prix s'élèvent, les importations augmentent, et celles-ci diminuent, au contraire, lorsque les cours s'abaissent.

Telle est la traduction, en langage courant, du « graphique » que le lecteur a sous les yeux. On voit, en effet, que la courbe des importations suit dans ses mouvements celle des prix, s'élevant et s'abaissant avec elle.

On pourrait objecter, il est vrai, que les remaniements de notre régime douanier et l'élévation des droits sur le bétail ont agi sur les cours et sur les importations. C'est là une question que nous étudierons plus particulièrement tout à l'heure, mais il est, en tout cas, certain que ces droits de douane n'ont pas exercé d'influence avant 1885, puisque leur application date de cette année. Ces droits étaient d'ailleurs fort modérés, et s'élevaient seulement à 25 francs par tête de bœuf; en 1887, ils furent doublés,

Importations et prix du bétail.

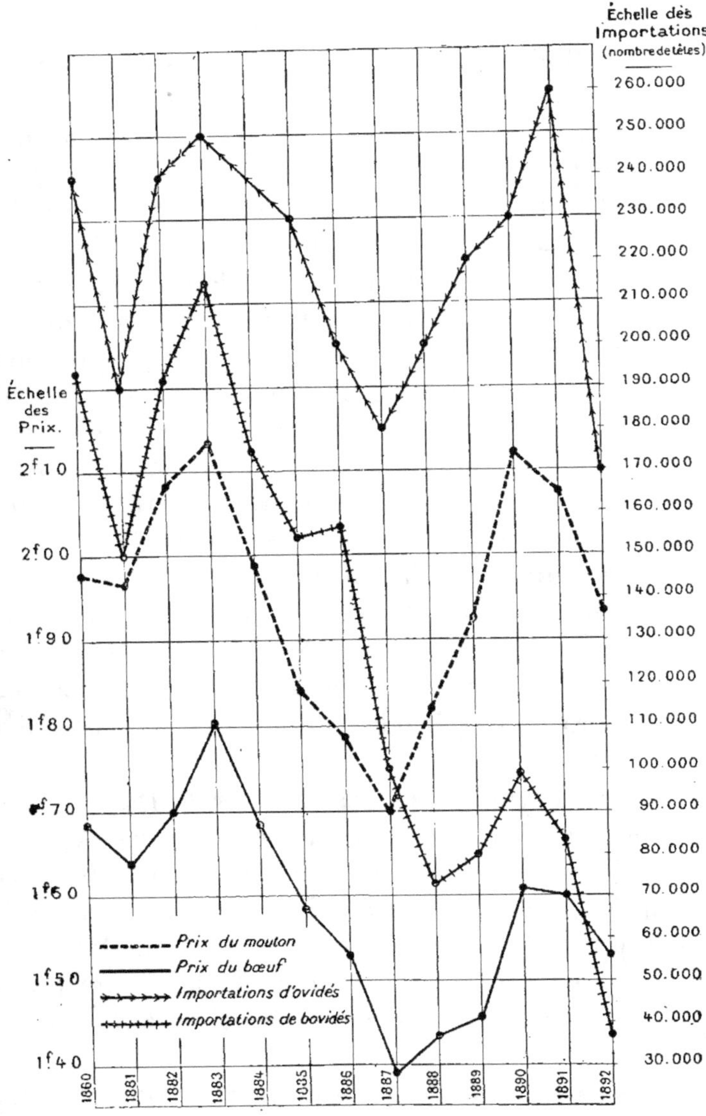

et en février 1892, seulement, une nouvelle tarification augmenta encore de 100 p. 100 les taxes précédemment établies. L'augmentation des tarifs d'entrée n'a pas produit les résultats qu'on en attendait, et les cours se sont précisément abaissés en 1885, 1886, 1887 et 1892, c'est-à-dire pendant les années qui auraient dû être marquées par une hausse significative. Des causes particulières expliquent cette apparente anomalie, ou cette contradiction entre les intentions du législateur et les résultats constatés. L'observation que nous avons faite n'en demeure pas moins exacte. En choisissant une autre période, par exemple, nous aurions constaté les mêmes phénomènes.

Il est impossible d'admettre que les importations de bétail étranger aient fait baisser les cours en France, puisque, sauf de rares exceptions, elles atteignent un chiffre d'autant plus considérable que les prix sont eux-mêmes plus élevés. Quand ceux-ci s'abaissent, les envois de l'étranger diminuent à leur tour.

Ce que nous venons de dire à propos de la viande de bœuf reste vrai pour le mouton. Nous l'avons montré déjà en examinant les variations simultanées des importations et des cours, par périodes décennales, depuis 1840 jusqu'à 1884.

Durant ces dernières années, à partir de 1887, notamment, quelques faits nouveaux doivent être mentionnés. Un droit de 5 francs par tête de mouton ayant été perçu à la frontière, tandis que les viandes abattues continuaient à être frappées d'une taxe de 3 francs par quintal, on a vu diminuer le nombre des animaux vivants importés, et augmenter le poids des viandes fraîches envoyées de l'étranger.

Une carcasse de mouton pèse, en effet, 20 kilos environ, et l'on pouvait introduire *cinq* moutons abattus en acquittant un droit de 3 francs, alors que les mêmes animaux

vivants étaient frappés d'un droit de 25 francs ! Il est
facile de comprendre que les importateurs aient eu intérêt
à substituer le mouton abattu au mouton vivant.

Pour tenir compte de cette substitution, il suffit de calculer ce que représentent en moutons vivants les viandes
fraîches importées. C'est ce que nous avons fait pour la
période comprise entre 1880 et 1893.

Voici maintenant le tableau qui indique les variations
simultanées des cours et des importations ainsi corrigées.

*Variations simultanées des importations totales de moutons
et du cours de la viande.*

Années.	Prix du kilo de viande à la Villette.	Importations (nombre de têtes).
	fr. c.	
1880	1 98	2.435.000
1881	1 97	1.998.000
1882	2 09	2.455.000
1883	2 13	2.588.000
1884	1 99	2.418.000
1885	1 84	2.355.000
1886	1 79	2.096.000
1887	1 70	1.830.000
1888	1 82	2.068.000
1889	1 92	2.222.000
1890	2 12	2.384.000
1891	2 07	2.627.000
1892	1 93	1.796.000

Il est aisé de constater que les importations augmentent
ou diminuent suivant que le cours du kilogramme de
viande s'élève ou s'abaisse. C'est en 1887, par exemple,
que le prix du mouton atteint un minimum de 1 fr. 70 ;
c'est aussi durant cette année que les importations, après
avoir diminué depuis 1883, atteignent le chiffre très peu
élevé de 1,830,000 têtes ! La hausse qui se produit
ensuite provoque des achats à l'étranger et les importations augmentent en même temps que les prix. Elles

diminuent, au contraire, en 1892, lorsque les cours fléchissent.

Le graphique de la page 17 met du reste en relief ces mouvements simultanés dont nous montrerons plus tard la portée économique à d'autres points de vue.

La dépendance réciproque des importations et des prix peut, d'ailleurs, être expliquée très simplement. La baisse des cours suppose, en effet, une surabondance de l'offre qui rend inutiles les importations étrangères, et il est, de plus, fort aisé de comprendre que celles-ci devenant de moins en moins lucratives à mesure que les cours s'abaissent, elles doivent diminuer spontanément lorsque ces derniers fléchissent.

L'élévation du prix est, au contraire, la manifestation visible et appréciable d'une insuffisance de l'offre par rapport à la demande. Elle accroît en même temps et l'utilité de l'importation et les profits que celle-ci peut assurer.

Il est donc fort naturel, en définitive, que les importations soient liées aux cours, et augmentent ou diminuent selon que ceux-ci s'élèvent ou s'abaissent.

Le régime douanier et les prix.

Nous avons expliqué plus haut pourquoi notre régime douanier avait été fort souvent remanié depuis 1820 jusqu'à nos jours.

Toutes les fois que la baisse des cours a provoqué en même temps les plaintes des producteurs agricoles et des appréhensions relatives à la concurrence étrangère, on a demandé des droits protecteurs capables de relever les prix en diminuant les importations. C'est ainsi qu'en 1823, après une baisse sensible du prix du bétail, des droits très élevés ont été votés.

Ils sont restés sans effet sur les cours. Pour s'en convaincre, il suffit de jeter les yeux sur le graphique placé au commencement de cette étude. Jusqu'en 1853, malgré l'élévation considérable des taxes douanières et la modicité des importations, les prix restent stationnaires ou retombent pendant plusieurs années au-dessous du niveau qu'ils avaient atteint avant 1820.

A partir de 1853, les droits de douanes sont supprimés. Les prix s'élèvent, néanmoins, en même temps que les importations, jusqu'en 1883.

A cette période de hausse succèdent des années marquées par l'abaissement rapide des cours.

La concurrence étrangère est accusée d'avoir provoqué ce mouvement et l'on élève aussitôt les droits. Ils sont portés, notamment, en 1885, à 25 francs par tête de bœuf et à 3 francs par tête de mouton. Chose étrange, les cours s'abaissent en 1886, et tombent en 1887 au niveau le plus bas qu'ils aient encore atteint. Ce sont les importations qui déterminent, sans doute, cette baisse extraordinaire ! En réalité, il n'en est rien ; les importations avaient diminué en même temps que les prix. On ne saurait le nier ; en voici la preuve :

| | PRIX DE LA VIANDE par kilo. | | IMPORTATIONS | |
ANNÉES	Bœuf.	Mouton.	Bovidés.	Moutons.
	fr. c.	fr. c.	têtes.	têtes.
1883	1 81	2 13	214.000	2.588.000
1884	1 69	1 99	176.090	2.418.000
1885	1 59	1 84	152.000	2.355.000
1886	1 53	1 79	154.000	2.096.000
1887	1 39	1 70	97.000	1.830.000
1888	1 44	1 82	73.000	2.068.000
1889	1 45	1 92	80.000	2.222.000
1890	1 61	2 12	99.000	2.384.000
1891	1 60	2 07	82.000	2.627.000
1892	1 52	1 93	36.000	1.796.000

Ainsi, en 1886 et 1887, les importations étaient moins considérables que durant les années précédentes. On n'hésite pas, cependant, à leur attribuer la baisse. Des droits nouveaux sont établis pour repousser le bétail étranger, bien qu'il paraisse fuir au lieu de nous envahir.

Les cours remontent, il est vrai, en 1888, 1889 et 1890, mais le mouvement ne nous paraît pas dû au relèvement des droits, ou, tout au moins, il n'est dû qu'en partie au nouveau régime douanier. A côté de nous, en Angleterre, la même hausse pouvait, en effet, être observée bien que ce pays n'eût pas modifié son tarif de douanes.

On sait, enfin, que de nouveaux droits ont été votés par le Parlement en 1891 et appliqués à partir du 1er février 1892. Ces droits s'élèvent à 10 francs par quintal de poids vif pour les bovidés, et à 15 fr. 50 pour les moutons. Ils sont à peu près doubles de ceux qui avaient été établis en 1887. Les prix s'abaissent encore cependant durant l'année 1892, et les importations diminuent en même temps. Sans doute, des circonstances particulières, sur lesquelles nous allons insister bientôt, expliquent cette anomalie au moins inattendue, mais il reste pourtant démontré jusqu'à l'évidence que durant la période actuelle aussi bien que pendant celle qu'on doit lui comparer dans la première moitié de ce siècle, depuis 1820 jusqu'à 1850, les droits de douane n'ont pas réussi à relever les prix, et à lutter efficacement contre l'action des causes générales qui tendaient à les abaisser. Peut-on admettre toutefois que les droits de douane n'exercent aucune influence sur les cours ? Il faut distinguer entre les taxes purement fiscales qui restent très modérées, et des taxes protectrices comme celles qui viennent d'être établies en France. Les premières n'ont pas d'action sur les prix ; les secondes, au contraire, tendent certainement à les relever. Ce phénomène économique est d'ailleurs assez mal connu du public.

On croit trop souvent que les droits de douane servent à réduire les importations et que leur influence sur les cours tient précisément à la diminution de l'offre. Cette conséquence de leur établissement n'est guère observée que dans le cas où ils sont trop élevés et deviennent presque prohibitifs. La plupart du temps une taxe établie à la frontière agit sur les prix à la façon d'un barrage construit au travers d'une rivière, dont il exhausse le niveau en amont sans empêcher toutefois le cours d'eau de couler et de débiter, en somme, le même volume par unité de temps. Il nous paraît difficile de trouver une comparaison qui traduise mieux notre pensée et corresponde plus exactement à la réalité des faits. La nécessité des importations ne dépend pas de la volonté du législateur, et un droit de douane n'a pas le pouvoir de les limiter ou de les supprimer quand il n'est pas réellement prohibitif. Une taxe détermine seulement une hausse artificielle qui atténue ou balance entièrement les droits établis à la frontière. Mais le niveau général des prix s'abaisse néanmoins dans un pays soumis au régime protecteur, bien qu'il subsiste toujours une différence égale à la quotité des droits entre les cours moyens de ce pays et ceux des pays voisins où les droits de douane ont été diminués ou supprimés.

C'est pour cela que nous voyons aujourd'hui le prix du froment baisser en France comme dans le monde entier, malgré le relèvement des droits de douane. Ceux-ci ont déterminé une hausse relative, c'est-à-dire qu'ils ont provoqué et maintenu un relèvement des cours, par rapport à ceux qui existent dans les pays voisins, tels que l'Angleterre, la Belgique et la Hollande. Cet écart équivaut à la totalité du droit. On vend à cette heure le quintal de froment :

20 fr. 50 c. en France où il existe un droit de 5 francs.
21 — » — en Allemagne où il existe un droit de 6 fr. 25 cent.
15 — ı — en Angleterre où il n'existe pas de droits.
14 — 50 — en Belgique où il n'existe pas de droits.
14 — 50 — en Hollande où il n'existe pas de droits.

Tous ces prix peuvent augmenter de 1 franc, 2 francs, 3 francs, ou bien s'abaisser, au contraire ; mais, l'écart existant entre les cours des deux premiers marchés et ceux des trois autres n'en subsiste pas moins. Les droits de douane allemands ou français ont déterminé un rehaussement équivalent au montant de la taxe établie. On voit, en outre, que les importations ne sauraient être diminuées ou supprimées dans les pays soumis au régime protecteur.

Il est fort indifférent aux négociants ou aux producteurs étrangers, soit de vendre leur blé à Londres au prix de 14 fr. 50 sans payer de droits, soit de l'apporter au Havre où il est vendu 20 fr. 50, après versement d'un droit de 5 francs.

La situation que nous décrivons en ce moment n'est pas, du reste, nouvelle. Depuis six ans, c'est-à-dire depuis le vote du droit de 5 francs par 100 kilos de froment importé en France, on a pu observer l'écart moyen que nous indiquons. Les cours français augmentés de 5 francs n'en ont pas moins suivi les fluctuations que l'on a pu constater sur les principaux marchés.

Si l'on veut bien nous permettre une comparaison familière, la marche des prix en Europe ressemble à celle de plusieurs voyageurs qui suivraient la même route accidentée. Sans doute, les voyageurs de taille inégale conserveraient pendant leur course cette inégalité, mais ils s'élèveraient ou s'abaisseraient tous au même moment suivant que le chemin sur lequel ils marcheraient, s'élèverait ou s'abaisserait, tour à tour. Ce que nous venons de dire du froment et de son prix s'applique, en réalité, à la viande et au bétail. Des variations accidentelles viennent masquer par moment le phénomène de hausse ou de baisse, qui est alors général sur les marchés européens. Il s'agira de l'interdiction passagère des importations de bétail par suite de l'apparition d'une épizootie, de l'abondance ou de la rareté des fourrages qui déterminera sur les marchés une rareté subite ou une abondance exagérée. Les cours oscilleront donc, et les oscillations auront une amplitude plus ou moins grande selon que des faits économiques plus ou moins graves se seront produits ; l'action des droits protecteurs se révèlera par l'élévation relative du niveau moyen des cours dans les pays protégés, mais rien ne pourra empêcher la courbe des prix de s'élever, ou de s'abaisser sous l'influence irrésistible des causes générales dont il nous reste maintenant à parler.

Les causes générales des variations des prix.

Existe-t-il, indépendamment de la concurrence étrangère, des causes générales qui puissent expliquer la baisse actuelle du prix de la viande ? C'est là, pour nous, une chose certaine. Il faut noter, en effet, que le développement des importations ne peut expliquer la diminution des prix.

Nous l'avons déjà montré en parlant de la concurrence étrangère dans un chapitre spécial. On peut présenter les faits sous un aspect nouveau et établir avec plus de force et de clarté cette vérité fondamentale : *Ce ne sont pas toujours les importations étrangères qui ont fait baisser les prix.* Examinons pour cela le tableau suivant. Les chiffres relatifs aux prix et aux entrées ont été ramenés à 100 pour l'année 1883, de sorte que durant les années suivantes toutes les variations sont immédiatement visibles.

ANNÉES	ANIMAUX DE L'ESPÈCE BOVINE	
	Prix du kilo de bœuf.	Importations.
1883	100	100
1884	93	81
1885	87	70
1886	84	71
1887	76	45
1888	79	33
1889	80	36
1890	88	46
1891	87	38

ANNÉES	ANIMAUX DE L'ESPÈCE OVINE	
	Prix du kilo de mouton.	Importations (y compris les viandes fraîches).
1883	100	100
1884	94	93
1885	86	91
1886	84	81
1887	79	70
1888	85	79
1889	90	86
1890	99	92
1891	97	101

La baisse des prix est évidente; chaque année on peut l'apprécier aisément. Personne ne songe, du reste, à la dissimuler. Mais, il n'est pas moins visible que les importations ont diminué en même temps, et, chose bien importante, la diminution des entrées est toujours plus sensible que celle des cours. On ne trouve qu'une seule exception à cette règle : c'est pour les animaux de l'espèce ovine en 1891 et 1885. Le vote prochain d'un nouveau tarif douanier très nettement protecteur explique l'accroissement d'ailleurs fort peu sensible des importations. Le commerce a eu évidemment intérêt à faire franchir la frontière aux produits qui allaient être bientôt frappés de droits plus élevés. Ces importations extraordinaires n'ont pas d'ailleurs fait baisser les prix, puisque ces derniers restent notamment plus élevés en 1891 qu'en 1887 et 1888, années durant lesquelles les entrées avaient subi une réduction énorme allant jusqu'à 67 p. 100 en ce qui concerne les bovidés, et à 30 p. 100 relativement aux ovidés.

Pour prouver que la baisse des cours est un phénomène indépendant des importations étrangères, il suffit de noter d'ailleurs, les variations simultanées des prix et des entrées pour le froment. Ici, malheureusement, l'influence des récoltes, plus ou moins abondantes, et les modifications de notre régime douanier remanié en 1885, en 1887 et en 1891, viennent changer la marche des phénomènes.

| | FROMENT | |
ANNÉES	Prix.	Importations.
1883	100	100
1884	93	103
1885	87	63
1886	91	69
1887	94	88
1888	99	111
1889	96	112
1890	100	103
1891	105	194

La tendance à la baisse est sensible à la fois pour les prix et les importations depuis 1884 jusqu'à 1888. A partir de cette date les entrées s'élèvent, *en même temps que les prix*, grâce à la prime d'importation qui résulte de l'établissement des droits de douane en France. La hausse survenue étant supérieure au montant de la taxe, le marché français est devenu plus avantageux pour les importateurs que le marché anglais. Jetons, en effet, les yeux sur le tableau suivant ; nous allons voir que depuis 1883 jusqu'en 1891, les importations de froment en Angleterre ont plutôt diminué qu'augmenté, tandis que les prix s'abaissaient avec une grande rapidité. En 1891, seulement, une hausse brusque, justifiée par une mauvaise récolte générale en Europe, explique et provoque l'augmentation des entrées. Mais, il faut noter une fois de plus que les importations élevées coïncident avec une hausse des cours, et non pas avec une baisse, comme on le croit généralement.

ANNÉES	ANGLETERRE	
	Prix du froment	Importations.
1883	100	100
1884	85	73
1885	78	95
1886	75	73
1887	78	87
1888	75	89
1889	79	91
1890	75	94
1891	90	103

En examinant ces chiffres, on ne peut admettre que l'afflux des blés étrangers ait fait fléchir les cours.

On croit également, dans le public, que la baisse récente des prix est plus sensible pour les produits agricoles exposés à la concurrence des « pays neufs » que pour les autres denrées.

C'est là une erreur. Nous pouvons citer, à ce propos, les calculs du D^r Sœtbeer, relatifs aux variations des prix en Allemagne. Rien de plus instructif, et, croyons-nous, de plus convaincant que la lecture des chiffres suivants. Pour plus de simplicité, on a ramené à 100 les moyennes relatives à la période 1871-1875, à partir de laquelle la baisse des prix a été générale dans la plupart des pays du monde.

Variations de prix en Allemagne d'après le D^r Sœtbeer.

GROUPES	1871-75	1881-85	1887	1888
I. Produits agricoles	100	90	66	68
II. Matières animales	100	96	84	83
III. Produits du Midi	100	102	92	90
IV. Produits coloniaux (non compris le coton).	100	91	89	88
V. Produits minéraux	100	63	62	64
VI. Matières textiles	100	79	67	64
VII. Divers	100	79	67	64
VIII. Exportations d'Angleterre (cotonnades, lainages, etc., etc.)	100	81	75	55
Les **114** articles	100	88	76	76

Pour les produits minéraux, les matières textiles et divers autres articles constituant le groupe VII, il est évident que la baisse des prix est encore plus accentuée que pour les produits agricoles.

Dernièrement, M. A. Sauerbeck, dans un article du *Statist* anglais, indiquait les variations moyennes des prix de quarante-cinq marchandises principales, comprenant à la fois des produits agricoles et des denrées industrielles. Cette méthode d'appréciation du mouvement des prix est appelée méthode des *Index numbers*. Ce n'est qu'un procédé empirique ; mais, en général, les résultats obtenus de cette façon ne diffèrent pas sensiblement de ceux que donnerait un mode de calcul plus scientifique et plus précis. Le niveau moyen des prix durant la période 1867-1877 est représenté par 100.

Variations des prix en Angleterre d'après M. Sauerbeck.

Années.	Coefficients.	Années.	Coefficients.
1867-1877	100	1884	76
1873	111 (maximum)	1885	72
1878	87	1886	69
1879	83	1887	68 (minimum)
1880	88	1888	70
1881	85	1889	72
1882	84	1890	72
1883	82	1891	72
		1892	68

Ce tableau est accompagné des commentaires suivants qui ne sont pas inutiles :

« La baisse qui s'accuse ici pour 1892 est considérable (près de 6 p. 100), et elle ramène les prix au niveau de 1887.

« Les céréales ont beaucoup contribué à ce résultat ; le prix coté fin 1892 est le plus bas qui ait été vu depuis un siècle. Il y a eu baisse aussi pour le bœuf et le mouton.

« Les textiles continuent à baisser, et le coton avait retrouvé en mars les cours minimum de 1848. Les huiles ont aussi décliné de 1891 à 1892 et le pétrole coûte moins cher que jamais. Il y a eu hausse pour le porc et les thés communs. »

Enfin, l'auteur ajoute : « Le coefficient trouvé pour septembre 1892 est le plus faible de tous ceux qui ont été relevés au cours de ce siècle. »

Ce que nous venons de dire suffit à prouver que la baisse des prix est un phénomène très général et qui n'est pas restreint aux seuls produits agricoles, com n on le croit trop souvent. On voit aussi que la période comprise entre l'année 1873 et l'heure actuelle est caractérisée par la dépression des cours. C'est ce que nous avons déjà fait remarquer pour le bétail et la viande en étudiant les variations de leur prix.

La question que nous étudions, en ce moment, est donc intimement liée à celle du mouvement des prix en général. Cette observation justifie ainsi à nos yeux les digressions auxquelles nous nous laissons entraîner parce qu'elles sont indispensables pour éclairer la discussion et voir les faits dans leur ensemble.

Au tableau que nous venons de tracer rapidement en parlant des variations du prix des produits agricoles, il convient maintenant de comparer celui que nous présente la marche des cours durant une autre période.

Nous venons de montrer tout à l'heure que les prix s'abaissent en France, bien que nos importations de viande n'aient pas augmenté.

Les tableaux suivants prouvent que de 1853 à 1863, c'est-à-dire pendant une période de hausse, les cours se sont élevés, au contraire, tandis que les importations s'accroissaient. Sans doute, nous avons déjà signalé ces faits, mais il n'est pas inutile de compléter d'une autre façon la démonstration précédente.

Variations des prix et des importations en France.

ANNÉES	BOVIDÉS		OVIDÉS	
	Prix du kilo de bœuf.	Importations.	Prix du kilo de mouton.	Importations.
1853	100	100	100	100
1854	118	221	110	145
1855	123	291	125	164
1856	127	255	120	174
1857	130	250	125	206
1858	118	180	115	180
1859	116	203	120	240
1860	119	232	121	253
1861	121	280	122	294
1862	122	284	119	287
1863	122	305	119	313

Ainsi, depuis 1853 jusqu'en 1863, les importations ont triplé en France pour les ovidés comme pour les bovidés, et les prix, loin de diminuer, se sont accrus de 20 p. 100 ! On pourrait croire, toutefois, qu'une baisse sensible a succédé bientôt à cette hausse singulière. Il n'en est rien. L'invasion étrangère est plus menaçante que jamais depuis 1863 jusqu'à 1873, et le niveau des prix s'élève toujours.

Voici les chiffres relatifs aux ovidés dont il a été tant parlé il y a quelques années, à propos des importations allemandes.

ANNÉES	Prix du kilo de mouton.	Importations.
1863	100	100
1864	101	121
1865	99	129
1866	104	121
1867	106	165
1868	106	235
1869	101	225
1870	104	87
1871	121	206
1872	122	271
1873	125	246

En 1873, les importations avaient augmenté, il est vrai, de 146 p. 100, mais les prix s'étaient, en revanche, accrus d'un quart. On peut admettre ou supposer, tout au moins, qu'il n'en a pas été de même pour les denrées agricoles, en général, ou pour les produits de l'industrie. Les inventions nouvelles, le développement des voies de communication et le bon marché des transports ont dû contribuer à la réduction des prix. Ce sont bien là, en effet, les causes que l'on assigne volontiers à la baisse actuelle ; personne n'ignore que la navigation à vapeur, la création des chemins de fer sont accusés d'avoir rapproché les distances et provoqué une véritable révolution économique. Or, c'est précisément de 1850 à 1880 que ces transformations ont été réalisées et que leur action a dû être particulièrement sensible. Les faits donnent malheureusement un éclatant démenti à ces déductions séduisantes. Voici leur réponse :

Variations des prix en Allemagne, d'après Sœtbeer.

GROUPES	1847-1850.	1871-1875.
Produits agricoles............	100	144
Matières animales............	100	154
Produits du Midi..............	100	131
Produits coloniaux...........	100	130

GROUPES	1817-1850.	1871-1875.
Produits minéraux	100	116
Matières textiles	100	117
Divers	100	114
Exportations d'Angleterre	100	126
Les **114** articles	100	133

Ainsi, les produits agricoles ont augmenté de prix dans la proportion de 44 p. 100 ; et cette hausse s'élève pour les matières animales à 54 p. 100, pour les textiles à 17 p. 100, pour les marchandises fabriquées, qu'exporte l'Angleterre, à 26 p. 100. Enfin, dans leur ensemble, les 114 produits dont il s'agit ont subi une augmentation de prix qui atteint 33 p. 100. C'est donc une hausse considérable et non point une baisse que nous constatons.

La période 1850-1873 a été et restera marquée dans l'histoire économique du XIXe siècle par ce phénomène si important. Aujourd'hui les mêmes causes paraissent produire des effets différents. C'est la baisse générale qui succède à la hausse générale des prix. A partir de 1873, les cours fléchissent et s'abaissent toujours davantage sans qu'aucune révolution dans les procédés de fabrication ou de transport puisse, en réalité, expliquer ce phénomène.

Ce sont les importations étrangères que l'on accuse de l'avoir provoqué ; mais les importations diminuent, comme nous l'avons montré, et les prix décroissent toujours. Effrayées par cette véritable révolution dans la marche des prix, la plupart des nations de l'Europe s'arment les unes contre les autres et défendent leurs frontières. Par une étrange contradiction, elles essaient d'annuler avec des tarifs de douane la diminution des prix de revient et celle des frais de transport qu'on s'efforce en même temps d'obtenir dans chaque usine ou dans chaque laboratoire. C'est le blé américain ou russe que l'on repousse, tandis que les États-Unis et la Russie repoussent à leur tour les produits des autres nations. Chaque pays accuse son voisin de fabriquer à trop bon marché ; l'Allemagne a peur de la France, et la France redoute la concurrence allemande. Étonnés, et comme effrayés par des événements qui les déconcertent, les hommes de notre temps demandent au protectionnisme un remède à cette situation. Cependant, la marche des prix n'est que faiblement affectée par ces bouleversements. La baisse s'accentue d'année en année malgré les droits de douane, de même qu'à partir de 1850 la hausse devenait chaque année plus sensible malgré la liberté du commerce international. Il nous paraît très probable qu'aucun parlement n'est en mesure de lutter par des lois contre la toute-puissante et mystérieuse influence qui provoque et explique les oscillations des prix.

Est-il possible cependant d'indiquer au moins la cause de cette étrange révolution, si nous ne pouvons avoir la prétention d'en mesurer l'action avec une parfaite précision ? Il nous semble que l'étude du passé doit éclairer sur ce point celle du présent. Comme nous l'avons déjà dit, on a pu constater à deux reprises différentes, un abaissement rapide et une longue stagnation des prix. C'est au XVIIIe siècle, tout d'abord, de 1715 à 1750 ; puis au XIXe siècle, depuis 1815 jusqu'à 1850. Durant ces deux périodes, le cours des denrées agricoles et le prix des terres ont subi une dépression analogue à celle qu'on observe de nos jours.

A deux reprises différentes également, vers la fin du règne de Louis XV jusqu'aux premières années du XIXe siècle, et depuis 1850 jusqu'en 1873, on peut constater que les prix se sont élevés rapidement.

Il paraît établi qu'au XVIIIe siècle aussi bien qu'au XIXe siècle, ces curieuses oscillations étaient dues, soit à l'augmentation soit à la diminution du pouvoir d'achat des métaux précieux. Dans la première moitié du XVIIIᵉ siècle, c'est leur rareté qui vient accroître leur valeur. Les prix baissent en conséquence puisqu'il faut un moindre poids d'or ou d'argent pour acquérir les mêmes quantités de marchandises.

A partir de 1750 ou 1760, un phénomène inverse se produit. Les métaux précieux deviennent plus abondants ; des mines nouvelles sont découvertes et exploitées qui jettent sur le marché européen une masse plus considérable de lingots bientôt monnayés. L'or et l'argent baissent de valeur et les prix s'élèvent d'un mouvement rapide et irrésistible. Dans une étude qu'ont publiée les *Annales agronomiques* (1), nous avons montré combien cette hausse des prix avait été soudaine et considérable, en France, vers la fin du règne de Louis XV. Dès les premières années de la Restauration, malgré l'accroissement des valeurs échangées, malgré le développement un moment ralenti et comme suspendu du commerce européen, l'afflux des métaux précieux vient à cesser ; leur puissance d'acquisition s'accroît brusquement, et la crise agricole se fait sentir. Le prix des produits ruraux s'abaisse, la valeur des terres diminue, et, malgré la longue paix dont la France a joui durant cette période, le niveau des prix reste stationnaire. Il s'élève soudain après 1850 lorsque les importations d'or multiplient les métaux monétaires et provoquent une baisse nouvelle de leur valeur.

Aujourd'hui, la démonétisation de l'argent et la dépréciation inouïe de ce métal par rapport à l'or, créent une situation nouvelle, et constituent une véritable révolution économique. L'or est devenu, depuis vingt ans, la seule monnaie ayant réellement un pouvoir libératoire illimité,

____

(1) Des variations du prix et du revenu des terres de France *Annales agronomiques*, 1887, t. XIII, p. 337 et 444. Paris, Masson, éditeur.

et possédant, seule aussi, le caractère de monnaie internationale. L'argent perd actuellement 55 p. 100 de la puissance d'acquisition qu'il possédait en 1873 ; il n'est plus entre les mains de ses détenteurs qu'un lingot de métal servant de gage à un emprunt réalisé en or, ou une pièce de monnaie à laquelle, par une convention spéciale et une tradition respectée, nous accordons dans l'intérieur du pays une valeur qu'elle n'a plus. Les nations emprunteuses dont la dette grossie est presque tout entière aux mains de l'étranger sont forcées de payer en or les intérêts qu'elles ont promis. L'Italie, l'Espagne, le Portugal, les États de l'Amérique du Sud ont perdu tout leur métal jaune. Le change atteste non seulement l'état embarrassé de leurs finances publiques, mais la disparition du seul métal qui permette aujourd'hui de compenser en fin de compte les dettes internationales. Les États-Unis eux-mêmes, malgré leur richesse indéniable et la prodigieuse fécondité de leur sol, souffrent d'une crise qu'a provoquée la dépréciation du métal blanc, c'est-à-dire de l'argent par rapport à l'or. Pour former un trésor de guerre, et parer à des crises commerciales imminentes, les grandes banques d'État en Angleterre, en France ou en Allemagne accumulent des réserves métalliques en or, toujours en or. Elles défendent cette encaisse avec un soin jaloux. Sans doute dans les pays privilégiés comme la France et l'Angleterre qui ont sur l'étranger d'énormes créances représentées par des titres mobiliers de toute sorte, l'or est encore abondant. Il afflue même, bien que les seules réserves de la Banque de France représentent déjà plus d'un milliard enlevé par conséquent à la circulation dont elles représentent le cinquième ou le sixième. Mais pour beaucoup d'autres nations, l'or fait défaut ; on se le dispute, et remarquons-le bien, comme ce métal a seul cours aujourd'hui, il est admissible et probable que son pouvoir d'achat a dû s'accroître. Désormais, malgré la multiplication incontestée des succédanés de la monnaie métallique, c'est-à-dire des lettres de change, des chèques, malgré la vulgarisation des règlements de compte par virements ou par envoi de coupons de valeurs mobilières, l'or seul doit suffire, en définitive, aux règlements internationaux. Le développement des échanges accroît encore l'utilité, on peut dire, la nécessité de son emploi, et sa rareté relative peut augmenter en même temps. Ce sont là des faits d'une gravité exceptionnelle qui doivent expliquer, selon nous, la baisse actuelle des prix. Au milieu de cette étrange tourmente qui est venue effrayer et déconcerter le monde des affaires, il est difficile de se rendre compte avec quelque précision de l'action qu'ont pu exercer simultanément la concurrence étrangère, la dépréciation sans précédent du métal argent, et la rareté de l'or.

L'erreur la plus grave que l'on puisse commettre, c'est d'attribuer exclusivement à l'une de ces causes la dépression des prix observée de nos jours. On exagère certainement l'influence exercée sur ce phénomène par la concurrence étrangère. Ce que nous avons dit à ce sujet en comparant soigneusement les variations simultanées des importations et des cours, pour le bétail comme pour le froment, peut suffire à le montrer. Quant à la rareté relative de l'or et à l'augmentation rapide de son pouvoir d'achat, ce sont là deux phénomènes intimement liés dont la puissance d'action nous paraît à la fois très certaine et très grande. On nous objectera, il est vrai, que la quantité d'or extraite annuellement des mines n'a pas diminué sensiblement depuis 1873. Il est donc impossible, dira-t-on, que l'or soit plus rare et que son pouvoir d'achat se soit accru. Cette argumentation n'aurait une sérieuse valeur que si la dépréciation et la démonétisation du métal blanc n'avait pas donné à l'or comme monnaie un champ d'action singulièrement plus vaste. Les deux métaux monétaires acceptés, autrefois, avec une égale faveur, servaient aux innombrables transactions dont ils pouvaient balancer les soldes. Aujourd'hui, l'argent n'est plus qu'une monnaie d'appoint analogue au billon de cuivre. La pièce de 5 francs qui ne *vaut* plus, en réalité, que 2 fr. 25 c., circule encore dans les pays de l'Union latine avec sa valeur nominale par suite d'une entente pleine de périls, et d'une tradition dont le public ignore les conséquences prochaines. La suspension de la frappe libre dans les pays latins rend ceux-ci, en fait, monométallistes-or. Ce métal reste donc seul chargé du rôle dont l'argent s'acquittait au même titre que lui il y a vingt ans. La rareté du métal jaune ne résulte pas d'une moindre production, mais bien de la multiplication des services qu'il doit rendre seul aujourd'hui comme monnaie ; elle résulte également du soin avec lequel on cherche, partout, à le retenir ou même à l'accumuler comme réserve dans les caisses des particuliers ou dans celles des grandes banques qui appauvrissent par ce fait la circulation intérieure.

Tels sont les faits qui nous paraissent expliquer et justifier la baisse actuelle des prix. Une pareille solution est trop en désaccord avec les opinions reçues dans le public pour être acceptée sans discussion. Une des objections les plus graves aux yeux de ceux qui voudraient attribuer à la concurrence étrangère une influence unique et prépondérante, c'est que la baisse actuelle ne s'est pas également fait sentir sur le prix de tous les objets. Il semble, en effet, que l'augmentation du pouvoir d'achat de l'or devrait avoir pour effet de diminuer dans les mêmes proportions le prix de toutes les marchandises. Cette dépression uniforme n'est pas constatée, de même

que l'on n'a pas observé à d'autres époques une élévation semblable du niveau moyen des cours. Est-il donc
possible d'admettre l'hypothèse que nous proposons
pour expliquer la marche actuelle des prix ? Assurément
non, répondront nos contradicteurs.

Leur objection ne nous paraît pas cependant très forte.
C'est une erreur de croire, en économie politique, à
l'action parfaitement précise et calculable sans erreur,
d'une cause unique. Le froment a certainement baissé
de prix, mais il est incontestable qu'une mauvaise récolte
peut faire hausser les cours. On l'a vu dernièrement,
alors que les gelées d'hiver, en 1891, ont compromis la
moisson prochaine. Le quintal de froment qui valait,
auparavant, 25 francs, s'est vendu au mois d'avril près
de 32 francs.

Pour le bétail, il en est de même ; après une baisse
rapide de 1883 à 1888, le prix de la viande sur pied ou
abattue s'est relevé sensiblement en 1890 et 1891, à la
suite de deux excellentes récoltes de fourrages. Les produits industriels subissent des influences analogues. Leur
prix s'élève ou s'abaisse par suite d'un caprice de la
mode, de l'application d'une découverte récente, d'une
demande plus étendue résultant de l'accroissement de
la population, de la spéculation même, comme on l'a vu
il y a peu d'années pour les cuivres, etc., etc.

Au milieu des faits les plus divers, dont l'action
opposée peut déconcerter l'observateur superficiel, il est
cependant possible de discerner des phénomènes caractéristiques et de les rattacher à des causes générales.

En atténuant l'effet des circonstances fortuites, les
moyennes établies pour de longues périodes nous permettent de distinguer des mouvements continus dans le
sens de la hausse ou de la baisse des prix. Ce sont ces
méthodes d'observation que nous avons employées, et qui

nous ont révélé l'action d'une cause distincte de la concurrence étrangère. Admise sans contestation pour d'autres périodes analogues à celle que nous traversons, cette influence de la dépréciation ou de l'augmentation du pouvoir d'achat des métaux précieux doit être logiquement acceptée aujourd'hui. Elle seule peut expliquer d'une façon satisfaisante et réellement scientifique l'abaissement continu des prix depuis 1873, et leur élévation graduelle depuis 1850 jusqu'à cette date. Sans prétendre contester, un seul instant, l'action des autres faits économiques, et de la concurrence étrangère, en particulier, c'est à une révolution monétaire que nous croyons pouvoir attribuer, sans hésiter, la crise dont l'agriculture et l'industrie subissent à cette heure les conséquences imprévues.

Pour compléter cette étude, il nous reste maintenant à étudier les circonstances passagères qui exercent leur influence sur le prix du bétail. Nous trouverons ainsi l'explication de quelques-unes des anomalies qui étonnent le public lorsqu'il constate les variations soudaines des cours, ou les conséquences immédiates de la modification récente du tarif douanier de la France.

Les variations accidentelles du prix du bétail.

Quand on trace la courbe qui représente les oscillations du prix de la viande, on ne tarde pas à constater qu'en dehors des inflexions générales, il se produit assez souvent des hausses ou des baisses passagères dont on ne s'explique guère la cause au premier abord. Pour se rendre compte de cette particularité il suffira, par exemple, de se reporter au graphique de la page 41. A quelles circonstances peut-on rattacher ces variations accidentelles ?

Variations des prix de la viande et du foin.

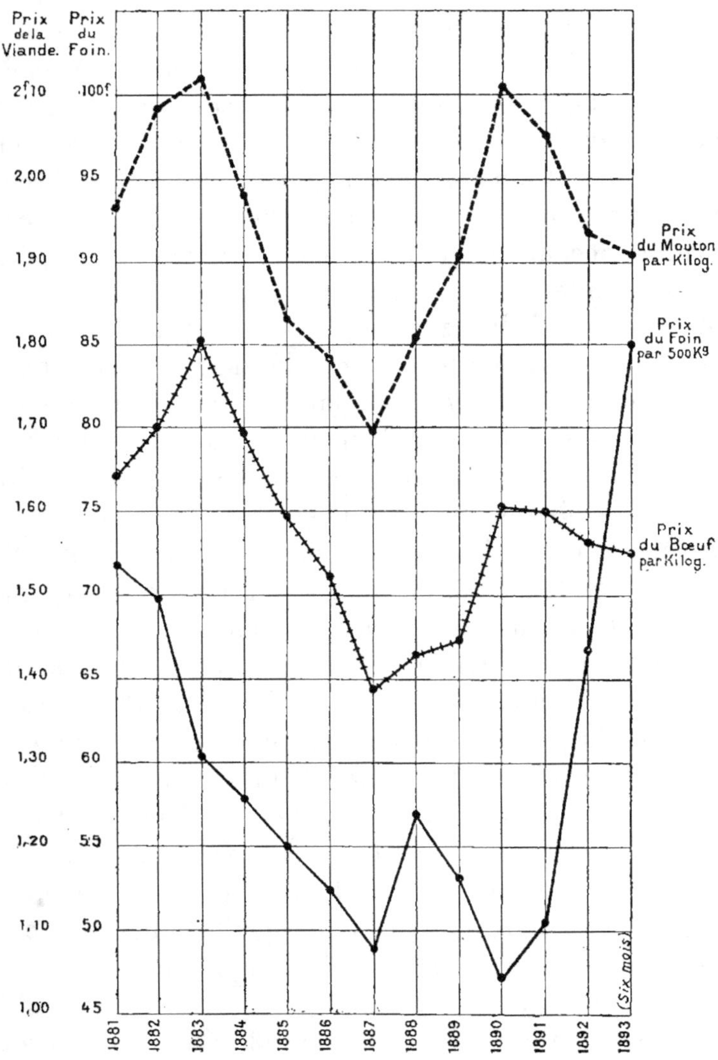

Celle qui nous paraît la plus intéressante à noter, n'est autre que la rareté ou l'abondance des fourrages. On peut résumer ainsi l'influence qu'exercent sur les cours des circonstances accidentelles :

La rareté des fourrages oblige les cultivateurs à vendre les animaux qu'ils ne peuvent plus nourrir. Amenés simultanément sur les marchés, les animaux y provoquent une baisse d'autant plus accentuée qu'ils sont plus nombreux, c'est-à-dire, en définitive, que la disette de fourrages a été plus accentuée et la nécessité de vendre le bétail plus pressante.

Au contraire, lorsque les récoltes fourragères sont abondantes, l'agriculteur ne conduit sur le marché qu'un nombre d'animaux correspondant au produit régulier et normal de ses troupeaux. Il peut attendre à loisir que les cours se soient élevés, et il se livre même à des opérations d'engraissement qui tendent à relever le prix par l'accroissement de la demande sur le marché. Pour cette triple raison, le niveau des cours se relève, de même qu'il s'abaissait lorsque les fourrages étaient rares.

Pour mettre en évidence la corrélation des deux phénomènes dont nous venons de parler, il suffit de tracer la courbe du prix de la viande, et celle des cours du foin. Dans les périodes d'abondance, le prix du foin s'abaisse, en effet, tandis qu'il s'élève toutes les fois que les récoltes de nos prairies ont été médiocres ou mauvaises.

En résumé, on peut dire : Le prix de la viande et du bétail augmente ou diminue selon que le cours des fourrages s'abaisse ou se relève. Le graphique qui précède nous permet de vérifier cette règle.

Au début de la période 1881-1893, que nous considérons en ce moment, on voit le prix de la viande s'élever sur le marché de la Villette, tandis que le cours du foin s'abaisse graduellement jusqu'en 1883.

Ce sont là des variations accidentelles. A partir de 1883, en effet, les causes générales, dont nous avons parlé plus haut, exercent librement leur action, et les cours du foin comme ceux de la viande subissent une dépression caractéristique. En 1887, le prix du bétail atteint un minimum. Sous l'influence combinée des droits de douane récemment votés et de la baisse des fourrages, il se relève cependant en 1890, tandis que le cours du foin atteint un minimum. En 1892, malgré le relèvement considérable de nos tarifs douaniers, le bétail baisse de prix, et durant les six premiers mois de 1893 cette dépression devient particulièrement sensible. Mais, comme on le voit, la courbe du prix du foin se relève en même temps très brusquement, et durant l'année 1893 elle monte au point le plus élevé qu'elle ait atteint depuis un demi-siècle. Tout le monde sait, en effet, que nous avons souffert il y a deux ans, d'une disette de fourrages sans précédent. Le graphique placé sous les yeux du lecteur montre clairement la curieuse corrélation et l'étroite dépendance des deux phénomènes que nous étudions en ce moment, c'est-à-dire, les variations simultanées et contraires du prix de la viande et des fourrages. Les moyennes que ce tableau résume dissimulent malheureusement, en les atténuant, quelques-uns des écarts très brusques qu'il est nécessaire de montrer pour être plus clair.

Les chiffres suivants seront plus probants encore :

PÉRIODES	PRIX DU KILO DE VIANDE A LA VILLETTE		Prix des 1000 kilos de foin à Paris.
	Bœuf.	Mouton.	
	fr. c.	fr. c.	fr.
2e semestre 1891......	1 61	2 07	100
2e semestre 1892......	1 52	1 88	160
Janvier 1893.......	1 85	1 92	166
Février 1893......	1 54	1 92	166
Mars 1893.......	1 55	1 97	160

PÉRIODES	PRIX DU KILO DE VIANDE A LA VILLETTE		Prix des 100 kilos de foin à Paris.
	Bœuf.	Mouton.	
—	fr. c.	fr. c.	fr.
Avril 1893............	1 53	1 97	156
Mai 1893	1 43	1 91	194
Juin 1893............	1 42	1 84	200

Durant le deuxième semestre de 1891, le foin se vendait 106 francs la tonne, prix très bas, et la viande atteignait le prix très élevé de 1 fr. 61 pour le bœuf, ou de 2 fr. 07 pour le mouton. Un an plus tard, le cours du foin s'élève brusquement à 160 francs la tonne. Aussitôt, malgré l'augmentation des droits de douane votés dans le but de rehausser le niveau des prix, le cours du kilogramme de bœuf et de mouton tombe à 1 fr. 52 et à 1 fr. 88. Pendant les quatre premiers mois de 1893, les prix s'élèvent un peu sur le marché de la Villette, tandis que le cours du foin s'abaissait. Dès le mois de mai, la sécheresse persistante a compromis la récolte des prairies ; les fourrages vont faire défaut aux cultivateurs, les plaintes les plus vives se font entendre, et le prix du bétail s'abaisse brusquement, comme on le voit, tandis que le cours du foin monte jusqu'à 200 francs la tonne, c'est-à-dire atteint un prix presque double de celui qui avait été constaté en 1891.

La règle que nous avons indiquée plus haut se trouve donc vérifiée. On comprend, en même temps, pourquoi le nouveau tarif douanier mis en vigueur à partir du mois de février 1892 n'a pas produit, immédiatement, les effets qu'on en attendait.

Telle est l'explication fort simple qu'on peut donner de cette curieuse anomalie, explication bien différente de celle qu'ont cru pouvoir proposer les partisans du relèvement de nos tarifs. Selon eux, l'augmentation des droits de douane n'a pas pour conséquence une augmentation des prix ; elle encourage seulement la production intérieure en la protégeant contre les dangers de la concurrence étrangère.

C'est là, nous semble-t-il, une double erreur d'observation et de raisonnement ; une erreur d'observation puisqu'il suffit de constater, par exemple, que le prix du froment est plus élevé en France à l'heure actuelle que dans les pays où il n'existe pas de droits à la frontière ; une erreur de raisonnement, car on ne peut protéger la production intérieure, suivant l'expression consacrée, qu'en élevant le niveau des prix. Encore n'est-il pas exact de dire qu'on limite par ce fait la concurrence étrangère.

Nous avons vu, en effet, que les droits établis sur le froment avaient eu pour effet de provoquer une hausse supérieure à la quotité des droits, c'est-à-dire, de constituer en faveur des importateurs étrangers une véritable prime.

Les mêmes phénomènes se produiront très probablement pour le bétail si les droits actuels sont capables de déterminer en France une hausse relative, c'est-à-dire de faire monter les prix à une certaine hauteur au-dessus du niveau moyen constaté chez les nations voisines. L'expérience seule pourra nous éclairer sur ce point, et toute prédiction est à la fois imprudente et inutile.

Conclusion.

Nous pouvons jeter maintenant un coup d'œil en arrière, et rappeler un peu de mots les conclusions auxquelles nous a conduit l'étude des variations du prix du bétail.

La période que nous traversons en ce moment est caractérisée par une baisse notable. Cette dépression des prix s'est manifestée depuis 1873 et surtout depuis 1883. Elle n'est pas spéciale au bétail et particulière à la France. Il s'agit d'un phénomène économique d'une extrême généralité et d'une gravité exceptionnelle. Ce phénomène qui aractérise d'une façon si frappante la période que nous traversons n'est pas, du reste, nouveau. L'histoire économique du XVIIIe siècle nous en présente un premier exemple remarquable, et dans la première moitié du XIXe siècle, on peut en observer un second. Le contraste est, en outre, très saillant et très instructif entre ces périodes de dépression ou de stagnation du prix des produits agricoles, et deux autres séries d'années placées à la fin du XVIIIe siècle ou dans la seconde moitié du XIXe siècle. Une hausse soudaine et continue des cours, caractérise, au contraire, ces deux dernières périodes.

On est tenté d'attribuer de nos jours à la concurrence étrangère l'abaissement des cours. Sans nier l'influence que cette cause particulière a pu exercer, il nous paraî impossible de lui attribuer exclusivement la baisse du bétail et celle des produits agricoles en général. Non seulement, en effet, nous voyons les importations diminuer toutes les fois que les prix s'abaissent; mais on peut constater que durant la période antérieure, c'est-à-dire de 1850 à 1873, les cours se sont élevés malgré l'augmentation des importations. A l'heure actuelle, les entrées de bétail étranger et de viandes fraîches ont diminué plus rapidement encore que les prix. En étudiant l'action des droits de douane sur la marche des prix, on constate également que le législateur a été constamment impuissant à relever les cours pendant une période de baisse, tandis que la liberté du commerce international n'avait pas eu pour effet de provoquer une dépression des cours pendant une période de hausse. On peut conclure de ces faits que des causes générales très puissantes agissent sur les prix et déterminent leurs variations dans un sens ou dans l'autre, indépendamment de l'influence secondaire qu'exerce la concurrence étrangère.

Ce sont, sans doute, des variations dans le pouvoir d'achat des métaux précieux qui expliquent les oscillations des cours. L'abondance ou la rareté relative des métaux monétaires a déjà produit au XVIIIe siècle et au XIXe siècle des effets analogues à ceux que l'on observe aujourd'hui. La démonétisation de l'argent et la dépréciation de ce métal, par rapport à l'or, donnent à ce dernier une valeur plus grande, parce qu'il est relativement plus rare. Son pouvoir d'achat s'est donc accru, et les prix ont subi une réduction. Celle-ci est d'ailleurs variable parce que les phénomènes économiques sont très complexes.

La baisse du prix du bétail comme celle des cours des principaux produits agricoles est donc liée à des faits généraux qui l'expliquent, et en particulier à une augmentation du pouvoir d'achat de l'or, seul métal remplissant en réalité aujourd'hui les fonctions de monnaie internationale.

En dehors des mouvements continus et prolongés auxquels les cours nous paraissent soumis durant des périodes nettement limitées, on peut constater pour le bétail des oscillations brusques et passagères, c'est-à-dire des variations accidentelles. Celles-ci sont, en général, provoquées par la rareté ou l'abondance des récoltes fourragères. Le prix du bétail s'abaisse lorsque les fourrages sont rares et chers; il s'élève, au contraire, lorsque les ressources alimentaires sont abondantes. La baisse récente du bétail, baisse parfois considérable, est due précisément à la rareté des fourrages.

Telles sont les conclusions de cette étude et les réponses qu'il est possible de faire aux questions que nous nous étions posées dès le début.

LES CHARGES FISCALES

PROPRIÉTÉ RURALE ET DE L'AGRICULTURE

PREMIÈRE PARTIE

I

La situation de la propriété rurale.

La baisse du prix des denrées agricoles vient de provoquer en Europe une crise douloureuse. Celle-ci a eu pour conséquence la diminution générale des profits réalisés par les entrepreneurs de culture et une dépression parfois très considérable des loyers agricoles. Le prix des terres a subi une réduction analogue à celles des revenus fonciers et les propriétaires ruraux se sont ainsi trouvés doublement atteints dans leurs intérêts. Moins heureux, en effet, que les possesseurs de certaines valeurs mobilières, ils n'ont pas trouvé dans l'accroissement rapide du capital représenté par un titre, dans la régularité et la fixité des intérêts servis, une compensation parfois très large à la baisse continuelle du taux des placements. Deux personnes disposant, il y a dix ans seulement, d'une même somme de 100,000 francs, se trouvent aujourd'hui dans une position toute différente si l'une a fait l'acquisition d'un domaine rural, et si l'autre a placé sa fortune en valeurs mobilières très sûres, comme des obligations de nos chemins de fer par exemple. Les revenus du propriétaire rural ont diminué de 15, 20 ou 25 p. 100, selon la région dans laquelle il aura choisi son domaine. Les augmentations de loyers agricoles ont été, en effet, assez rares depuis 1884, sauf dans l'ouest de la France, et les fermages ne sont guère restés stationnaires que sur quelques points de cette dernière région, de la Savoie, ou dans les environs des grandes villes lorsqu'il s'agissait de terres fertiles. Si les revenus de notre propriétaire rural ont rapidement décru, on peut affirmer que la valeur de son domaine a subi une diminution fort sensible.

Tout autre serait aujourd'hui la position du capitaliste qui aurait acheté des obligations de chemins de fer. Certes, ses revenus se seraient abaissés puisque l'impôt sur le revenu des valeurs mobilières a été dernièrement porté de 3 à 4 p. 100 ; mais, néanmoins, le prix des titres s'est élevé rapidement, par suite de la réduction si remarquable du taux de l'intérêt. Le cours des obligations de nos grandes Compagnies a progressé d'une façon ininterrompue, et la plus-value constatée aujourd'hui, par rapport aux valeurs cotées en 1884, dépasse certainement 25 p. 100.

On voit combien est différente la situation faite, par des événements bien récents, à deux personnes dont les placements auraient été, il y a dix ans, également sûrs et avantageux. Ajoutez à cela que les fermages n'ont pas toujours été acquittés d'une façon régulière, tandis que le paiement des coupons n'a subi aucun retard ni soulevé aucune difficulté. Enfin, si l'impôt établi sur le revenu des valeurs mobilières a été augmenté et porté de 3 à 4 p. 100, on peut dire que les contributions mises sur le revenu des terres se sont accrues également. Le principal de ces contributions n'a pas augmenté ou même a été réduit, mais, en revanche, les centimes additionnels ont été plus nombreux.

Telle est la situation des propriétaires ruraux comparée à celle des possesseurs de valeurs mobilières. Il est évident que ce parallèle tracé aujourd'hui, paraît être tout en faveur des derniers. On ne saurait donc s'étonner des plaintes que font entendre ceux des propriétaires fonciers dont la situation est singulièrement moins avantageuse. Ce que nous venons de dire suffit à expliquer la vivacité et la généralité de ces plaintes. Elles nous paraissent aussi légitimes qu'elles sont sincères. Toute une classe d'hommes dont la fortune est représentée, au moins en grande partie, par des propriétés rurales subit des épreuves que personne ne pouvait prévoir il y a vingt ans et que tout le monde doit déplorer aujourd'hui.

La propriété n'est pas, dans notre pays, concentrée entre les mains de quelques milliers de familles. Elle n'est ni le privilège d'une caste, ni le produit d'une conquête comme aux premiers siècles de notre histoire. Les hommes qui la détiennent sont au nombre de plusieurs millions ; elle a été le plus souvent échangée contre le produit du travail le plus honorable, ou légitimée par une longue possession qui a fait oublier ses défauts et effacé les taches de son origine.

Mais si les plaintes dont nous nous faisons en ce moment l'écho doivent paraître légitimes, la situation douloureuse qui les explique ne justifie ni les réclamations dont on les accompagne habituellement, ni la confusion trop souvent faite entre les intérêts de l'agriculture et ceux de la propriété rurale, ni les accusations portées contre notre législation fiscale très injuste, assure-t-on, parce qu'elle est trop dure à l'égard des propriétaires ruraux.

Ce que l'on réclame, en effet, c'est une diminution

immédiate et considérable des impôts assis sur les revenus de la terre, c'est, notamment, la suppression de l'impôt foncier.

La confusion que l'on a faite consiste à admettre sans discussion, comme un axiome, que l'industrie agricole, ajoutons même, la population rurale tout entière, est intéressée à la réduction des charges fiscales de la propriété foncière. On suppose, ainsi, *a priori* que les fermiers, les métayers, les ouvriers ou les domestiques agricoles verraient leur situation améliorée, si un impôt comme la contribution foncière venait à être brusquement supprimé. Ceux qui partagent cette opinion tranchent sans hésiter une question d'incidence ou de répercussion des impôts qui est très incertaine et très diversement résolue; ils confondent les intérêts de toute la classe agricole avec ceux des propriétaires fonciers, sans faire de distinction entre ceux qui cultivent eux-mêmes et ceux qui se contentent de louer leurs domaines.

Enfin notre législation fiscale est accusée de frapper sans mesure la propriété foncière, tandis qu'elle ménage sans plus de justice la propriété mobilière, l'industrie ou le commerce. Il y a plus, confondant toujours la propriété rurale avec l'agriculture, on en est venu à dire : « Le cultivateur est la bête de somme du budget. Nous avons cherché ce que chaque industrie, ce que chaque classe de contribuables paye pour 100 de son revenu. A la suite de ces recherches, des chiffres ont été produits à la tribune qui jettent un grand jour sur les inégalités de notre régime d'impôts où l'*Agriculture* est plus chargée que toutes les autres branches de notre activité nationale.

« Voici ces chiffres accusateurs :

La propriété rurale (l'auteur disait tout à l'heure *l'agriculture*), non compris les impôts de consommation, paye... 25 p. 100
La propriété immobilière urbaine payait en 1889......... 17 —

« De tels chiffres prennent notre régime fiscal en flagrant délit de favoritisme. »

Nous ne pouvons accepter sans discussion ces affirmations. Si leur exactitude était prouvée, ce serait des réformes immédiates qu'il faudrait, en effet, réclamer avec énergie. Si, au contraire, les accusations formulées contre notre régime fiscal ne sont pas fondées, il importe de le dire bien haut. On ne saurait sans danger laisser croire à une moitié de la population française, à la classe agricole tout entière, qu'elle est victime d'une déplorable injustice, et qu'un siècle après 1789, il existe encore des serfs de la glèbe taillables et corvéables à merci.

Pour résoudre le problème qui est maintenant posé, il nous faut chercher quelles sont les charges fiscales de la propriété rurale. Nous en étudierons ensuite la répercussion ou « l'incidence », c'est-à-dire nous rechercherons quelles sont les personnes qui acquittent, en définitive, les impôts dont sont grevés les héritages ruraux. Cette discussion nous permettra de déterminer dans quelle mesure les intérêts de la propriété rurale se confondent avec ceux de l'agriculture et quelle influence exercent sur cette dernière les contributions imposées aux propriétaires.

Nous chercherons ensuite quelle est la situation de ces derniers et nous aurons l'occasion d'étudier, soit les variations des charges fiscales qu'ils ont supportées depuis le commencement du siècle, soit les inégalités de traitement dont ils pourraient avoir à se plaindre en comparant aux sacrifices qu'on leur demande ceux que l'on impose aux autres catégories de contribuables.

Enfin, dans la seconde partie de cette étude, nous essaierons de calculer les charges fiscales de l'agriculture, c'est-à-dire de la classe agricole tout entière qui renferme non seulement des propriétaires, mais encore des entrepreneurs de culture, comme les fermiers ou les métayers, et, en outre, des ouvriers ou des domestiques.

II

Les charges fiscales de la propriété rurale.

L'impôt est la quote-part prélevée sur le revenu de chaque citoyen pour les dépenses des services publics. Cette définition a, croyons-nous, le mérite d'être simple et exacte tout à la fois.

Il paraît en résulter que, pour asseoir l'impôt, on devrait calculer le revenu de chaque contribuable et en retenir une partie. En aucun pays, et dans aucun temps cette méthode n'a été employée. La constatation ou l'évaluation des revenus pris en bloc a toujours paru, en effet, inquisitoriale, inexacte ou dangereuse. Nulle part l'impôt général sur le revenu n'a remplacé les taxes directes ou indirectes plus anciennes qui assurent aujourd'hui encore l'équilibre des grands budgets.

Ce que l'on a cherché à taxer, tout d'abord, ce sont *les revenus* si divers des citoyens, en distinguant, pour cela, les *sources* différentes dont ils provenaient. Le *revenu total* de chaque personne restait ignoré. Examinons, par exemple, nos impôts directs en France.

L'un, qui se nomme contribution foncière, atteint les revenus fonciers, parce que la terre et les propriétés bâties constituent deux sources de revenus. De même, la contribution des portes et fenêtres grève les revenus immobiliers, et la contribution des patentes frappe les revenus provenant de l'exercice d'une profession.

Ce sont là des impôts spéciaux ayant pour objet de frapper des revenus déterminés. De plus, nous remarquerons avec soin que ces contributions ne varient pas avec la situation personnelle de ceux qui les acquittent. Qu'un propriétaire foncier soit possesseur de richesses mobilières considérables ou médiocres, qu'il ait contracté des dettes, ou acquis, au contraire, des créances, l'impôt foncier sera le même, parce que cette taxe frappe, non pas le propriétaire, mais la propriété, non pas le capitaliste, mais le capital produisant les revenus sur lesquels elle est assise. En quelques mains que passe la parcelle de terre, elle devra l'impôt qui la suit et s'attache à elle.

Pour nous qui cherchons en ce moment à calculer les charges fiscales de la propriété rurale, cette distinction entre le propriétaire et la propriété présente une importance extrême. Nous allons essayer de le montrer.

Supposons qu'un propriétaire possède pour toute fortune un domaine rural. Les revenus de cet héritage sont grevés par l'impôt foncier, et même par l'impôt des portes et fenêtres qui s'y ajoute évidemment. Mais le propriétaire acquitte, en outre, une foule de taxes directes et indirectes alors même qu'il ne réside jamais dans son domaine. Dirons-nous que toutes ces taxes représentent des charges fiscales de la propriété rurale parce que, en définitive, elles sont prélevées sur le revenu d'un bien-fonds ? Allons-nous considérer l'impôt sur les boissons, les droits de timbre et d'enregistrement, le produit des douanes et des monopoles de l'État, comme des contributions frappant le revenu des immeubles ? Évidemment non ! Ces taxes atteignent tous les contribuables ; elles réduisent leurs revenus quelle qu'en soit l'origine. Ce ne sont pas des charges de la propriété envisagée comme une source particulière de revenus ; elles sont acquittées par des propriétaires, par des négociants, par des salariés à l'occasion des actes et des consommations les plus variés, mais il ne nous est pas plus permis de les considérer comme une charge des immeubles ruraux si celui qui les acquitte est un propriétaire, qu'il ne nous est possible . de les regarder comme une charge fiscale de l'industrie si elles sont prélevées sur les revenus d'un industriel.

Les distinctions que nous venons de faire pourraient paraître subtiles et oiseuses au premier abord. — Nous les croyons, au contraire, indispensables parce que les erreurs signalées ici ont été commises bien des fois ; elles ont pour conséquence l'exagération des charges fiscales de la propriété rurale que l'on nous représente comme accablée par l'impôt.

C'est une erreur non moins grave que de confondre les charges de la propriété avec celles de l'agriculture. Il existe en France plus de deux millions de propriétaires cultivateurs. Ces derniers paient un très grand nombre de taxes directes qu'il est naturel, au premier abord, d'assimiler aux taxes foncières. Voici, par exemple, les prestations en nature ou en argent destinées à l'entretien des chemins vicinaux ; voici les taxes sur les chevaux et voitures, ou sur les chiens ; voici même la contribution personnelle et l'impôt mobilier ! N'est-ce pas le petit propriétaire-cultivateur qui les acquitte ; ne sont-elles pas prélevées sur le produit de ses champs ?

On dresse donc la liste de ces impôts, on en évalue le montant pour l'année entière et on l'ajoute aux charges déjà grossies par des calculs analogues. Les conclusions d'un pareil travail n'ont aucune valeur. Ce n'est pas parce qu'ils sont propriétaires que les cultivateurs dont nous venons de parler ont été assujettis à l'impôt des prestations, à la contribution personnelle-mobilière, à la taxe des chevaux et voitures, etc., etc. Les agriculteurs voisins qui sont simplement métayers ou fermiers, et tous les contribuables, propriétaires ou non, agriculteurs ou non, acquittent les mêmes impôts s'ils sont d'ailleurs placés dans les mêmes conditions. Ces impôts doivent figurer en partie parmi les charges fiscales de l'agriculture et de la population agricole, mais ils ne pèsent pas sur les revenus fonciers que le législateur n'a pas entendu frapper de cette façon. Nous ne pensons pas qu'il puisse subsister, à cet égard, quelque doute dans l'esprit du lecteur après les observations que nous venons de présenter.

Certains impôts méritent, maintenant, d'attirer notre attention d'une façon particulière. Nous voulons parler des droits de transmission et de mutation relatifs aux immeubles. Toutes les fois qu'une propriété foncière passe du patrimoine d'une personne dans celui d'une autre, à la suite d'une vente, d'un échange, d'une donation, ou de l'ouverture d'une succession, l'administration de l'Enregistrement prélève sur le prix de l'immeuble un droit de transmission ou de mutation.

Ces droits peuvent-ils être considérés comme représentant une charge fiscale de la propriété foncière ?

Nous remarquerons, tout d'abord, que les droits en question ne constituent pas une charge annuelle, régulière et normale des revenus fonciers. La transmission de la propriété par voie d'échange, de donation, de vente ou de succession est nécessairement un fait irrégulier et accidentel. Il n'y a là rien de comparable à une taxe annuelle sensiblement proportionnelle aux revenus.

Peut-on savoir, en outre, quelles personnes acquittent réellement et effectivement ces impôts? La question est extrêmement obscure et difficile à résoudre avec quelque précision.

Une personne vend son domaine, et le contrat ne contient aucune clause relative au paiement des frais et

« loyaux coûts » de cette transmission de propriété.
Dans ce cas, notre Code civil décide que les frais seront
supportés par l'acheteur. Est-ce donc ce dernier qui en
supportera la charge, et dans ce cas peut-on admettre
que les droits de mutation représentent une contribution
assise sur les revenus de l'immeuble vendu? Comment
pourrions-nous l'affirmer? Même en acceptant cette hypothèse du paiement des droits par l'acheteur, il nous est
bien permis de penser que celui-ci a tenu compte des
frais qui lui sont imposés, frais qui s'élèvent à 10 ou
13 p. 100 du prix de l'immeuble. N'a-t-il pas offert simplement au vendeur une somme d'autant plus faible que
les droits de mutation étaient plus élevés, de telle sorte
qu'en définitive le vendeur seul supporte la charge de
l'impôt ? Voici, par exemple, une maison rapportant un
revenu absolument net de 4,000 francs; j'en suis propriétaire et je désire la vendre. Aux taux courant des
placements immobiliers, elle vaut 100,000 francs, mais
pour l'acquérir il faudra payer 10 p. 100 de droits de
transmission, soit 10,000 francs. Un acheteur se présente
et offre 100,000 francs. Pourrais-je lui imposer, en outre,
la charge des droits? Nous ne le croyons pas. L'immeuble dans ce cas ne représenterait plus un placement
de 4 p. 100, puisque l'acheteur devrait débourser, non pas
100,000 francs, mais 110,000 francs. Il refusera donc
l'offre qui lui sera faite ; et nous ajoutons qu'il pourra la
refuser parce que d'autres placements également sûrs et
avantageux lui sont connus. Pour arriver à vendre, le
propriétaire devra donc consentir à recevoir seulement
90,000 francs, et, en ajoutant à cette somme les droits
de mutation qui lui sont imposés, l'acheteur déboursera
néanmoins 100,000 francs.

Ainsi, l'acheteur supporte en apparence la charge de
l'impôt ; mais en réalité, c'est probablement le vendeur

qui l'acquitte parce qu'il vend 90,000 francs ce qu'il eût vendu 100,000 francs si l'impôt n'eût pas existé.

Que l'on modifie, si l'on veut, cette hypothèse, que l'on se place dans toutes les situations imaginables, il sera toujours malaisé ou impossible de savoir sur qui retombe, en définitive, réellement et effectivement, le poids des droits de transmission.

A coup sûr, ceux-ci ont été prélevés sur la fortune ou les revenus d'un ou de plusieurs contribuables ; ils représentent bien un impôt, mais la répercussion nous en est inconnue la plupart du temps.

Ce que nous disons des ventes et achats de propriétés n'est pas tout à fait exact pour les successions et les donations. La répercussion de l'impôt nous paraît plus aisée à déterminer.

Telle personne hérite d'une somme de 100,000 francs, mais il lui faut acquitter 10,000 francs de droits. C'est bien l'héritier qui supporte le poids de l'impôt. Il n'hérite en réalité que de 90,000 francs. Il en serait de même pour un donataire.

Mais qu'il s'agisse de ventes, de donations, de successions ou d'échanges, que l'impôt retombe sur le vendeur ou sur l'acheteur, sur le donataire ou le donateur, sur le testateur ou sur son héritier, nous ne voyons pas clairement le lien qui peut exister entre les droits d'enregistrement cités plus haut et le revenu des immeubles.

Dans son *Traité de la science des finances* (1), M. Leroy-Beaulieu dit à ce propos : « Un autre motif qui doit incliner le législateur dans le même sens (modération des droits), c'est que les droits de succession très élevés sont souvent payés par l'héritier sur le capital même de la succession, sans qu'il s'ingénie à reconstituer par l'épargne

______

(1) *Traité de la science des finances*, par Paul Leroy-Beaulieu, de l'Institut ; 2 vol. in-8°, Paris, Guillaumin, 4ᵉ édition, t. I, p. 514.

la partie de ce capital payée comme impôt au fisc. Si le Trésor, sur une succession de 100,000 francs, exige de l'héritier 10 ou 12,000 francs, celui-ci ne pouvant pas reconstituer en peu de temps, la somme que le Trésor lui enlève, se considère comme ayant hérité seulement de 90,000 ou 88,000 francs… Quand la taxe est légère, qu'elle ne dépasse pas 1 1/2 p. 100 ; quand, en outre, alors même qu'elle serait de 2 ou 3 p. 100, on accorde des délais aux contribuables, deux ou trois ans, par exemple, pour se libérer, il est bien probable que l'impôt se paie sur le revenu… »

Les droits de succession seraient donc tantôt prélevés sur le revenu et tantôt sur le capital ! On pourrait en dire autant des taxes de transmission pour les ventes et échanges. Cette distinction complique, sans la résoudre, la question que nous nous étions posée tout d'abord : Les droits d'enregistrement peuvent-ils être considérés comme une charge fiscale des revenus fonciers ?

En vérité, nous ignorons leur incidence, et il est impossible de les considérer comme des charges annuelles, régulières et normales de la propriété rurale. Nous sommes d'avis qu'on doit les ranger à part et les considérer plutôt comme une charge imposée aux propriétaires et à l'ensemble de la classe agricole, au même titre que les droits de succession et de transmission relatifs aux choses mobilières, aux valeurs, etc., etc.; nous dirons plus tard comment il est possible d'en déterminer le montant.

Conclusion. — La première partie de notre tâche est, maintenant, presque terminée. Il convenait avant tout de déblayer le terrain et de montrer quels impôts ne pouvaient pas être compris dans le montant des charges fiscales de la propriété rurale. Les seules que nous devions étudier sont celles qui atteignent directement et régulièrement les revenus de la terre. Ce sont, à notre avis, les contributions foncière et des portes et fenêtres. Pour la première, le doute n'est pas possible ; pour la seconde, on pourrait se demander si le locataire n'en supporte pas le poids, au moins en partie. Nous examinerons cette question tout à l'heure à propos de l'incidence de ces deux taxes.

Quelques explications sont, dès à présent, nécessaires pour montrer leur caractère et leur poids.

En ce qui concerne la contribution foncière, il faut faire une distinction. Cet impôt est aujourd'hui représenté par deux taxes : 1° la contribution foncière des propriétés non bâties qui est un impôt direct de *répartition;* 2° la contribution foncière des propriétés bâties qui est devenue un impôt direct de *quotité* depuis 1891 (1). Rappelons rapidement en quoi consistent les différences qui séparent l'impôt de répartition et l'impôt de quotité.

Pour l'impôt de répartition des propriétés non bâties, le contingent total et les contingents départementaux sont fixés chaque année par la loi de finances. Ce sont, ensuite, les conseils généraux qui répartissent le contingent départemental entre les arrondissements ; puis, les conseils d'arrondissement répartissent, à leur tour, le contingent qui leur est assigné et déterminent celui de chaque commune. Enfin, dans les limites de cette dernière, le contingent total est réparti entre les parcelles proportionnellement au *revenu net imposable* qui a été calculé *lors de la confection du cadastre.* En vertu du principe de la fixité des évaluations cadastrales, on ne tient pas compte, aujourd'hui, des variations considérables de revenu qui ont pu se produire depuis la confection du cadastre. Celui-ci ayant été dressé depuis 1807

_____

(1) C'est le *principal* de l'impôt qui a ce caractère. Les centimes additionnels s'ajoutent au principal de l'année 1890 conservé fictivement.

jusqu'à 1842, il est clair que les revenus anciens sont très différents des valeurs actuelles. Si toutes les terres avaient simultanément augmenté ou diminué de prix dans les mêmes proportions, les inconvénients d'une tarification ancienne seraient insignifiants. Il n'en est pas ainsi, malheureusement. Tandis que des landes défrichées ou plantées en bois et en vignes ont rapidement augmenté de valeur, l'accroissement du revenu net des terres labourables, prés et vignes anciennes, a été beaucoup moindre. Les premières comme les secondes figurent, cependant, avec leurs revenus d'autrefois sur le cadastre, et la répartition de l'impôt est affectée d'un défaut de proportionnalité très choquant. Les contingents communaux d'un même arrondissement ne sont pas davantage proportionnels aux totaux des revenus imposables *actuels* et *réels* de chaque commune. La même disproportion existe entre les contingents des arrondissements et même entre ceux des départements. Pour ces derniers, il convient seulement de noter que le taux maximum du principal de l'impôt foncier a été réduit à 4 p. 100 (1) en 1890 à la suite d'un dégrèvement de 15 millions de francs. Dans quelques départements, ce taux maximum n'est pas atteint, et il subsiste, par conséquent, une inégalité entre les contingents des départements.

Toutes les inégalités dont nous venons de parler se trouvent singulièrement aggravées par l'existence et l'accroissement rapide des centimes additionnels. La contribution foncière est, en effet, divisée en deux portions distinctes. L'une, appelée *principal* de l'impôt, est payée à l'État; l'autre est constituée par des centimes additionnels généraux ou locaux. Chaque franc du *principal* est ainsi grossi par des centimes dont le nombre

____

(1) 4 p. 100 par rapport aux revenus évalués en 1879.

dépasse 100, et double par conséquent le principal lui-même. Les inégalités de la répartition du principal sont donc aggravées par l'augmentation rapide des centimes additionnels.

Les seuls remèdes qu'on puisse apporter à une pareille situation sont : 1° la réfection des opérations administratives du cadastre, c'est-à-dire la nouvelle évaluation du revenu net imposable de chaque parcelle.

2° Une évaluation précise et rapide des revenus fonciers, et la transformation de l'impôt foncier de *répartition* en un impôt de *quotité*.

Par impôt de quotité on entend une contribution prélevant une part identique des revenus sur lesquels elle est assise, et variant avec ces derniers dont elle suit les mouvements.

La contribution foncière des propriétés bâties est un impôt de quotité depuis le 1ᵉʳ janvier 1891. Une enquête a déterminé le revenu net de chaque immeuble, et l'État prélève un impôt de 3.20 p. 100 sur le montant des valeurs constatées. Celles-ci varient évidemment d'une année à l'autre, mais l'impôt ne peut suivre ces mouvements parce qu'il faudrait pour les constater recourir à de nouvelles enquêtes. On admet que le revenu net ne varie pas sensiblement entre deux évaluations. C'est là une hypothèse évidemment inexacte, mais on peut considérer alors l'impôt de quotité ainsi compris comme une sorte de « forfait » ou d'abonnement. Il suffit, d'ailleurs, que l'intervalle de deux enquêtes soit assez court pour que le principe de la proportionnalité de l'impôt aux revenus soit respecté.

Puisque nous cherchons à déterminer les charges de la propriété rurale, il est nécessaire de tenir compte à la fois de l'impôt sur les propriétés non bâties et de la contribution sur les constructions annexées aux terres. Or, l'enquête de 1887 sur le revenu des propriétés bâties porte à 191 millions de francs le revenu imposable des bâtiments ruraux dans la France entière. Ce chiffre est peut-être trop faible, mais il ne peut, cependant, dépasser 450 millions, car l'enquête attribue cette valeur à l'ensemble des propriétés bâties situées dans les communes dont la population est inférieure à 2,000 habitants. Nous pensons que l'on peut, sans chance d'erreur grave, porter à 350 millions le revenu imposable des habitations et bâtiments ruraux affectés à l'usage de l'agriculture.

D'autre part, le principal de la contribution foncière pour les propriétés bâties s'élevant à 67 millions de francs, en 1893, pour un revenu imposable de 2,090 millions, la part de la propriété rurale se trouve portée à 11 millions.

Quant aux centimes additionnels qui s'ajoutent, aujourd'hui, à l'ancien principal de 1890, ils s'élèvent à 14 millions de francs. En résumé, la charge de la propriété rurale serait de 25 millions de francs en chiffres ronds.

Pour la contribution foncière des propriétés non bâties, le calcul est plus simple. Il suffit, pour en constater le montant, de noter les chiffres inscrits au budget. Voici les indications que nous lui empruntons :

Impôt foncier des propriétés non bâties (1893).

Principal de l'impôt....................	103 millions de francs.
Centimes additionnels.................	141 — —
Total.....	244 millions de francs.

L'impôt des portes et fenêtres est un impôt de répartition ; mais il est nécessaire, cependant, pour calculer les cotes individuelles, de tenir compte du tarif établi par la loi du 21 avril 1832. Ce tarif indique le montant de l'impôt par ouverture, dans un tableau qui fait varier la taxe : 1° avec la population de la commune; 2° avec le nombre des ouvertures existant dans chaque habitation. Les bâtiments ruraux qui ne servent pas à l'habitation humaine sont exempts de cette contribution. Pour ces trois raisons, il est évident que la portion acquittée par la propriété rurale sur le produit total de l'impôt doit être peu considérable. Tout le monde sait, en effet, que les propriétés rurales sont situées dans des communes dont la population est peu nombreuse. D'autre part, le nombre des ouvertures par habitation est moins grand dans les campagnes. Enfin, l'exemption accordée aux granges, écuries, étables, pressoirs, etc., etc., réduit l'impôt.

Ces faits nous portent à penser que la propriété rurale ne supporte guère plus du cinquième de l'impôt des portes et fenêtres. On trouverait ainsi :

Contribution des portes et fenêtres (1893).

Principal.........................	8 millions de francs.
Centimes additionnels...............	9 — —
Total.....	17 millions de francs.

En résumé, les charges fiscales de la propriété rurale seraient, à notre avis, les suivantes :

Impôt foncier des propriétés bâties.....	25 millions de francs.
Impôt foncier des propriétés non bâties.	244 — —
Impôt des portes et des fenêtres........	17 — —
Total.....	286 millions de francs.

Nous croyons que ce total de 286 millions de francs représente les charges annuelles et normales des revenus de la propriété rurale. Pour savoir quel sacrifice se trouve imposé de ce fait aux propriétaires par rapport à leurs revenus bruts, il convient de calculer ces derniers.

Nous trouvons, tout d'abord, le chiffre de 350 millions

se rapportant au revenu imposable des bâtiments d'exploitation ou d'habitation.

Quant aux revenus des terres, ils étaient évalués, en 1879-1881, à 2,645 millions de francs, à la suite d'une enquête faite avec le plus grand soin. Depuis 1879, les loyers agricoles ont subi, il est vrai, une diminution très sensible. Nous la porterons à 25 p. 100, proportion considérable puisqu'il s'agit ici d'une moyenne et non de quelques exemples isolés. Le revenu imposable de la propriété non bâtie tomberait ainsi à 1,984 millions de francs. En ajoutant 350 millions pour les bâtiments on voit que les revenus de la propriété rurale s'élèvent à 2,334 millions de francs.

Les charges fiscales se montant à 286 millions représentent, ainsi, **12** p. 100 des revenus actuellement taxés. Il s'agit ici d'une moyenne générale, et dans beaucoup de cas cette proportion se trouve dépassée ; dans bien des cas, aussi, elle n'est pas atteinte. Ceux de nos lecteurs qui se trouvent placés dans une situation exceptionnelle, par suite des inégalités choquantes de la répartition actuelle de l'impôt foncier afférent aux propriétés non bâties, voudront bien tenir compte de ces circonstances particulières. Leur exemple ne prouvera pas que le résultat de nos calculs est inexact. Il peut se faire également que, par suite d'une baisse extraordinaire des fermages, le montant des charges fiscales d'une propriété rurale soit plus élevé et dépasse à cette heure 12 p. 100 des revenus nets. Dans une étude d'ensemble, nous ne pouvons pas tenir compte des faits particuliers. Les bases de nos calculs sont, cependant, assez sûres pour mériter confiance. D'une part, le chiffre même de la contribution foncière et des portes et fenêtres ne saurait être discuté ; d'autre part, le revenu net des propriétés rurales a été constaté avec assez de précision pour qu'on puisse le considérer comme exact.

Enfin, la réduction de 25 p. 100 que nous avons fait subir aux évaluations de l'enquête 1879-1881, est considérable ; nous pensons donc que la proportion indiquée plus haut représente très vraisemblablement le poids relatif des impôts qui pèsent sur la propriété rurale.

Celle-ci est-elle, à ce point de vue, plus fortement frappée que les autres sources de revenus ? C'est ce que nous examinerons bientôt. Il nous faut auparavant étudier la répercussion ou l'incidence des taxes, dont nous venons de calculer le montant et d'en déterminer le poids, par rapport aux revenus sur lesquels nous savons qu'elles sont prélevées.

III

L'incidence des charges fiscales de la propriété rurale.

L'impôt foncier est acquitté par le propriétaire. Tel est le fait que nous constatons. Est-il certain, cependant, que le possesseur du sol en supporte tout le poids ; ne peut-il pas le rejeter, au moins en partie, sur le consommateur de denrées agricoles, parce que la contribution foncière élève les frais de production, et sur le locataire fermier ou métayer, auquel il en imposera la charge ? L'intérêt de cette question est considérable.

Si le consommateur supporte, en partie, l'impôt foncier, il est clair que le propriétaire, à son tour, n'acquitte réellement qu'une fraction de ce dernier.

Si le fermier ou le métayer peut être obligé de payer cette contribution, on voit immédiatement qu'elle grève les frais de production de l'agriculture et peut mettre celle-ci dans une situation d'infériorité très marquée à l'égard des producteurs étrangers sur lesquels pèserait un impôt moins lourd.

Dans la première hypothèse, ce sont les charges fiscales de la propriété qui se trouvent allégées ; dans la seconde, c'est l'industrie agricole elle-même qui est frappée en même temps que le propriétaire est dégrevé ; mais alors, il devient nécessaire de protéger l'agriculture contre la concurrence des pays où le sol n'est pas aussi fortement atteint par l'impôt.

Enfin, on peut supposer que le locataire lui-même ne fait qu'avancer l'impôt et en rejette réellement le poids sur le consommateur. Cette hypothèse est semblable à celle qui vient d'être faite tout à l'heure à propos des propriétaires ; elle devra donc être examinée en même temps.

§ 1er

« D'après un premier système, dit M. Paul Leroy-Beaulieu, dans son *Traité de la science des finances*, l'impôt foncier pèserait sur le consommateur des produits agricoles : cette opinion peut être soutenue au point de vue scientifique en la rattachant à la célèbre doctrine de Ricardo sur la rente de la terre ; mais elle est surtout professée empiriquement par les défenseurs des agriculteurs dans les assemblées politiques. Dès qu'il s'agit d'accroître l'impôt foncier, « prenez garde, disent-ils, vous allez renchérir les subsistances ; vous allez élever le prix du blé ». Cette objection n'a pas une grande portée ; presque toujours elle porte à faux.

« En effet, le prix des subsistances comme celui de tous les autres objets, est réglé par la grande loi de l'offre et de la demande. Pour que le prix des subsistances haussât dans un pays par suite de l'établissement ou de l'augmentation de l'impôt foncier, il faudrait de deux choses l'une : ou que cet impôt réduisît la quantité des subsistances annuellement produites, ou bien qu'il augmentât chez les consommateurs les désirs et les moyens d'acheter de ces denrées. Il est clair que l'impôt foncier ne peut avoir ce dernier effet. Mais aurait-il le premier? c'est-à-dire la conséquence de l'établissement ou de l'augmentation de cet impôt, serait-elle de nature à réduire l'étendue des terres en culture, ou de rendre plus mauvaises les méthodes de travail? Cette conséquence ne pourrait se manifester que dans le cas d'un impôt foncier extraordinairement lourd et mal assis, d'un impôt foncier qui absorbât la totalité de ce qu'on appelle le rente de la terre, c'est-à-dire de cette partie du produit net, qui dépasse les frais de culture et les bénéfices légitimes du fermier. Tant que la rente de la terre ne sera pas absorbée par l'impôt foncier, le propriétaire aura un intérêt évident à continuer à exploiter ou à faire exploiter sa terre et à perfectionner les méthodes de culture; dans ce cas, la quantité des subsistances ne sera pas réduite, les prix ne pourront donc pas hausser. Cette hausse serait d'autant plus impossible que le pays aurait un régime de douanes plus libéral, admettant, sans droits compensateurs, les denrées et les subsistances venant de l'étranger.

« Ainsi, l'impôt foncier, à moins qu'il ne soit extraordinairement élevé et singulièrement mal assis, n'exerce aucune influence sur le prix des subsistances : il diminue ce qu'on appelle en langage scientifique, *la rente de la terre*, c'est-à-dire le revenu net du propriétaire après la défalcation *des frais de culture et des bénéfices du fermier.* »

On voit que la conclusion de M. Leroy-Beaulieu est aussi nette, aussi précise que possible, et la démonstration qu'il nous donne n'est pas moins claire. Il importe de remarquer que l'auteur a soin de nous dire : « La hausse des subsistances serait d'autant plus impossible que le pays aurait un régime de douanes plus libéral. »

Les droits à l'importation peuvent, en effet, exercer une action décisive sur la marche du cours des produits et toute hausse des prix a précisément pour conséquence une augmentation des revenus fonciers ou, ce qui revient au même, un arrêt du mouvement de baisse que ces derniers devraient subir sous le régime de la libre concurrence. Les propriétaires fonciers ont toujours soutenu avec beaucoup de force cette opinion que l'État avait pour devoir d'arrêter la baisse des fermages par une augmentation des droits de douane frappant les produits agricoles étrangers. Pendant les périodes de baisse, ils ont demandé avec non moins d'énergie, une réduction de l'impôt foncier.

Nous aurons bientôt à discuter la légitimité de ces réclamations. Disons tout de suite que les conclusions de M. Leroy-Beaulieu expliquent parfaitement les vœux des propriétaires ruraux. Puisque, sous le régime de la concurrence, la contribution foncière se trouve supportée par les seuls propriétaires, il est naturel que ceux-ci cherchent à en rejeter le fardeau, soit en obtenant une protection qui élève le prix des denrées agricoles, soit en réclamant un dégrèvement qui diminue précisément la charge dont sont grevés leurs revenus.

Il est également naturel que, durant les périodes de baisse des loyers agricoles, ces réclamations soient plus pressantes et paraissent mieux fondées. Ce sont, en réalité, les intérêts des consommateurs et ceux des propriétaires qui se trouvent en conflit.

Mais le problème n'est-il pas encore plus compliqué ? Les locataires eux-mêmes, c'est-à-dire les entrepreneurs de culture tels que les fermiers ou métayers ne sont-ils pas intéressés dans cette question, et ne peut-on pas faire retomber sur eux le poids de la contribution foncière toutes les fois qu'il est impossible de la rejeter sur les consommateurs ?

On voit immédiatemént la portée de cette répercussion. Ce ne sont plus seulement les intérêts de la propriété qui sont en jeu ; il s'agit aussi des intérêts de l'agriculteur ? De là à prétendre que l'agriculture tout entière et la population agricole elle-même sont atteintes par l'impôt foncier, il n'y a qu'un pas. N'est-il pas certain, en effet, que la situation matérielle des salariés dépend de la prospépérité des entrepreneurs de culture, qui est elle-même intimement liée à la réduction des charges fiscales qu'on leur impose ?

§ 2

La valeur locative des héritages ruraux ne dépend point assurément de la volonté des propriétaires. Elle est déterminée par la fécondité du sol, par la situation des terres, par l'étendue des bénéfices qu'un agriculteur peut réaliser en les cultivant, et enfin, d'une façon plus générale, par la concurrence des fermiers.

Toutes ces circonstances sont, d'ailleurs, bien connues dans une région, et une longue expérience a appris aux locataires qu'ils ne pouvaient payer un fermage supérieur à une somme déterminée par hectare. Ce prix courant de location ne saurait être dépassé, et tout propriétaire qui élèverait ses prétentions au delà du chiffre fixé par la loi de l'offre et de la demande, risquerait de ne pas trouver de preneurs. L'étude des faits ausssi bien que le bon sens nous démontrent que les locataires refuseraient, en effet, d'acquitter un prix de fermage arbitrairement fixé par le bailleur, puisqu'ils pourraient trouver, ailleurs, des terres disponibles dans des conditions plus favorables. Le propriétaire, cela va sans dire, ne peut davantage augmenter indirectement le fermage de ses domaines en mettant l'impôt foncier à la charge du locataire. Si le contrat impose spécialement cette obligation au preneur, celui-ci déduira la contribution du montant du fermage qu'il eût payé tout entier au propriétaire sans cette clause. Le prix de location d'un domaine rural est-il, par exemple, de 100 francs l'hectare, et la contribution s'élève-t-elle à 10 francs, le locataire ne donnera au bailleur que 90 francs si l'impôt est mis sa charge. Il paiera, au contraire, 100 francs lorsque le propriétaire ne lui imposera pas cette obligation.

Dans l'une et l'autre hypothèse l'impôt pèse sur le propriétaire et sur lui seul. Il nous paraît également démontré : 1° que toute augmentation de la contribution foncière aurait pour effet de réduire les revenus des propriétaires sans intéresser les locataires ; 2° que toute réduction aurait pour conséquence d'augmenter les mêmes revenus sans profiter aux fermiers.

Ces circonstances ne pourraient, en effet, exercer aucune action sur le nombre des fermes à louer, ou sur le nombre des fermiers. Les prix courants de location ne seraient donc pas changés, et la situation des propriétaires subirait seule une modification. Sans doute, on peut nous objecter que pendant la durée d'un bail imposant au preneur l'obligation de payer l'impôt, toute réduction de ce dernier profiterait au locataire. Cela est vrai, mais l'hypothèse que nous indiquons est évidemment assez rare et l'avantage qu'elle suppose de courte durée.

En résumé, nous croyons qu'on peut considérer la contribution foncière comme une charge de la propriété foncière dont les entrepreneurs de culture ne supportent pas le poids. C'était là, d'ailleurs, l'opinion d'un homme qu'on ne peut considérer comme un théoricien. Mathieu de Dombasle disait à ce propos (1) : « La contribution

(1) *Annales de Roville*, t. VI, p. 301.

foncière est une charge de la propriété et non de l'exploitation : en conséquence, l'augmentation ou la diminution de cet impôt ne peut, en aucune façon, aggraver ou améliorer le sort de l'*agriculture*. »

Que faut-il penser, maintenant, de la situation des petits propriétaires cultivateurs si nombreux dans notre pays ?

Comme agriculteurs, l'impôt foncier peut, il est vrai, ne pas les frapper, mais comme propriétaires ils en supportent la charge. Cela nous paraît incontestable. Ils sont donc, à ce titre, intéressés comme tous les possesseurs du sol aux dégrèvements qui leur sont parfois promis.

Avant d'examiner la légitimité de ces dégrèvements, nous avons à exposer une théorie financière trop connue et trop importante pour la passer ici sous silence.

§ 3

Nous nous sommes demandé plus haut si l'impôt foncier pesait sur les consommateurs ou sur les locataires.

Le problème, à notre avis, doit être résolu par la négative ; mais on peut se demander encore si, en définitive, la contribution foncière n'est pas uniquement une charge de la *propriété*, une rente perpétuelle, établie au profit de la collectivité et prélevée sur le produit net des biens-fonds, sans atteindre ou diminuer le revenu des *propriétaires*.

« Non seulement, a-t-on dit, l'impôt foncier n'est pas une charge de la *production*, mais, en général, il n'est pas une charge pour le propriétaire. Ce dernier, quand il a fait l'acquisition d'un domaine, s'est informé du montant de la contribution foncière, il l'a déduit avec soin du revenu brut des terres ou de leur valeur locative, il l'a considéré comme une rente perpétuelle et non rachetable dont serait grevée la propriété, et il n'a donné de cette dernière qu'un prix en rapport avec les charges qui en diminuaient le revenu disponible. A valeur locative égale, on paye plus cher une propriété dont l'impôt foncier est faible, et meilleur marché un domaine grevé d'une contribution plus forte. Dans tous les cas, on capitalise l'impôt et on déduit toujours ce capital de la somme que l'on consentirait à donner pour l'achat d'un bien-fonds qui ne serait grevé d'aucune taxe.

« Celle-ci ne pèse donc jamais sur le détenteur qui a fait l'acquisition d'une terre après l'établissement de l'impôt foncier ; elle grève la propriété dont elle réduit la valeur absolument comme une rente foncière, une servitude ou une charge perpétuelle.

« Si la contribution foncière n'atteint pas le propriétaire, celui-ci ne peut donc en rejeter le poids ni sur le fermier, ni sur le consommateur. »

Cette théorie est très ingénieuse et très séduisante. Nous la croyons juste en partie, mais en partie seulement; en d'autres termes, elle renferme une part d'erreur et une part de vérité. Examinons avec soin, tout d'abord, les objections qu'elle soulève.

M. Leroy-Beaulieu a signalé celles qui nous paraissent les plus fortes. « Si, dit-il, l'impôt foncier était resté fixe pendant des siècles sans être accru par aucune charge additionnelle, si aucune mesure législative n'avait entretenu chez le contribuable l'espérance d'un dégrèvement ou la crainte d'une surcharge, cette théorie serait fort exacte. Mais il n'en est pas ainsi dans la plupart des pays et notamment dans le nôtre. L'impôt foncier, sous la forme actuelle, est récent en France, puisque le cadastre fut fait de 1807 à 1850. Le législateur s'était proposé une répartition équitable et voulait que l'impôt fût proportionnel au revenu net. Les centimes additionnels, qui viennent se greffer sur le principal de l'impôt foncier, enlèvent à cette taxe le caractère de fixité.

Les nombreux dégrèvements qui ont eu lieu, les incessantes propositions législatives pour la péréquation de l'impôt ont donné de l'espoir aux propriétaires les plus chargés et des craintes aux propriétaires qui le sont le moins. Il en résulte que les acheteurs et les copartageants ont dû et ont pu entretenir l'idée d'une revision, non pas comme d'un fait certain, mais d'une éventualité possible. Il n'est point d'homme prudent achetant d'anciennes garigues aujourd'hui plantées en vignes, qui ne se dise qu'un jour, l'impôt foncier dérisoire qu'elles paient actuellement, peut être augmenté dans des proportions considérables par une revision cadastrale. Quand on achète une propriété faiblement imposée, c'est donc avec une certaine crainte, quand on en achète une qui l'est lourdement, c'est avec un certain espoir de dégrèvement.

« D'ailleurs bien des propriétés n'ont pas changé de mains, ni surtout de famille, depuis le cadastre : les propriétaires actuels, qui sont les mêmes que les propriétaires primitifs ou qui les continuent directement sans avoir acheté les terres, peuvent légitimement faire valoir des droits à une décharge, de même qu'ils peuvent être tenus légitimement de supporter une surcharge (1). »

Il est incontestable, en effet, que l'impôt n'a pas eu autrefois, ou n'a pas aujourd'hui un caractère de fixité. *Sous sa forme actuelle*, comme le dit avec raison M. Leroy-Beaulieu, il est d'origine récente. Il ne faudrait pas croire, cependant, qu'avant la confection du cadastre (1807) la terre fût exempte de contribution foncière, ou que cette taxe fût plus faible qu'elle ne l'a été plus tard (2). C'est le contraire qui est vrai, au moins en ce qui concerne le *principal* de l'impôt, c'est-à-dire la part acquittée

---

(1) *Traité de la science des finances*, par M. Paul Leroy-Beaulieu, t. I, p. 319.
(2) Voir, à ce propos, le chapitre de ce volume relatif à l'*Impôt foncier*.

au profit de l'État. Sous l'ancien régime, la Taille et les vingtièmes représentaient des charges immobilières énormes dépassant de beaucoup celles qui furent établies en 1791 par l'Assemblée constituante à titre de contribution foncière. Nos recherches personnelles (1) nous ont apporté la conviction que la Taille seule représentait le *tiers* et parfois la moitié du revenu net des biens-fonds ruraux soumis à cet impôt. « On estimait, dit M. Léon Say, que s'il n'eût pas existé de privilèges en faveur de la noblesse et du clergé, la portion des anciens impôts affectant la propriété immobilière se serait élevée, au moment où fut créée la contribution foncière, à 314 millions de francs. C'est le comité de l'Assemblée nationale chargé de préparer la loi sur la contribution foncière qui faisait cette estimation (2). »

Voici, d'autre part, le total du contingent relatif à la contribution foncière depuis son établissement jusqu'à la veille de la confection du cadastre. Les chiffres suivants se rapportent aux propriétés non bâties et bâties tout à la fois :

Principal de l'impôt foncier (propriétés bâties et non bâties).

1791	240	millions de francs.
1797	218	— —
1798	207	— —
1799	189	— —
1802	183	— —
1804	174	— —
1805	172	— —

En 1851, c'est-à-dire à une époque où la valeur aussi bien que le nombre des propriétés bâties s'étaient notablement accrus depuis 1805, le revenu de ces dernières

(1) Voir notre mémoire sur les variations du revenu et du prix des terres en France. *Annales agronomiques*, 1887 et 1888.

(2) Exposé des motifs d'un projet de loi relatif à une nouvelle répartition de la contribution foncière. *Journal officiel* du 16 avril 1876.

ne représentait pas plus du *quart* des revenus fonciers en général. En appliquant cette proportion au total du principal de l'impôt foncier vers 1805, on voit que la charge spéciale des terres s'élevait à 129 millions, chiffre notablement supérieur à celui qui figure aujourd'hui dans notre budget pour la propriété non bâtie (103 millions de francs). Il est donc certain qu'avant même la confection du cadastre, les propriétés rurales supportaient une contribution foncière *dont les acheteurs ont dû tenir compte*. Ceux-là mêmes qui firent l'acquisition d'un domaine avant 1789, ne pouvaient avoir négligé dans l'évaluation du prix d'achat les charges énormes de la Taille. A toutes les périodes de notre histoire, depuis plus d'un siècle, les impôts fonciers, quel qu'en fût le nom, ont pu être considérés par les acheteurs successifs comme une rente perpétuelle grevant les revenus de l'immeuble dont ils se transmettaient la propriété. La théorie à laquelle nous faisons allusion plus haut peut donc être considérée comme exacte en ce qui concerne spécialement le principal de l'impôt, et il est, de plus, indispensable de remarquer que ce principal était beaucoup plus élevé autrefois qu'il ne l'est aujourd'hui. Sans doute, chaque acheteur n'a pas fait avec une exactitude rigoureuse le calcul de l'impôt foncier pour arriver à déterminer à la fois le revenu net d'une terre et la valeur vénale correspondante; mais il a pu le faire, et en outre, cette charge est entrée en ligne de compte pour l'établissement de ce prix courant des domaines ruraux que le public détermine à la suite de mille transactions et de comparaisons incessantes avec le taux d'intérêt des placements analogues offerts aux capitalistes, dans une région et à une époque déterminées. Il n'est pas admissible que des hommes de bon sens aient consenti à placer leur fortune en terres dont les revenus étaient frappés d'une contribution de 15 p. 100 au minimum, alors que les fonds d'État, par exemple, représentaient, de 1820 à 1830, un placement singulièrement plus lucratif sans être moins sûr. Ce n'est pas au nom d'une théorie abstraite, ou à la suite d'un raisonnement subtil que les acheteurs sont tombés d'accord avec les vendeurs pour tenir compte des charges fiscales de la terre lors des transactions dont celle-ci a été incessamment l'objet. C'est comme toujours la libre concurrence des capitalistes qui a déterminé le prix des terres en faisant intervenir dans ce calcul la considération de l'impôt. Pour être toute spontanée et en quelque sorte sous-entendue, cette considération n'est pas moins intervenue efficacement. Graduellement, et invinciblement, les inégalités de la répartition si vicieuse de la contribution foncière ont été *atténuées;* le principal en a été amorti *partiellement* sans que nous puissions, cela va sans dire, déterminer avec précision la fraction de l'impôt qui a cessé d'être une charge des *propriétaires* pour devenir une charge réelle de la *propriété.*

Nous croyons donc fermement que la théorie de l'incidence exposée plus haut, est en grande partie exacte, mais, nous disons simplement, *en partie* exacte. Notre raisonnement ne s'applique, en effet, qu'au *principal* de l'impôt parce que cette portion de la contribution est restée *fixe* ou même a diminué. L'objection signalée avec tant de raison par M. Leroy-Beaulieu ne saurait s'appliquer à cette taxe qui n'a pas augmenté (1).

Il en est tout autrement de la partie variable de l'impôt, c'est-à-dire des centimes additionnels. Oui, ceux-ci se sont accrus depuis trente ou quarante ans avec une étrange rapidité. En 1851, par exemple, les centimes locaux représentaient 96 millions pour l'ensemble de la

(1) Voir à ce propos l'Enquête de 1851 sur les revenus de la propriété foncière. Rapport de M. Vandal.

contribution foncière dont le principal s'élevait à 164 millions. En 1879, ce dernier chiffre n'avait augmenté que de 13 millions et seulement à cause de l'accroissement du nombre des propriétés bâties, mais, en revanche, les centimes s'étaient accrus de 79 millions ou de 82 p. 100. Il est donc certain qu'un propriétaire ayant acheté en 1851 aurait vu augmenter ses charges de 82 p. 100. Cette imposition additionnelle retombe en entier sur le propriétaire.

Il est clair, en effet, que dans ce cas aucune déduction n'a pu être faite au moment de l'acquisition. L'objection signalée par M. Leroy-Beaulieu est alors très fortement motivée et la théorie qu'il combat ne saurait être appliquée. On ne peut manquer aussi de convenir que si l'on achète une propriété faiblement imposée, il y a lieu de redouter un accroissement d'impôt. Quand on fait, au contraire, l'acquisition d'une terre lourdement frappée, c'est avec un certain espoir de dégrèvement.

Sans doute, nous devons admettre également que beaucoup de propriétés n'ont pas changé de famille et que les propriétaires actuels, héritiers des propriétaires primitifs, peuvent légitimement être tenus de supporter une surcharge, de même qu'ils ont le droit de demander une décharge. Les inégalités primitives ou nouvelles de la répartition de l'impôt foncier ont été simplement *atténuées* par le jeu des transactions successives à l'occasion desquelles on a tenu compte des charges fiscales. Ce serait faire une bien étrange et abusive application de la théorie de l'incidence que de s'appuyer sur elle pour maintenir le *statu quo* et s'opposer à la péréquation de l'impôt. Il est incontestable que l'on doit proportionner les charges aux revenus et nous ne pensons même pas que ce principe puisse être contesté. Si demain il est nécessaire d'augmenter la contribution de certaines terres trop ménagées jusqu'à présent par rapport aux autres, nous ne doutons pas que cette surcharge ne soit pas aussi légitime que le dégrèvement accordé, au contraire, aux propriétés surtaxées. Certaines personnes, dira-t-on, se verront alors privées d'un revenu sur lequel elles comptaient, tandis que d'autres jouiront d'une faveur qu'elles n'avaient pas prévue. Cela est possible ; tout changement, et même toute amélioration peut provoquer une sorte de trouble dans les situations acquises.

Le jour où l'on a soumis à l'impôt foncier les biens de la noblesse qui en étaient exempts jusque-là, cette mesure a certainement réduit des revenus que leurs possesseurs avaient acquis à un prix d'autant plus élevé que l'impôt n'en diminuait pas le montant. N'a-t-on pas été, cependant, en droit de modifier une situation particulière au nom des intérêts généraux ? La théorie de l'incidence et les conséquences qui en sont logiquement déduites, ne font donc nul obstacle à une répartition de l'impôt foncier, plus exactement proportionnelle aux revenus qu'il s'agit de frapper.

Avant de terminer ce chapitre exclusivement consacré jusqu'ici à l'incidence de l'impôt foncier, sur les terres, il nous faut étudier la répercussion de la contribution relative aux propriétés bâties et aux portes et fenêtres.

On peut dire, assurément, que pour la propriété urbaine l'incidence de ces deux taxes est souvent différente de celle qui se rapporte à l'impôt sur les terres. Dans les agglomérations où la population s'accroît avec quelque rapidité, le besoin de logements ou de locaux industriels, tend à élever le prix des loyers, de telle sorte que l'on peut considérer la contribution foncière et des portes et fenêtres, comme pesant en grande partie sur les locataires.

Il nous semble que, pour la propriété rurale, cette incidence particulière est moins vraisemblable. Nous pensons donc que l'on peut considérer simplement ces deux contributions comme s'ajoutant à l'impôt foncier sur les terres.

Conclusion. — Que ressort-il, en définitive, de la longue discussion à laquelle nous venons de nous livrer au sujet de l'incidence de la contribution foncière ? Un premier point nous semble tout d'abord acquis.

L'impôt foncier ne peut pas être rejeté sur les consommateurs ; il n'a pas pour effet d'élever le prix des produits agricoles.

Cette taxe n'est pas davantage une charge de la culture ; ni les locataires des propriétés rurales, ni, à plus forte raison, les salariés agricoles n'en supportent le poids. Comme l'a dit avec raison Mathieu de Dombasle, l'impôt foncier est une charge de la propriété et non de l'exploitation. L'augmentation ou la diminution de cet impôt ne peut en aucune façon aggraver ou améliorer le sort de l'agriculture. Ce n'est donc pas au nom de l'industrie ou de la population agricole, qu'on peut réclamer soit une diminution, soit la suppression de l'impôt territorial.

Enfin, il est permis de se demander si cette contribution n'est pas, la plupart du temps, une charge de la propriété dont tout acheteur a tenu compte au moment de son acquisition et dont le montant capitalisé a été ainsi déduit de la valeur brute de l'immeuble. Dans ce système, l'impôt foncier ne pèserait même pas sur les propriétaires. Très ingénieuse mais trop absolue, cette thèse renferme une part de vérité et une part d'erreur. Il nous paraît certain que la plupart du temps on a, en effet, tenu compte du *principal* de l'impôt resté fixe ou même réduit depuis un siècle. Au contraire, les centimes additionnels, sans cesse grossis depuis quarante ou cinquante ans, constituent bien une imposition variable que l'on ne pouvait prévoir et qui pèse réellement sur les propriétaires actuels. Il y a donc une partie, mais une partie seulement de la contribution foncière qui se trouve en réalité « amortie ». Cette circonstance ne fait pas, d'ailleurs, obstacle à une péréquation sérieuse de l'impôt. La réforme qui aurait pour conséquences de proportionner exactement les charges fiscales aux revenus des terres, pourrait avoir des inconvénients et froisser certains intérêts privés. On ne saurait douter, cependant, de la légitimité d'une pareille mesure. Elle est indispensable pour prévenir ultérieurement de nouvelles inégalités de répartition, et respecter le principe général de la proportionnalité de l'impôt aux revenus.

On sait qu'une réforme récente a eu pour objet de transformer l'impôt sur les propriétés bâties en une taxe de quotité. Une enquête préalable avait déterminé les revenus imposables dans la France entière. Il est certain qu'une opération administrative analogue pourrait servir à évaluer les loyers agricoles. En conservant à l'impôt sur les terres le caractère de taxe de répartition, ou en le transformant de la même façon que la contribution sur les bâtiments ou habitations, on obtiendrait rapidement et à peu de frais (l'expérience nous le prouve) une péréquation satisfaisante. Ce nivellement général serait d'autant plus désirable que les vices actuels de la répartition sont aujourd'hui plus choquants et qu'ils servent à appuyer des demandes incessantes de dégrèvement en donnant à celles-ci toutes les apparences d'une réparation nécessaire. Mieux assise et plus équitablement répartie, la contribution foncière agricole ne paraîtrait plus aussi lourde qu'elle semble l'être devenue quand on examine des cas particuliers et des exemples, d'ailleurs fort nombreux.

Avant de conclure et de nous prononcer d'une façon définitive sur le poids des charges fiscales de la propriété rurale, il nous reste à montrer comment elles ont varié, et à les comparer aux sacrifices que le législateur impose aux autres catégories de revenus.

IV

Les variations des charges fiscales de la propriété rurale depuis un siècle.

Parmi les charges de la propriété rurale, il en est une, évidemment, que nous devons surtout étudier avec soin, parce qu'elle est de beaucoup la plus considérable. Il s'agit de l'impôt foncier. Celui-ci a pu, d'autre part, varier de deux façons. Son poids, en effet, augmente ou diminue soit d'une manière absolue, soit d'une façon relative. En d'autres termes, le chiffre total de la contribution s'est élevé ou abaissé depuis un siècle ; d'un autre côté, les revenus sur lesquels l'impôt est prélevé ont eux-mêmes varié, de telle sorte que la fraction représentée par cette taxe a pu augmenter ou décroître.

Il n'est pas inutile de rappeler en premier lieu que le principal de l'impôt a beaucoup diminué depuis la chute de l'ancien régime. Nous avons cité, à ce propos, l'estimation du comité de la Constituante relativement aux charges que supportait la propriété immobilière avant 1789. D'après lui, le total des impôts se serait élevé à 314 millions de francs vers 1789, s'il n'eût pas existé de privilèges en faveur de la noblesse et du clergé.

Voici maintenant quelles ont été les variations du principal de la contribution foncière. Pour en pouvoir noter le poids relatif, nous indiquons en même temps les chiffres qui se rapportent aux revenus fonciers (propriétés bâties *et* non bâties).

Années.	Revenus fonciers nets.	Principal de l'impôt.	Rapport du principal au revenu net.
—	—	—	—
	millions de francs	millions de francs.	p. 100.
1791................	1.440	240	16.66
1821................	1.580	155	9.79
1851................	2.540	155	6.06
1862................	2.096	155	5.15
1874................	3.959	168	4.24

Sans doute, ainsi que nous l'avons déjà dit, ces chiffres se rapportent aux deux catégories de propriétés. Les contingents relatifs aux terres et aux constructions n'ont été séparés qu'en 1882. On peut admettre, cependant, sans chance d'erreur, que la décroissance du taux d'imposition a été tout aussi marquée pour les propriétés non bâties que pour les constructions. Il est, en tous cas, un fait bien visible et bien frappant : nous voulons parler de la diminution *absolue* de la contribution foncière. On peut dire, il est vrai, que les dégrèvements opérés depuis 1791 jusqu'à 1821 proviennent de la nécessité reconnue d'alléger des charges notoirement exagérées. Ce n'est pas là, à coup sûr, une vérité démontrée, mais bien une opinion particulière. Il n'en est pas moins vrai que depuis 1821 jusqu'à 1874, le principal de l'impôt n'a augmenté que d'une façon insignifiante. Encore serait-il juste de dire que cette augmentation doit être attribuée uniquement à l'accroissement du nombre des habitations et de leur valeur locative.

Examinons, maintenant, les charges spéciales à la propriété non bâtie. Il est possible de les calculer depuis 1851 en nous appuyant à la fois sur les chiffres du budget et sur les résultats des enquêtes officielles relatives aux revenus de cette nature.

Ce ne sont pas seulement les variations du principal que nous indiquerons. Le montant des centimes additionnels figurera dans une colonne spéciale. Pour tenir compte de la baisse des loyers agricoles depuis 1879, nous supposerons que ceux-ci ont diminué de 25 p. 100, chiffre trop élevé sans doute, mais que nous adoptons néanmoins pour ne pas atténuer les charges relatives de la propriété agricole.

Propriétés non bâties.

Années.	Revenus fonciers.	Principal de l'impôt.	Centimes additionnels.	Total de l'impôt.	Rapport du total de l'impôt au revenu.
—	—	—	—	—	—
	millions de fr.	millions de fr.	millions de fr.	millions de fr.	p. 100.
1851......	1.905	121	71	192	10.0
1879......	2.645	118	116	234	8.8
1894......	1.984	103	141	244	12.2

Ce tableau est singulièrement instructif. La première colonne, qui a pour titre : *Revenus fonciers*, nous montre les variations des loyers agricoles. Ceux-ci s'étaient accrus avec une extrême rapidité depuis 1851 jusqu'à 1879. Ils retombent en 1894 au même niveau qu'en 1851. C'est là, du moins, ce qui paraît résulter de l'évaluation que nous avons faite en supposant que la valeur locative des terres s'était abaissée de 25 p. 100 depuis 1879.

Il est bien curieux de constater que le principal de l'impôt foncier a diminué de 18 millions dans l'espace de quarante-trois ans. Il s'élevait à 121 millions en 1851 et tombe à 103 millions en 1894.

En revanche, les centimes additionnels passent de 71 à 141 millions dans le même intervalle. Il résulte de cette augmentation que le total de ces contributions s'est accru en définitive de 52 millions ou de 27 p. 100. Mais, il faut bien noter que cette aggravation de charges est uniquement due à l'accroissement du nombre des centimes locaux. Il y aurait donc lieu de se demander à ce propos si les assemblées locales et, en particulier, les conseils municipaux ne pourraient pas réduire les charges de la propriété rurale en diminuant le nombre des centimes qu'ils ont votés jusqu'ici avec beaucoup de libéralité. On ne doit pas oublier non plus que le produit de ces surtaxes départementales ou communales est employé à des œuvres d'intérêt général dont les propriétaires profitent dans une très large mesure. Au lieu de voir dans l'impôt une sorte de fléau que l'on repousse, il est juste de reconnaître son utilité lorsqu'il devient bienfaisant. N'est-ce pas le cas précisément pour beaucoup de dépenses communales que les centimes additionnels sont chargés de couvrir ? M. Leroy-Beaulieu dit avec raison (1) à ce propos :

> Les propriétaires fonciers doivent considérer qu'une forte partie des centimes additionnels à l'impôt foncier sont destinés à des dépenses de travaux publics, ou à l'intérêt et à l'amortissement d'emprunts contractés pour des travaux publics qui leur sont immédiatement et directement profitables.
>
> Au lieu de regarder cette partie des centimes additionnels comme un impôt, il faut la considérer comme une sorte de contribution à un syndicat local de propriétaires, formé pour le développement des travaux de viabilité dans la commune ou dans le district. Les propriétaires fonciers, enfin, doivent faire entrer en ligne de compte cette dernière observation qu'une partie des centimes additionnels sert à l'amortissement dans un délai assez bref, quinze, vingt, trente ans d'emprunts contractés pour les travaux publics locaux, que, par conséquent, le chiffre actuel d'impôts qu'ils acquittent contient le remboursement de créance, et qu'au bout d'une période assez brève, ce chiffre d'impôts pourra être réduit ou bien, s'il est maintenu, pourra faire face à de nouveaux emprunts destinés à de nouveaux travaux.

Ces observations sont d'une parfaite justesse ; on ne peut manquer de le reconnaître en réfléchissant. Toutefois, ce que les propriétaires remarqueront avec le plus de soin, c'est que le poids relatif de la contribution a augmenté depuis 1851. Le rapport du *Total* de l'impôt au revenu a passé, en effet, de 10 p. 100 (1851), puis de

(1) *Traité de la science des finances*, t. I, p. 333.

8 p. 100 (1879), à 12 p. 100 (1894). Tel est le phénomène économique important que nous devions signaler sans dissimuler en aucune façon son intérêt et sa gravité. Insistons immédiatement sur le caractère spécial de cette augmentation du poids relatif de la contribution foncière envisagée dans son ensemble.

Ce sont les centimes locaux qui ont grossi le chiffre de l'impôt ; le principal a diminué d'une façon absolue et relative. En voici la preuve :

Années.	Principal de l'impôt.	Rapport du principal au revenu net.	Valeur des centimes.	Rapport des centimes additionnels au revenu net.
	millions de francs.	p. 100.	millions de francs.	p. 100.
1851......	121	6.3	71	3.7
1879......	118	4.4	116	4.3
1894......	103	5.1	141	7.1

Ainsi, depuis 1851, le principal de l'impôt a passé de **121** à **103** millions, et a représenté **6,3** p. 100, puis seulement **5,1** p. 100 des revenus. La décroissance est manifeste.

Au contraire, la valeur des centimes additionnels s'élève de **71** à **141** millions et leur rapport aux revenus passe de **3,7** p. 100 à **7,1** p. 100 ! Malgré l'augmentation générale des impôts qui frappent les différentes sources des revenus, l'*État* ne demande pas à l'impôt foncier des ressources plus considérables qu'il y a quarante-trois ans (1). Nous ne comprenons donc pas qu'on puisse songer à un nouveau dégrèvement, et surtout à une mesure plus radicale comme la suppression du principal. Puisque ce sont les centimes additionnels qui ont aggravé les charges relatives de la propriété foncière agricole, il appartient aux municipalités et aux conseils

---

(1) Après le grand dégrèvement opéré à cette époque.

généraux de les réduire. Cette réforme est-elle donc impossible ? Pourquoi voudrait-on imposer au budget de l'État un sacrifice que les budgets communaux et départementaux ne peuvent supporter ?

Si demain on supprime d'un trait de plume une recette de 103 millions dans le chiffre des recettes de notre budget national, n'est-il pas évident qu'il faudra combler ce déficit par la création d'un impôt nouveau ? Celui-ci pèsera-t-il sur les propriétaires ? La suppression de la contribution foncière ne saurait alors leur être profitable. Pèsera-t-elle, au contraire, sur les autres contribuables ? De quel droit imposer à ces derniers un sacrifice destiné à alléger les charges d'une classe particulière de revenus singulièrement ménagée par le fisc depuis un siècle, puisque la contribution foncière a toujours diminué d'une façon relative et absolue.

Avant de conclure, il convient, toutefois, de nous demander si la propriété foncière rurale n'est pas plus fortement grevée que ne le sont les autres sources de revenus.

C'est ce que nous allons examiner dans le chapitre suivant.

V

Comparaison avec les charges fiscales imposées aux autres sources de revenu.

§ 1er

Il est tout naturel de comparer les charges de la propriété bâtie à celles de la propriété rurale. Les mêmes observations nous conduiraient à admettre que deux impôts grèvent seulement les revenus des maisons, châteaux et usines qui ne sont pas annexées à des exploitations rurales.

Or, en tenant compte des chiffres que nous avons indiqués plus haut à propos des constructions rurales et en opérant les réductions convenables, nous trouvons qu'en 1893, la propriété bâtie supportait les charges suivantes :

Contribution foncière.

Principal......................	56 millions de francs.
Centimes additionnels............	66 — —
Total	122 millions de francs.

Contribution des portes et fenêtres.

Principal......................	35 millions de francs.
Centimes additionnels............	36 — —
Total	71 millions de francs.

En résumé, le total des impôts réels se trouve porté à 193 millions de francs.

Pour calculer, maintenant, le revenu net imposable sur lequel ces contributions sont prélevées, il convient de déduire du chiffre indiqué par l'enquête officielle de 1887, la somme de 350 millions représentant la part afférente à la propriété rurale. Il reste, ainsi, 1,740 millions de francs, montant approximatif, mais fort vraisemblable, du revenu net imposable de la propriété bâtie en France. Les charges fiscales correspondantes s'élevant à 193 millions en chiffres ronds, représentent 11 p. 100 de cette somme.

Des calculs analogues nous ont conduit à adopter la proportion de 12 p. 100 en ce qui concerne les héritages ruraux. La différence que nous constatons est donc très faible. Elle serait encore moins sensible si nous avions compté parmi les charges de la propriété bâtie la part d'impôt foncier grevant le sol sur lequel reposent les constructions. Cette surface est cotisée sur le pied des meilleures terres labourables de la commune. Les propriétaires acquittent donc, en réalité, deux sortes de contribution foncière, l'une qui est relative au terrain occupé, et l'autre à la construction même.

Malheureusement, les statistiques officielles rangent dans la catégorie des propriétés non bâties le sol des constructions de toute nature et la division est très difficile à faire entre les deux groupes.

Il est, cependant, bien visible que ces circonstances tendent à nous faire grossir les charges de la propriété rurale et à atténuer, au contraire, celle de la propriété bâtie. Nous pourrions également remarquer qu'en fait, une foule de jardins, parcs et enclos (1) sont annexés aux maisons. La contribution foncière qui les frappe vient évidemment grossir celle qui grève les revenus de la propriété bâtie dans les villes ou les villages. En supposant que cet impôt foncier était acquitté par les propriétaires des héritages ruraux, nous avons donc exagéré les charges de ces derniers.

En résumé, nous pensons qu'il n'existe pas de différence sensible entre le taux d'imposition des propriétés rurales et des propriétés bâties en général.

Examinons, maintenant, la question de la taxation du revenu des valeurs mobilières si injustement ménagées par l'impôt, à ce que l'on assure.

§ 2.

Tout le monde sait que, depuis 1872, il a été établi une taxe annuelle et obligatoire : 1° Sur les intérêts, dividendes, revenus et tous autres produits des actions de

---

(1) Il faut noter que ces surfaces sont cotisées sur le pied des meilleurs terrains labourables dans la commune.

toute nature des sociétés, compagnies ou entreprises quelconques, financières, industrielles, commerciales ou civiles, quelle que soit l'époque de leur création ;

2° Sur les arrérages et intérêts annuels des emprunts et obligations des départements, communes et établissements publics, ainsi que des sociétés, compagnies et entreprises ci-dessus désignées (art. 1er, loi du 29 juin 1872).

Cette taxe sur le revenu des valeurs mobilières est aujourd'hui portée à 4 p. 100. Les rentes de l'État français en sont seules exemptes. Ce que l'on paraît ignorer généralement, c'est que d'autres impôts viennent s'ajouter à la taxe sur le revenu et réduisent, dans une proportion très notable, le montant des intérêts ou dividendes. Il faut citer :

1° L'*Impôt du timbre*. (Lois du 5 juin 1850, 23 août 1871 et 30 mars 1872.)

La loi du 5 août 1850 remplace l'ancien droit d'enregistrement par un droit de timbre proportionnel, dont les compagnies ou autres personnes sont débitrices envers l'État. Il est possible de s'affranchir de cet impôt au moyen d'un abonnement. Ce droit d'abonnement est aujourd'hui de 0 fr. 06, décimes compris, par 100 francs de *capital nominal*.

2° L'*Impôt de transmission*. (Lois du 23 juin 1857, 10 septembre 1871, 30 mars 1872, 29 juin 1872.)

Pour les titres nominatifs, le droit est de 0 fr. 50 pour 100 francs de la valeur négociée, *lors de chaque transmission*.

Pour les titres au porteur, la taxe est de 0 fr. 20 par 100 francs du capital des actions ou obligations, évalué par leur cours moyen pendant l'année précédente, et, à défaut de cours dans cette année, conformément aux règles établies par les lois sur l'enregistrement.

Il faut noter avec grand soin que la réduction du taux de l'intérêt, si remarquable en France depuis quelques années, a eu pour conséquence l'augmentation rapide de la valeur des titres. Telle action ou obligation a augmenté de 100, 150 ou 200 francs par titre depuis dix ans. Cette marche ascensionnelle est très nettement marquée pour nos actions et nos obligations de chemin de fer, par exemple. Il résulte de ce fait que le droit de transmission a été de plus en plus considérable; puisqu'il a été assis sur un capital de plus en plus élevé.

Essayons, maintenant, de déterminer le rapport du total des impôts au revenu, pour les valeurs mobilières nominatives ou au porteur.

Un intérêt de 100 francs, correspondant, par hypothèse, à un capital nominal de 2,000 francs, paiera, pour les titres nominatifs :

1° Droit de 0 fr. 06 sur 2,000 fr......................	1 fr. 20
2° Taxe sur le revenu de 4 p. 100..................	4 » »
TOTAL...................	5 fr. 20

S'il s'agit de titres au porteur, les charges seront les suivantes :

1° Droit de timbre de 0 fr. 06 sur un capital nominal de 2,000 fr......................................	1 fr. 20
2° Droit de transmission de 0 fr. 20 c. sur un capital de 2,500 fr. au moins (le taux de l'intérêt n'atteint plus aujourd'hui 4 p. 100)........................	5 » »
3° Taxe sur le revenu.............................	4 » »
TOTAL...................	10 fr. 20

Il résulte de cès calculs, dont tout le monde peut vérifier l'exactitude, que les valeurs mobilières, et notamment les titres au porteur, sont très sérieusement frappés par l'impôt.

On peut nous objecter, il est vrai, que le droit de transmission dû par les titres au porteur ne devrait pas figurer parmi les charges que nous comparons à celles de la propriété foncière. Cette objection est moins forte qu'elle ne paraît l'être tout d'abord. Le droit de transmission sur les titres au porteur est dû par tout détenteur, quelles que soient effectivement les mutations de propriété. Cette charge est toujours déduite du revenu au moment du paiement des coupons, et on ne peut l'éviter qu'en transformant les titres au porteur en titres nominatifs. Elle constitue donc un impôt analogue à ceux que nous avons évalués pour la propriété foncière. Il s'agit bien de charges annuelles et régulières que les détenteurs doivent acquitter, tandis que les droits d'enregistrement relatifs aux héritages ruraux ont un caractère accidentel ou irrégulier.

D'ailleurs, les impôts visibles et connus qui frappent le revenu des valeurs mobilières doivent être simplement ajoutés à une foule d'autres taxes directes ou indirectes, prélevés sur les bénéfices des entreprises industrielles ou commerciales.

On peut, au moyen d'un exemple, montrer aisément le caractère des taxes établies sur les dividendes ou les intérêts des titres mobiliers.

Supposons qu'un propriétaire fasse construire des maisons de rapport. Ses revenus sont atteints simplement par la contribution foncière et des portes et fenêtres.

Mais voici qu'une sociétété se fonde, rachète les mêmes immeubles, et émet dans ce but des actions. Non seulement cette société paiera comme le propriétaire précédent, les deux contributions foncière et des portes et fenêtres, mais encore elle sera obligée de retenir sur le montant de ses dividendes toutes les taxes que l'État impose aux valeurs mobilières. Ces taxes *s'ajouteront* à celles que payait auparavant le propriétaire sans que les revenus se soient accrus. Il faut avouer que la taxe sur le revenu des valeurs mobilières n'est pas autre chose qu'un impôt de superposition. Le propriétaire primitif était singulièrement plus ménagé que ne le sont, ensuite, les actionnaires qui lui succèdent.

Cet exemple n'est pas du tout une exception. Toutes les grandes sociétés commerciales acquittent des droits de patentes et une contribution foncière pour le terrain qu'elles occupent, ou pour les constructions qu'elles possèdent. Ces impôts sont, tout d'abord, déduits de leurs bénéfices en même temps que les autres frais qui leur incombent, et enfin, les dividendes restant à partager ou les intérêts restant à servir sont encore frappés par l'État d'une taxe de 4 p. 100, d'un droit de timbre proportionnel, et d'un droit d'enregistrement ! Les capitaux engagés dans l'industrie ou le commerce et représentés par des actions ou des obligations, sont-ils donc ménagés par le fisc ? Il faut, pour le soutenir, oublier ou négliger toutes les observations que nous venons de présenter.

« Mais, peut-on dire, si nous sommes forcés de convenir que les valeurs mobilières sont taxées assez fortement, on ne saurait, en tout cas, admettre que les rentes françaises soient atteintes par l'impôt. Voilà donc toute une catégorie de revenus dont les détenteurs sont étrangement ménagés. »

Il est certain que la rente française n'est pas soumise à l'impôt de 4 p. 100 sur le revenu comme les autres valeurs mobilières. Le fait est incontestable, mais il n'en résulte pas pour cela que les rentiers soient mieux traités que les autres capitalistes. Est-il un seul instant admissible que des hommes de bon sens consentent à acheter des valeurs mobilières frappées d'un impôt de 4 p. 100, sans compter les autres taxes, alors qu'ils peuvent placer leur fortune en rente sur l'État dont aucune contribution ne diminue le revenu ? Poser la question, c'est la résoudre ! Comment expliquer dès lors qu'il y ait encore des acheteurs d'actions ou d'obligations, et qu'à la Bourse on ne se borne pas à faire des opérations sur nos rentes ? Nous pensons que ce mystère est fort aisé à éclaircir. En réalité, les personnes qui achètent des rentes les paient plus cher parce que leur revenu est exempt d'impôt, et les autres valeurs sont cotées à un prix moins élevé parce qu'il faut tenir compte des taxes dont elles sont grevées.

Au demeurant, le taux de placement en rentes est plus faible que le taux correspondant des valeurs mobilières très sûres également. Nous sommes, d'ailleurs, convaincu qu'aujourd'hui l'impôt de 4 p. 100 sur le revenu des valeurs mobilières ne pèse pas plus sur les détenteurs que le principal de l'impôt foncier ne grève les revenus du propriétaire. Il est au moins très probable, et très certain même dans la plupart des cas, qu'un impôt de 4 p. 100 sur les revenus a déterminé une baisse de 4 p. 100 sur le prix auquel se négocient les titres. En d'autres termes, une valeur qui serait cotée à la Bourse 500 francs, parce qu'elle rapporterait 15 francs sans impôt, n'est payée que 500 — 4 p. 100 = 480, pour un revenu de 15 — 4 p. 100 = 14, 40. Dans les deux cas, cependant, le taux de placement est toujours de 3 p. 100. Or, il est indifférent pour un capitaliste d'acheter 14 fr. 40 de revenu au prix de 480 francs, ou de payer 500 francs pour un revenu net de 15 francs. L'impôt qui réduit le montant des coupons ne pèse donc pas sur lui, et il est clair qu'en achetant de la rente sa situation ne serait pas meilleure.

Qu'arriverait-il si demain les porteurs de valeurs mobilières parvenaient à faire réduire ou supprimer l'impôt dont sont grevés les revenus de leurs titres ? On verrait augmenter à la fois les intérêts ou dividendes qu'ils touchent et la valeur en bourse de leurs obligations ou actions.

Quel serait, au contraire, l'effet d'un impôt sur la rente ? Cet impôt frapperait-il désormais les *rentiers ?* Pas le moins du monde ! Une taxe de 4 p. 100 sur les arrérages de nos rentes déterminerait immédiatement une baisse de 4 p. 100, *environ*, sur les cours actuels, mais désormais, les acheteurs payant moins cher une valeur qui rapporterait un revenu moins élevé ne supporteraient pas plus la taxe nouvelle qu'ils ne la subissent aujourd'hui pour les autres valeurs mobilières françaises. La perte totale serait entièrement supportée par les porteurs de rentes au moment de l'établissement d'un impôt nouveau.

Conclusion. — On voit avec quelle simplicité, et nous ajoutons volontiers, avec quelle clarté, la théorie exposée plus haut à propos de l'impôt foncier, explique la situation actuelle des rentiers.

Cet exemple nous montre également combien il est difficile de comparer la situation des personnes qui jouissent de revenus déterminés en étudiant seulement les taxes qui frappent ces revenus.

En toutes circonstances, l'incidence diverse des impôts déplace les charges effectives et déjoue les efforts du législateur. On sait aussi à quelles erreurs on se trouve exposé quand on ne tient pas compte de ces répercussions si curieuses.

Nous ne croyons pas que les propriétaires fonciers soient, en général, dans une situation plus fâcheuse que les rentiers ou les détenteurs de valeurs mobilières. La concurrence inévitable des capitalistes tend à rétablir un certain équilibre toutes les fois que celui-ci est rompu. Ce qui est incontestable, c'est que la propriété rurale subit depuis dix ans une crise très douloureuse qui en a diminué les revenus et la valeur. Il faudrait, pour être juste, comparer la situation des propriétaires ruraux non pas seulement à celle des capitalistes prévoyants et habiles dont les placements ont toujours été avantageux, mais encore au sort des rentiers qui ont subi deux conversions successives. Il faudrait également tenir compte des mauvais placements.

N'existe-t-il pas, en effet, des valeurs mobilières dépréciées ? Des désastres récents ne nous ont-ils pas montré les dangers que courent les porteurs de titres mobiliers ? Ce sont là des considérations importantes que l'on néglige trop souvent quand il s'agit d'apprécier la situation des propriétaires fonciers.

On peut, d'ailleurs, comparer les charges fiscales que supporte la terre à celles qui pèsent sur l'ensemble des revenus particuliers dans notre pays.

Il y a quelques années, M. Leroy-Beaulieu disait à propos de ces impositions générales : « Sur 30 ou 32 milliards de francs qui constituent les revenus des Français, il faut prélever annuellement 3 milliards 300 millions environ, par l'impôt, pour l'État, les départements ou les communes ; c'est une proportion de 12 p. 100 (1). »

Or, nous avons vu que les charges fiscales de la propriété agricole représentaient environ 12 p. 100 du revenu imposable. Cette proportion ne dépasse donc pas beaucoup celle qui se rapporte aux contributions prélevées sur les revenus des Français en général.

Ainsi, on peut admettre sans grande chance d'erreurs, que les propriétés rurales ne sont pas écrasées par l'impôt. Les loyers agricoles n'ont pas été, en somme, plus fortement grevés que les autres revenus considérés dans leur

______

(1) *Traité de la science des finances*, t. I, p. 132.

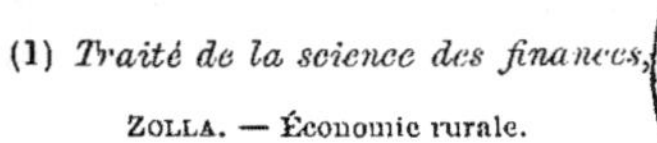

ensemble, malgré la sécurité du placement que représentent les héritages ruraux, malgré les avantages que confère la propriété foncière à ses détenteurs.

A notre avis, c'est donc moins le poids des charges fiscales que leur répartition dont il conviendrait de se plaindre.

Telle est la conclusion qui nous paraît résulter de l'étude à laquelle nous nous sommes livré dans la première partie de ce travail.

DEUXIÈME PARTIE

Dans la première partie de cette étude, nous avons cherché et calculé les charges fiscales de la propriété rurale. Nous croyons fermement que ces charges sont distinctes de celles qui pèsent sur l'agriculture. Pour tous les domaines qui sont loués par leurs propriétaires les impôts frappant les revenus fonciers n'atteignent pas les locataires. Ceux que l'on nomme fermiers ou métayers ne supportent pas le poids des contributions dont nous parlons ; celles-ci retombent, en définitive, sur les possesseurs du sol sans qu'ils puissent en rejeter le fardeau sur personne. D'ailleurs, *une partie* de ces impôts territoriaux est depuis longtemps connue ; elle constitue une sorte de rente perpétuelle dont se trouvent grevés les fonds de terre. Le montant de cette rente particulière a été sans nul doute capitalisé ; il en a été tenu compte lors des ventes dont les propriétés sont fréquemment l'objet, et, en définitive, grâce au jeu régulier de la concurrence les capitalistes fonciers n'acquittent pas réellement sur leurs revenus une contribution plus forte que celles dont sont grevés les propriétaires urbains, ou les détenteurs de valeurs mobilières.

Ce que nous venons de dire s'applique naturellement aux nombreux propriétaires cultivateurs qui existent dans notre pays. Comme capitalistes, leur situation n'est pas inférieure à celle des personnes qui possèdent quelque autre source de revenus ; les impôts spéciaux qui les atteignent ne pèsent pas réellement sur eux d'un poids plus lourd. Comme entrepreneurs de culture, ils sont simplement fermiers de leurs propres biens, et les contributions territoriales ne les frappent pas davantage que les autres locataires.

Quels sont donc les impôts qui pèsent sur l'agriculture? Quel en est le poids et la répercussion ? Avant d'aborder l'étude de ces questions, il est indispensable de faire, tout d'abord, une observation dont l'importance nous paraît très grande.

L'agriculture et l'impôt des patentes.

§ 1

Nous avons dit plus haut que notre législation fiscale s'efforçait de frapper par des impôts spéciaux les différentes sources de revenu. C'est ainsi que la contribution foncière atteint les revenus de la terre ou ceux des propriétés bâties. La contribution des portes et fenêtres peut, elle aussi, être considérée comme une surcharge de l'impôt foncier. La taxe de 4 p. 100 sur les valeurs mobilières a pour objet également d'atteindre une catégorie spéciale de revenus. Il existe, en outre, un impôt qui frappe d'une façon générale tous les revenus et profits résultant de l'exercice d'une profession. Nous voulons parler de la contribution des patentes. L'article 1er de la loi du 15 juillet 1880 qui règle cette matière dit expressément : « Tout individu, français ou étranger, qui exerce en France un commerce, une industrie, une profession non compris dans les exceptions déterminées par la présente loi, est assujetti à la contribution des patentes. »

En France, le nombre des patentes est très grand. M. de Foville, s'appuyant sur des statistiques officielles, l'évaluait à 1,668,000 pour l'année 1888. D'autre part, le produit de cet impôt est considérable et a beaucoup augmenté depuis le commencement du siècle. En 1820, il s'élevait seulement à 23 millions; et, pour l'année 1893, il est porté à 185 millions, en y comprenant toujours les centimes additionnels. Il s'agit donc d'une contribution importante qui représente, d'après les calculs de l'administration des contributions directes, 3 ou 4 p. 100 des revenus et profits du commerce, de l'industrie, ou des professions dites libérales.

Les exemptions prévues par le législateur nous montrent-elles que de nombreux industriels, commerçants ou entrepreneurs réussissent à se faire affranchir de l'impôt?

Il nous paraît bien difficile de l'admettre. La contribution des patentes frappe jusqu'aux plus modestes négociants, jusqu'aux marchands forains et ambulants qui acquittent la moitié du droit afférent à leur profession.

Quant aux exceptions prévues par la loi de 1880, en voici l'énumération abrégée à titre de simple renseignement :

Art. 17. « Ne sont pas assujettis à la patente : 1° les fonctionnaires et employés salariés soit par l'État, soit par les administrations départementales et communales en ce qui concerne seulement l'exercice de leurs fonctions ; 2° les peintres, sculpteurs, graveurs et dessinateurs considérés comme artistes et ne vendant que le produit de leur art. Les professeurs de belles-lettres, sciences et arts d'agrément..., les commis et toutes les personnes travaillant à gages..., les ouvriers travaillant chez eux ou chez les particuliers sans compagnons ni apprentis, soit qu'ils travaillent à façon, soit qu'ils travaillent pour leur compte et avec des matières à eux appartenant..., les ouvriers travaillant en chambre avec un apprenti âgé de moins de seize ans... LES LABOUREURS ET CULTIVATEURS. »

Il est visible que l'on a cherché à épargner toux ceux dont les revenus proviennent exclusivement du travail et non pas en même temps d'un capital mis en œuvre. Certes, on comprend fort bien l'exemption de tous les domestiques et ouvriers, mais il est permis de se demander pourquoi l'industrie agricole représentée par des fermiers, des métayers, et des propriétaires-cultivateurs, n'acquitte pas une taxe à laquelle restent soumis, depuis plus d'un siècle, les commerçants et les industriels, c'est-à-dire tous ceux dont les profits présentent à la fois le revenu d'un capital et la rémunération d'un travail productif.

Sans doute, beaucoup de personnes n'hésiteront pas à soutenir que l'agriculture paie d'autre part, sous des formes très variées, une foule de taxes directes ou indirectes. Nous examinerons avec soin cette question. Il convient, dès à présent, de constater le fait suivant dont nul ne peut douter : la contribution des patentes qui atteint le commerce et l'industrie ne pèse pas sur l'agriculture ; aucune taxe spéciale ne frappe les entrepreneurs de culture. Ceux-ci jouissent, à cet égard, d'une immunité que rien, au premier abord, ne paraît justifier.

On a dit, il est vrai : « Cette dernière conclusion est beaucoup trop absolue. S'il n'existe pas, en effet, de « patente agricole », l'impôt foncier remplace cette contribution. — Qu'est-ce que le revenu net imposable d'une terre ? — D'après les termes mêmes de la loi, « c'est ce qui reste au propriétaire, déduction faite, sur le produit brut, des frais de culture, semence, récolte et entretien ». (Art. 3 de la loi du 3 frimaire an VII).

« Il résulte de cette définition que les profits du cultivateur sont compris dans l'évaluation du revenu net. L'impôt foncier qui grève ce revenu correspond ainsi à une taxe sur la rente du propriétaire, et, en même temps, à une contribution assise sur les *profits* du cultivateur. Peu importe le nom sous lequel elle est acquittée ; la « patente agricole » existe ; nous venons de le montrer. »

Cette démonstration nous paraît insuffisante ; elle s'appuie sur une définition inexacte du revenu imposable. Pour s'en convaincre, il suffit de se reporter aux sources, et, notamment, aux rapports du Comité d'imposition de la Constituante. Voici, par exemple, un extrait de l'Instruction sur la Contribution foncière par l'Assemblée Nationale (1790) :

« Le revenu imposable d'une terre est ce qui reste à son propriétaire, déduction faite, sur la totalité du produit, des frais de culture, semences, récoltes et entretien, les productions que l'on obtient du sol n'étant des revenus que pour la partie qui reste après avoir acquitté toutes les dépenses qu'exige la culture... Les frais de culture sont très multipliés et peu faciles à calculer en détail ; on peut seulement dire qu'il faut y comprendre les objets suivants : L'intérêt de toutes les avances premières nécessaires pour l'exploitation, telles que les bestiaux et les autres dépenses qu'on est obligé de faire avant d'arriver au moment où l'on peut vendre ou consommer les produits, l'entretien des bâtiments, celui des instruments aratoires, les salaires des ouvriers, les salaires ou *bénéfices du cultivateur qui partage ou dirige leurs travaux...* »

Cette dernière indication prouvé déjà que le bénéfice du cultivateur doit être déduit du revenu brut ; toutefois, les termes employés pourraient encore laisser quelque doute à l'esprit. Les lignes suivantes dissipent toutes les équivoques :

« Une grande connaissance des récoltes que donne un territoire, des avances et des frais qu'elles exigent peut suppléer amplement à ces calculs, ainsi que le prouve l'expérience presque toujours sûre de ceux qui donnent ou prennent à bail des propriétés. *Le prix moyen de fermage est le véritable produit net, dans lequel il ne faut point pourtant comprendre l'entretien des bâtiments nécessaires à l'exploitation, et dont il faut aussi déduire le loyer ou l'avance des bestiaux dans les pays où ils sont fournis par les propriétaires des fonds.* »

« *Chaque estimateur doit se pénétrer de ces principes, et se dire à lui-même :* « *Si j'étais propriétaire de ce bien, je pourrais trouver à l'affermer raisonnablement tant ; si j'étais dans le cas d'être fermier, je pourrais en rendre la somme de* », *c'est-à-dire, le prix que serait affermée cette propriété, lorsque, pour son exploitation, le propriétaire ne fournirait ni bâtiments, ni bestiaux, ni instruments aratoires, ni semences, mais serait chargé d'en acquitter la contribution foncière.* »

Voilà qui est déjà fort clair et ne peut guère laisser subsister des doutes sur les intentions véritables du législateur. Le passage suivant nous montre avec quel soin les rédacteurs de l'Instruction avaient prévu toutes les difficultés d'interprétation, indiqué les circonstances extraordinaires, et tenu compte des enseignements de l'expérience.

« *Dans quelques départements, si le propriétaire ne fournissait point de bâtiments, et si, dans d'autres, il ne donnait pas en même temps des bestiaux, des instruments de labourage, des semences, il lui serait difficile, et peut-être impossible, de trouver à faire exploiter ses domaines ; mais, pour lors, il joint à sa qualité de propriétaire du bien, celle de propriétaire d'une partie ou de la totalité des avances nécessaires à l'exploitation. Ces objets accessoires de la propriété foncière ne doivent point être confondus avec elle, ni, par conséquent, assujettis au même genre de contribution. Ainsi, soit que le propriétaire fasse valoir son bien en entier et à ses risques, soit qu'il fournisse à un cultivateur partiaire la totalité ou partie des objets nécessaires à cette exploitation, soit que le bien seul soit affermé et que le fermier possède les bâtiments et tout ce qui est nécessaire à la culture, l'évaluation doit être la même, c'est-à-dire, uniquement celle du revenu de la terre, sans y comprendre tout ce qui n'y est qu'accessoire et qui sert seulement à la faire produire. »* (Instruction de l'Assemblée Nationale des 23 novembre-1ᵉʳ décembre 1790.)

Dans son rapport sur la Contribution foncière, le duc de La Rochefoucauld n'était pas moins affirmatif et moins clair : « Le produit net d'une terre, écrivait-il, est ce qui reste au propriétaire après avoir déduit sur le produit total ou brut, les frais de semences, de culture et de récoltes ; *les salaires et profits du cultivateur font partie des frais de culture.* » (Rapport de La Rochefoucauld, au nom du Comité d'imposition, sur la Contribution foncière, 11 octobre 1790.)

Il ressort de ces commentaires si clairs et si précis que la contribution foncière a été établie de façon à frapper les seuls revenus du propriétaire et non pas les profits du cultivateur. Cet impôt ne représente donc en aucune manière la « patente agricole ». On voit même que le législateur de 1790 avait soigneusement distingué le fermage relatif au fonds de terre lui-même de l'intérêt correspondant, par exemple à l'avance faite par le propriétaire d'un cheptel d'animaux. Ce que l'impôt foncier doit frapper c'est donc exclusivement le revenu du capital foncier, c'est-à-dire de la terre, ou même des bâtiments d'exploitation, et du stock de pailles ou de fumiers que l'on trouve partout attaché à une exploitation agricole comme étant immeuble par destination.

Au contraire, les intérêts et les profits correspondant au capital d'exploitation ne sont pas taxés et ne doivent pas l'être aux yeux du législateur.

Il est, en outre, certain que nul changement n'a été apporté sur ce point à la loi fondamentale de la contribution foncière. L'Instruction de l'Assemblée Constituante se trouve notamment reproduite dans le « Recueil méthodique des lois, décrets et règlements sur le Cadastre de la France ».

Ainsi, nous croyons avoir établi que le revenu net imposable seul visé et frappé par notre impôt foncier ne comprend jamais les revenus ou profits de l'entrepreneur de culture, propriétaire du fonds qu'il fait valoir, au locataire de l'héritage d'autrui.

Sans doute, rien ne s'opposait, en effet, à ce que le législateur adoptât une autre définition du revenu net imposable et à ce qu'il comprît dans l'évaluation de ce dernier les profits résultant de la culture. Il lui a paru bon d'imposer seulement le revenu net correspondant à l'usage des capitaux fonciers, c'est-à-dire de la terre et des bâtiments qui en facilitent la culture. Quant au travail du cultivateur et aux profits tirés de l'usage des capitaux d'exploitation, ce n'est pas à l'impôt foncier qu'il a eu recours pour atteindre l'un et grever les autres. L'Assemblée Constituante avait évidemment le dessein de faire contribuer aux charges publiques tous les entrepreneurs de culture, propriétaires ou locataires. La contribution mobilière était destinée à atteindre leurs revenus ; mais elle ménageait ceux des propriétaires fonciers pour éviter un double emploi. Tout contribuable assujetti à l'impôt mobilier pouvait, en effet, demander que le montant de sa cote d'impôt foncier fût déduit de la contribution mobilière qu'il aurait dû acquitter entièrement sans cette circonstance.

Aujourd'hui, l'impôt mobilier n'a plus le caractère que lui avait donné l'Assemblée Constituante. On peut le considérer comme une taxe sur le revenu général atteignant les propriétaires aussi bien que les locataires.

Les fermiers, les métayers ou les cultivateurs-propriétaires ne sont plus frappés par cet impôt en raison des revenus qu'ils tirent de l'exploitation du sol. La contribution mobilière est, en réalité, un impôt de superposition, et, notamment, elle s'ajoute à l'impôt foncier lorsqu'il s'agit des propriétaires, ou à la patente lorsqu'il s'agit des personnes assujetties à cette taxe. Les entrepreneurs de culture ne supportent pas d'impôt de ce genre ; une patente agricole sans faire double emploi avec l'impôt foncier, comme nous l'avons montré, aurait seulement pour effet de les placer dans la même situation que les industriels et les commerçants.

On ne peut donc pas douter que les agriculteurs ne jouissent dans notre pays d'une immunité particulière au point de vue des contributions spéciales qui frappent le revenu ou les profits des professions. Cela est si vrai que tous ceux qui ont voulu modifier les bases de notre système fiscal et frapper les revenus sans en oublier certaines sources, se sont vus obligés de taxer les bénéfices agricoles résultant de la mise en œuvre des capitaux d'exploitation. Il est intéressant, à ce propos, de rappeler les conclusions des projets déposés sur le bureau des deux Chambres depuis quelques années.

§ 2

Une proposition de loi relative à un impôt général sur le revenu, déposée par M. Peytral, alors ministre des finances, soumettait à une taxe de 1/2 p. 100 les bénéfices agricoles. L'article 10 qui les visait était ainsi libellé :

« Le revenu des propriétés foncières non bâties est, en ce qui concerne les personnes qui les exploitent sans en être propriétaires, le produit de ces mêmes propriétés, défalcation faite : 1° des prix de ferme ou de location desdites propriétés ; 2° des frais de semences, de culture, de récoltes ou de toutes autres dépenses de l'exploitation ; 3° de l'impôt foncier, s'il est expressément mis à la charge de l'exploitant par les baux et autres contrats de location; 4° des charges résultant des servitudes, droits et redevances établis au profit de tiers et dont il n'a pas été tenu compte dans les prix fixés par les baux. »

L'article 11 se rapporte aux propriétaires-cultivateurs :

« Le propriétaire qui exploite personnellement ses biens est imposable en raison de leur revenu, comme il vient d'être indiqué à l'article 10. Dans ce cas, on attribue aux biens comme prix de ferme une valeur locative estimée d'après les règles tracées pour l'estimation des propriétés louées par leurs propriétaires (article 8). »

Enfin, il est question du métayage dans l'article 12, ainsi conçu :

« Lorsqu'une propriété est affermée à portion de fruits, le revenu du propriétaire et celui de l'exploitant, métayer, fermier ou colon partiaire, sont évalués d'après la nature et la quantité des produits annuellement attribués à l'un et à l'autre, et conformément aux dispositions précédentes. Ces mêmes dispositions sont applicables lorsque les propriétés sont affermées en partie en argent, et en partie à portion de fruits. »

En 1892, une commission chargée d'examiner la proposition de loi de M. Maujan, député, décidait en principe l'imposition des bénéfices agricoles à raison de 1 p. 1000 avec certaines exemptions ou modérations concernant les petites cotes (1).

Nous n'insisterons pas sur la valeur de ces projets non plus que sur les dispositions relatives à la constatation des revenus imposables.

Ce que nous retenons seulement, c'est que les profits agricoles ont été considérés comme susceptibles d'une taxation.

Un rapide examen de quelques législations étrangères va nous montrer qu'en dehors de nos frontières l'imposition des bénéfices de l'entrepreneur de culture est, depuis longtemps, acceptée et prescrite. L'existence d'une contribution ayant ce caractère spécial ne fait nul obstacle au maintien des taxes foncières grevant partout les revenus du propriétaire rural. C'est donc bien l'emploi du capital d'exploitation que l'on a visé, et les bénéfices correspondant à cet emploi que le législateur étranger s'est proposé de frapper, sans distinguer d'ailleurs ces bénéfices de la rémunération du travail personnel des cultivateurs ou de leur famille.

§ 3

Il existe, comme on le sait, en Angleterre, un impôt général sur les revenus. Cette contribution appelée *Income-Tax* est divisée depuis 1803 en cinq cédules. La première, la cédule A, se rapporte aux revenus fonciers. La cédule B est celle des *fermiers*, ou des propriétaires cultivant eux-mêmes ; en un mot, elle comprend les bénéfices

(1) Voir rapport de M. P. Merlou, député. — Chambre des députés, 1892. Documents parlementaires, n° 2290, 5e législature.

de l'*exploitation* du sol. Pour éviter des calculs incertains ou des évaluations délicates, on a eu recours, en ce qui concerne les bénéfices agricoles, à une présomption particulière. On suppose que les bénéfices des fermiers équivalent, en Angleterre, à la moitié du fermage, et, en Écosse, au tiers. Pour atténuer les inconvénients de cette présomption souvent inexacte, il est admis que les fermiers dont les gains réels seraient inférieurs aux bénéfices présumés, peuvent obtenir une remise d'une partie ou de la totalité de l'impôt. La charge de la preuve leur est seulement imposée et ils doivent s'adresser, pour fournir cette preuve, aux commissaires du district.

Nous ferons observer en passant que l'existence d'une contribution sur les revenus fonciers fait, en Angleterre, un véritable double emploi avec la *Land-Tax* ou impôt foncier. Ce dernier a subsisté, et continue d'être perçu, au moins pour la partie qui n'a pas été rachetée, malgré l'existence de la cédule A de l'*Income-Tax*.

Dans beaucoup d'États de l'Allemagne, il existe depuis de longues années des impôts sur le revenu qui atteignent les profits agricoles au même titre que les bénéfices des autres professions.

En Saxe (1), par exemple, des lois successives, portant les dates des 22 septembre 1874, 2 juillet 1878, 10 mars 1894, ont soumis à un impôt général l'ensemble du revenu annuel des contribuables, et, par conséquent, les profits réalisés en agriculture. Il y a lieu de distinguer :

1° L'exploitation des terrains appartenant à autrui ;

2° L'exploitation des terres et forêts par leurs propriétaires ;

3° Les fermages des propriétés foncières.

On voit donc que les profits agricoles sont soigneu-

____

(1) Voir *Bulletin de statistique et de législation comparée*, nᵒˢ de mars et avril 1894. — L'impôt sur le revenu en Saxe.

sement distingués du revenu des propriétaires ruraux. Lorsque ces derniers cultivent eux-mêmes leurs propres biens, on prend comme base le revenu brut moyen des trois dernières années d'exploitation, en y comprenant l'évaluation du travail personnel du propriétaire. Les produits agricoles ou forestiers, personnellement acquis et employés par le propriétaire et par sa famille, sont estimés pour l'évaluation du revenu aux prix en cours de la localité, ou à défaut, dans les environs.

Quant aux bénéfices résultant de l'exploitation agricole de biens pris en location, ils doivent être calculés comme ceux que le propriétaire obtient de la culture de ses propres terres ; le prix de fermage doit seulement être porté en déduction, sauf pour la partie qui s'applique à l'habitation du fermier et de sa famille.

En Italie (1), il existe un impôt sur la richesse mobilière, et dans la seconde catégorie des revenus soumis à cette contribution figurent : « Les revenus temporaires mixtes à la production desquels concourent simultanément le capital et le travail, c'est-à-dire les profits industriels et commerciaux, y compris ceux des industries agricoles exercées par des personnes étrangères à la propriété du sol et ceux des industries de même nature exercées par les propriétaires (élevage des bestiaux, sériciculture, etc.), en tant que dans ce dernier cas ils excèdent les produits du bien-fonds.

Une catégorie à part comprend les revenus des métayers ; la taxe que doivent ces derniers est fixée à 5 p. 100 du principal de l'impôt foncier payé à l'État pour la terre, quand ce dernier excède annuellement 50 francs ; au-dessous de ce chiffre, le revenu du métayer étant réputé inférieur au minimum imposable, est franc de taxe.

(1) Voir à ce propos les textes italiens et le rapport de M. Yves Guyot relatif à l'impôt sur le revenu. Documents parlementaires, n° 1130, 4ᵉ législature, 1886.

Il nous paraît inutile de multiplier les citations et les exemples. On voit clairement qu'à l'étranger la taxation des profits réalisés par la culture des terres est considérée comme légitime aussi bien que l'imposition des bénéfices industriels et commerciaux.

Nous avons examiné l'objection de principe qui paraissait, en France, avoir fait écarter la taxation des bénéfices agricoles. La discussion à laquelle nous nous sommes livré prouve que cette objection n'a pas de valeur. L'impôt foncier n'est pas, comme on l'a prétendu, assis sur un revenu net imposable qui comprend tout à la fois le fermage dû au propriétaire et le bénéfice réalisé par l'entrepreneur de culture. Il ressort de cette étude que le fermier, le métayer ou le cultivateur-propriétaire jouit dans notre pays d'une immunité spéciale fort difficile à expliquer.

§ 4

Dans son *Traité des Impôts*, M. de Parieu est obligé de convenir que cette exemption n'est pas toujours justifiée, et il indique cependant des motifs particuliers qui le poussent à l'approuver. Nous allons en discuter la valeur avant de terminer ce chapitre.

Citons, tout d'abord, le passage suivant de l'auteur (1) :

« La contribution sur l'industrie doit-elle atteindre les agriculteurs ? C'est là une question très diversement résolue par les législateurs. La législation française les en exempte de la manière la plus formelle. Plusieurs législations allemandes les atteignent.

« Nul doute que l'agriculture ne soit dans un certain sens une industrie. C'est la coexistence de l'impôt foncier avec l'impôt sur l'industrie qui fait seule objection

---

(1) Voir *Traité des Impôts*, par M. Esquirou de Parieu, t. I, p. 393 et seq. — 2ᵉ édition. — Guillaumin, éditeur.

à l'extension des impôts industriels aux cultivateurs.

« L'impôt foncier, parmi nous, repose, par exemple, sur le produit moyen de la terre cultivée. Le capital de l'industrie agricole est atteint. Le travail qui s'applique à l'exploitation de ce capital pourrait l'être, sans choquer aucun principe. »

Nous ne nous attarderons pas à réfuter cette objection ; elle a déjà été examinée plus haut, dès le commencement de ce chapitre. M. de Parieu oublie qu'il existe deux catégories de capitaux utilisés par l'industrie agricole, ce sont : 1º les capitaux fonciers ; 2º les capitaux d'exploitation possédés par l'entrepreneur de culture (instruments, bétail, avances culturales, semences, engrais industriels, etc., etc.).

Les premiers sont atteints par la contribution foncière qui les frappe seuls, nous croyons l'avoir démontré.

Les seconds ne sont grevés par aucune taxe. C'est eux qu'il s'agit d'atteindre et non pas le travail destiné à la mise en œuvre du capital foncier. M. de Parieu paraît croire que le cultivateur ne possède aucun capital et n'intervient comme producteur qu'en fournissant du travail.

C'est là une erreur. Ainsi présentée, la situation de l'agriculteur, entrepreneur de culture, est absolument défigurée. C'est, au contraire, le capital de culture possédé et utilisé par le fermier, le métayer ou le propriétaire-cultivateur, qui est taxé dans les pays étrangers. Sans doute, le départ est difficile à faire entre les profits correspondant à ce capital et la valeur du travail manuel ou du travail de direction fourni par l'entrepreneur de culture. La même difficulté se présente, lorsqu'il s'agit de taxer les bénéfices industriels et commerciaux. Le travail manuel et l'habileté administrative d'un négociant ne sont pas, cependant, moins importants et moins appréciés que le savoir professionnel ou le labeur d'un agriculteur. La contribution des patentes frappe, néanmoins, les bénéfices commerciaux ou industriels, sans chercher à distinguer la valeur du travail, et les profits correspondant aux capitaux engagés.

L'objection formulée par M. de Parieu ne nous paraît donc pas fondée; elle vise une situation qui n'est pas celle de notre agriculture, disposant d'un capital d'exploitation de 8 ou 10 milliards de francs.

Examinons, maintenant, une autre objection, ainsi formulée :

« Toutes les législations exemptant de la taxe *spéciale* sur l'industrie certains profits du travail, la question est de savoir si le travail agricole ne doit pas profiter ds ces faveurs.

« Sous ce rapport il suffit de songer à la subdivision extrême de la propriété et à la position de ceux qui retrouvent simplement dans l'exploitation de la parcelle qu'ils possèdent le profit d'un mince salaire, pour comprendre la convenance de l'exemption accordée à l'agriculture par notre législation des patentes, qui devait s'appliquer non à des régions exploitées par de riches fermiers seulement, mais à la France entière avec ses petites fermes, ses métairies, etc. Toutefois, on ne saurait en elle-même considérer comme injuste une taxe qui atteindrait les exploitants de fermes très considérables. »

Il ne s'agit plus ici seulement d'une question de principe et d'équité, mais d'une difficulté d'application. M. de Parieu reconnaît que les exploitants des fermes considérables pourraient supporter une taxe. Il lui semble que l'exemption est justifiée, si l'on considère l'extrême division de la propriété et le nombre si grand des petites fermes, des métairies, etc., etc.

Sans nul doute, la propriété du sol n'est pas concen-

trée entre les mains de quelques familles dans notre pays
de France. On y compte, notamment, plus de 2 millions
de propriétaires ruraux qui cultivent exclusivement leurs
propres biens, et le nombre des autres possesseurs du
sol cultivable est au moins égal à celui-là. Mais il ne faut
pas commettre, à ce propos, des erreurs, en se laissant
égarer par le mirage des gros chiffres. Les exploitations
assez étendues pour exiger l'avance d'un capital de culture considérable constituent-elles une exception ? La
France est-elle ainsi divisée en toutes petites fermes ou
métairies dont les exploitants n'ont pour tout profit que le
mince salaire de leur travail ?

Voici le tableau de la division de la culture ; nous
l'empruntons à l'enquête agricole de 1882 :

Division de la culture en France.

		Nombres.	Surface.
			hectares.
Très petite culture.......	0 à 1 hectare....	2.167.000	1.083.000
Petite culture...........	1 à 5 — ...	1.865.000	5.597.000
	5 à 10 — ...	769.000	5.768.000
	10 à 20 hectares..	431.000	6.470.000
Moyenne culture........	20 à 30 — ..	198.000	4.951.000
	30 à 40 — ..	97.000	3.424.000
Grande culture.........	plus de 40 hectares	142.000	22.266.000
		5.669.000	49.559.000

Ce tableau nous prouve, en effet, que le nombre des
exploitations agricoles est considérable, mais il nous
montre en même temps la faible étendue totale correspondant aux millions de petits domaines. Ainsi les
2,167,000 exploitations de 0 à 1 hectare ne couvrent que
1 million d'hectares ; 38 p. 100 du *nombre* des cultures
correspondent seulement à 22 p. 100 de la surface cultivée de la France.

Considérée dans son ensemble, la petite culture de 1 à

10 hectares équivaut à 46 p. 100 en nombre, et à 23 p. 100 en surface.

Au contraire, la moyenne et la grande culture, à elles seules représentent 75 p. 100 de la surface cultivée dans notre pays, c'est-à-dire les trois quarts du territoire agricole, bien que le nombre correspondant des exploitations soit inférieur au sixième.

Certainement, on peut dire que l'importance relative de la moyenne et surtout de la grande culture est exagérée par l'existence et l'incorporation de nombreuses surfaces plantées en bois comme les forêts des communes ou des particuliers, par l'adjonction des propriétés improductives et très étendues appartenant aux particuliers, aux départements, aux communes, telles que des landes, pâtis, terrains de montagnes, etc., etc. Il n'en est pas moins vrai que les deux tiers environ du sol français sont découpés en moyenne ou grandes exploitations.

Le capital de culture des fermiers, métayers, ou propriétaires qui mettent en valeur cette surface considérable s'élève sans doute à 7 ou 8 milliards, soit les deux tiers du capital d'exploitation de l'agriculture française (1).

Le bénéfice correspondant à cette somme n'est soumis à aucune taxe spéciale. La multitude des petits négociants, artisans ou industriels, qui ne disposent pas souvent des mêmes ressources sont, cependant, soumis à la contribution des patentes ! Entre le modeste épicier de village, le forgeron, ou le marchand ambulant, et un fermier de 10, 20 ou 40 hectares, la différence des situations financières est-elle, cependant, sensible, et l'agriculteur n'est-il pas, souvent, le plus fortuné ?

(1) Voir à ce sujet *l'Enquête de* 1882. Introduction, p. 401. Nous pensons qu'il faut ajouter au chiffre officiel, 2 milliards représentés par les aliments consommés par le bétail et par le fonds de roulement.

Nous ne croyons donc pas que l'émiettement du sol et la division de la culture fassent obstacle à une taxation légitime des bénéfices agricoles. Il serait possible et équitable d'introduire des exceptions analogues à celles qui ont été prévues par notre législation des patentes, mais l'objection générale formulée par M. de Parieu ne nous paraît pas fondée.

§ 5

Quelques autres oppositions se sont produites en 1871, lorsqu'il a été question de taxer les bénéfices de l'agriculture. Dans la séance de l'Assemblée Nationale du 23 décembre 1871, M. de Lavergne ayant à s'expliquer sur le projet de loi relatif à l'impôt sur les revenus, s'exprimait ainsi :

« Nous nous sommes demandé ensuite si nous établirions une taxe sur les bénéfices des fermiers qui forment la cédule B (anglaise). Nous avons refusé également d'établir cette taxe, par la raison que les fermiers sont en quelque sorte l'exception en France, tandis qu'ils sont la règle générale en Angleterre, où le sol est affermé, et les fermiers sont en général assez riches pour pouvoir payer sur leurs bénéfices une taxe ; chez nous, une très petite partie du sol est affermée ; la moitié au moins du sol est exploitée par les propriétaires pour la plupart malaisés ; un quart du sol est entre les métayers qui ont de la peine à vivre, un cinquième à peu près du sol est affermé, et, parmi les fermiers il y en a beaucoup qui n'ont qu'un très faible revenu ; le nombre des fermiers riches ou seulement aisés est extrêmement restreint et ne donnera par conséquent qu'un revenu insignifiant.

« Nous avons donc écarté la cédule B. »

Les conclusions que l'on vient de lire ne sauraient nous étonner.

L'Assemblée de 1871 s'est montrée, en effet, très soucieuse des intérêts de l'agriculture, et elle n'a pas moins ménagé ceux de la propriété rurale. A une époque où l'on cherchait des ressources en établissant de nouveaux impôts ou en augmentant ceux qui étaient conservés, le législateur n'a pas cru devoir modifier le chiffre de la contribution foncière, bien que l'accroissement de la valeur locative ou vénale des terres ait été aussi considérable que rapide depuis 1850 jusqu'à 1871. Mais, si les résolutions proposées par M. de Lavergne nous semblent expliquées sinon légitimées par le souci de ménager les intérêts des propriétaires ou des entrepreneurs de cultures, il n'est pas moins vrai qu'elles sont justifiées par l'éminent rapporteur à l'aide d'un certain nombre d'arguments et d'affirmations qui doivent être discutés.

« Nous avons refusé, dit-il, d'établir une taxe sur les bénéfices des fermiers, par la raison que les fermiers sont, en quelque sorte, l'exception en France. »

Si l'on considère seulement le nombre des fermiers comparé à celui des propriétaires-cultivateurs, on constate, en effet, que les fermiers sont relativement rares. Voici, à ce propos, les chiffres puisés dans les tableaux de l'enquête agricole de 1882 :

		Nombres proportionnels. p. 100.
Modes d'exploitation	Par propriétaires....	79.76
	Par fermiers........	13.82

Il en est autrement lorsque l'on considère les surfaces correspondant à ces deux modes d'exploitation. Nous trouvons en effet :

	Surface proportionnelle. p. 100.
Cultures par propriétaires..................	59.77
— par fermiers...................	27.24

Il y a donc, en France, plus du quart des terres qui sont soumises au régime du fermage. Nous ne croyons pas que ce soit là une proportion négligeable. Cette situation, d'ailleurs, n'est pas nouvelle. En consultant la statistique agricole de 1862, M. de Lavergne aurait pu remarquer déjà que le nombre des fermiers était assez grand pour que cette classe ne pût être considérée comme une exception parmi les autres catégories d'agriculteurs. En 1882, on comptait 968,000 fermiers, et ce nombre s'élevait à 1,340,000 en 1862.

La réduction que l'on observe nous permet de supposer que la surface exploitée par des fermiers était au moins aussi étendue en 1871 qu'en 1882.

Il s'agit donc, non pas d'une exception, mais d'une très notable minorité.

« M. de Lavergne ajoutait : « La moitié au moins du sol est exploitée par les propriétaires pour la plupart malaisés ; un quart du sol est entre les mains des métayers qui ont de la peine à vivre ; un cinquième à peu près du sol est affermé, et, parmi les fermiers, il y en a beaucoup qui n'ont qu'un très faible revenu ; le nombre des fermiers riches ou seulement aisés est extrêmement restreint et ne donnera, par conséquent, qu'un revenu insignifiant. »

Nous venons de prouver que l'honorable rapporteur se trompait en affirmant que le cinquième des terres était soumis au régime du fermage. — Il n'était pas mieux informé lorsqu'il soutenait que le quart du territoire agricole était cultivé par des métayers. Ceux-ci sont au nombre de 341,000, et la surface représentée par les terres qu'ils cultivent n'est que de 4,500,000 hectares correspondant à 13 p. 100 du territoire. Voici le tableau qui résume les indications fournies à cet égard par l'enquête de 1882 (1).

<hr>

(1) *Enquête agricole de* 1882. — Introduction, p. 330. — 1 vol. in-4°. Paris, Berger-Levrault.

	Superficie cultivée.	Superficie proportionnelle.
	hect.	p. 100.
Culture par propriétaires.......	19.380.089	59.77
— fermiers...........	8.953.118	27.24
— métayers..........	4.539.322	12.99
	32.872.529	100.00

Il est bon de dire que le recensement des modes d'exploitation n'a pas compris en 1882 tout le territoire agricole de la France ; il n'a porté, nous le voyons, que sur 32,872,000 hectares, surface correspondant seulement aux terres labourables, prés naturels, vergers, herbages, vignes et cultures arborescentes.

On a donc laissé de côté, à dessein, les forêts, les herbages à petits rendements, les landes et les autres terres incultes de ce genre. « Toutefois, dit avec raison M. Tisserand, dans son exposé, l'omission de ces dernières catégories de terrains ne modifie en rien le nombre des différents modes d'exploitation, car les herbages, les bois et les terres incultes forment rarement des exploitations isolées et par conséquent peuvent se rattacher aux différents modes d'exploitation dont le nombre a été relevé... Ces omissions ne sauraient altérer la valeur des rapports qui vont être signalés dans le nombre respectif des cultures, suivant qu'elles sont dirigées par leurs propriétaires (faire-valoir direct), par les fermiers (fermage) ou par des métayers (métayage). — Ces rapports peuvent donc être considérés comme l'expression de la situation réelle de la culture. »

Il est possible qu'en 1871 la surface soumise au régime du métayage ait été un peu plus considérable qu'en 1882, mais nous ne pouvons guère admettre qu'elle se soit abaissée du quart (25 p. 100) au huitième (12,99).

M. de Lavergne a donc certainement exagéré l'importance relative de ce mode d'exploitation.

Nous pensons, en revanche, qu'il est resté au-dessous de la vérité en disant que la moitié du sol était exploitée par les propriétaires. Cette proportion s'élève, d'après le tableau précédent, à 59,7 p. 100. On ne peut, cependant, citer ce chiffre sans chercher à préciser sa signification. Il ne nous paraît pas le moins du monde démontré que 60 p. 100 du territoire de la France appartienne à de petits propriétaires « pour la plupart malaisés », comme le soutient M. de Lavergne. Reportons-nous, en effet, au tableau qui résume l'état de la division des cultures, c'est-à-dire le nombre et l'étendue des *exploitations* rurales. Nous trouvons les chiffres suivants :

	Nombres.	Surface.
		hect.
Exploitation de 1 à 10 hectares......	2.634.000	11.365.000
— de 10 à 40 hectares......	726.000	14.845.000
— de plus de 40 hectares..	142.000	22.266.000
		48.476.000

Les petits domaines ruraux exploités par des propriétaires ou des locataires et d'une surface inférieure à 10 hectares, ne s'étendent que sur 11 millions d'hectares, c'est-à-dire sur moins du quart de la superficie totale.

La culture directe par propriétaire s'exerçant sur 60 p. 100 des terres, il faut nécessairement que beaucoup de ces domaines soumis au faire-valoir aient une étendue très supérieure à 10 hectares.

Est-il admissible que les propriétaires des beaux vignobles du Midi exploités par maîtres-valets ou par régisseurs, soient considérés comme « malaisés pour la plupart ». Doit-on supposer que les possesseurs des 6 millions d'hectares de bois et forêts appartenant aux particuliers et exploités par eux directement, rentrent dans cette catégorie ?

Puisque nous venons de prouver que l'étendue des

exploitations rurales dirigées par leurs propriétaires dépasse certainement 10 hectares la plupart du temps, il ne saurait être question de les considérer en bloc, sans distinction, comme de pauvres paysans dont les profits se confondent avec la rémunération à peine suffisante de leur travail manuel. Il existe, au contraire, dans notre pays, une classe de propriétaires aisés. On peut discuter, à coup sûr, et résoudre de diverses manières la question de savoir s'il convient de faire jouir les propriétaires d'immunités particulières. Au point de vue politique aussi bien qu'au point de vue économique, il est permis de soutenir que certains avantages doivent être concédés à ceux qui possèdent le sol et le cultivent en même temps. Mais, il nous semble difficile de justifier ces mesures en invoquant la situation de fortune trop précaire d'un très grand nombre d'hommes auxquels appartient très probablement près d'un tiers du territoire agricole, et dont les domaines embrassent une surface toujours supérieure à 10 hectares.

Nous venons de voir, en effet, que la culture directe s'étendait sur 19,380,000 hectares sans tenir compte des bois, forêts, landes et pâtis. Si l'on retranche de ce total les 11,365,000 hectares représentant l'étendue totale des exploitations inférieures à 10 hectares, on voit qu'il reste 8 millions d'hectares dont les possesseurs sont, à n'en pas douter, au-dessus du besoin. Leur situation financière ne doit pas, en tous cas, être moins brillante que celle des humbles négociants de village sur lesquels pèse la contribution des patentes.

Nous comprendrions encore la légitimité d'une immunité complète accordée à l'industrie agricole si, comme le soutenait M. de Parieu, on ne pouvait taxer, en dehors du capital foncier, que le *travail* de l'agriculteur. Notre législation fiscale a toujours évité de frapper la rémunération du travail manuel, et elle n'atteint qu'avec de grands ménagements les profits réalisés dans les professions libérales, parce qu'ils dépendent surtout du mérite personnel, abstraction faite du capital représenté par les frais d'instruction de l'homme lui-même.

Mais il n'est pas permis d'oublier qu'à côté des capitaux fonciers, il existe des capitaux d'exploitation distincts des premiers. Or, quelle est la valeur du capital de culture en France ? Voici comment M. Tisserand en a évalué les éléments :

Capital de culture en France, 1882.

	millions de francs.
Cheptel d'animaux de ferme	5.775
Matériel de culture	1.395
Semences	537
Fumier	838
Total	8.545

En faisant même abstraction de la valeur des fumiers qui n'appartiennent pas, en général, aux locataires, le total serait déjà de 8 milliards. A cette somme, il conviendrait d'ajouter les fourrages, et les aliments divers, produits ou achetés par les cultivateurs. Une partie seulement des fourrages et pailles est fournie par les propriétaires ; les autres aliments font partie du capital d'exploitation. Nous ne sommes pas éloigné de penser que la valeur de cet élément s'élève à 1 milliard. Le fonds de roulement indispensable aux agriculteurs pour faire face aux dépenses de main-d'œuvre salariée et aux frais divers doit atteindre le même chiffre.

Ainsi, le total du capital de culture atteint ou dépasse en France 10 milliards de francs. En déduisant de ce chiffre 25 p. 100 pour tenir compte du capital possédé par les cultivateurs dont les exploitations ne dépassent pas 10 hectares et représentent le quart de la surface totale en culture, il reste environ 7 milliards pour le capital d'exploitation des moyens ou grands cultivateurs. Ce n'est pas là une somme négligeable.

Conviendrait-il de taxer les bénéfices correspondants à la mise en œuvre de ce capital ? C'est ce qu'il nous reste à examiner.

§ 6

L'imposition des bénéfices agricoles n'est pas seulement une question fiscale ; c'est surtout un problème politique. Au point de vue fiscal, le doute ne paraît pas permis. Il n'existe pas de raisons sérieuses et d'arguments décisifs en faveur de l'exemption. On ne peut admettre que deux hommes disposant d'un même capital et devenant l'un fermier, l'autre négociant ou industriel, soient inégalement frappés par l'impôt. Dans l'état actuel des choses, le fermier jouit d'une immunité complète, en ce sens, qu'aucune taxe particulière ne vient réduire les bénéfices correspondant à l'emploi des capitaux de culture. On peut modérer le taux de cette imposition pour tenir compte des risques particuliers à l'industrie agricole, mais l'exemption absolue n'est pas explicable.

Le négociant ou l'industriel acquitte les mêmes impôts généraux que le fermier, le métayer ou le propriétaire cultivateur, mais il supporte, en plus, la patente, c'est-à-dire un impôt qui produit annuellement 185 millions de francs, avec les centimes additionnels.

Au point de vue économique et surtout au point de vue politique, non seulement le doute est légitime, mais encore l'exemption peut être considérée comme préférable pour des raisons d'opportunité qui ont la plus grande valeur. Il ne faut pas se dissimuler que la taxation des profits agricoles rencontrerait une grande opposition et exciterait un mécontentement général, à une époque où la baisse des prix vient de provoquer une crise sérieuse. Au moment où des droits de douane sont votés pour prévenir ou limiter les effets de cette crise, il ne saurait être ni opportun ni logique d'aggraver les charges fiscales de l'industrie agricole elle-même.

Sur ce point notre opinion personnelle est très nette.

En revanche, nous n'hésitons pas à signaler l'immunité particulière dont jouit, à cette heure, l'agriculture. Il est bon, à notre avis, de la rappeler. Ceux qui soutiennent que l'industrie agricole est accablée par l'impôt, nous paraissent avoir trop souvent oublié cette situation. Elle mérite pourtant d'attirer l'attention d'un observateur impartial.

Il ne suffit pas, d'ailleurs, de constater les avantages accordés à l'agriculture. Les observations qui précèdent étaient seulement indispensables pour marquer un trait caractéristique. Quelles sont, disions-nous plus haut, les charges fiscales de l'industrie rurale, puisque l'impôt foncier ne paraît pas la frapper ? Après avoir parlé d'une contribution qu'elle ne supporte pas, il nous reste à désigner et à étudier, maintenant, les impôts qui l'atteignent.

Les charges fiscales de la culture.

Que doit-on entendre par ces mots : charges fiscales de l'agriculture ? Puisqu'il n'existe pas de taxe spéciale atteignant toute personne qui se livre à l'agriculture, les charges fiscales de cette industrie sont, évidemment, celles que supporte la classe des agriculteurs. Sous ce nom, nous comprendrons non seulement les propriétaires-cultivateurs, les fermiers et les métayers, mais encore les salariés. C'est, en un mot, le total des impôts directs ou indirects acquittés par la population agricole que nous allons essayer de calculer.

Nous trouvons, tout d'abord, parmi les impôts directs, la contribution personnelle-mobilière dont une partie est acquittée par la population rurale. Celle-ci représentant à peu près la moitié de la population totale de la France, on pourrait être tenté de lui attribuer, pour cette raison, la moitié de l'impôt personnel-mobilier. Ce serait, à notre avis, exagérer le sacrifice qui lui est réellement imposé. Cette division égale ne peut être admise à la rigueur que pour l'impôt personnel.

En ce qui concerne l'impôt mobilier, qui *doit* être réparti au prorata des loyers d'habitation, il est évident que la population urbaine supporte une beaucoup plus grosse part.

Nous avons admis plus haut que les bâtiments ruraux n'avaient pas un revenu net imposable supérieur à 350 millions alors que le total correspondant à l'ensemble des propriétés bâties s'élevait, en France, à 2 milliards de francs.

Sans doute, la population agricole tout entière n'est pas logée dans ces bâtiments annexés aux exploitations rurales ; beaucoup de cultivateurs ou de journaliers habitent au village. Mais quelle est la valeur locative de ces habitations en y comprenant même les bâtiments ruraux ? Un remarquable travail publié par M. Boutin, directeur général des Contributions directes, va nous l'apprendre (1). Pour les communes de 2,000 habitants et au-dessous, le revenu net des propriétés bâties de toute nature ne dépasse pas 450 millions de francs, bien que le nombre des habitations ou locaux recensés à un titre quelconque atteigne le chiffre de 5,920,145. Dans les communes de 2,000 à 5,000 habitants le revenu des propriétés bâties s'élève à 229 millions de francs, et leur nombre est de

---

(1) *Rapport sur l'évaluation des propriétés bâties.* Rapport au ministre des finances par M. Boutin, 1 vol. in-4°. Paris, Imp. Nat., 1891. Voir p. 92.

1,632,000. Bref, en additionnant ces totaux, on voit que dans les agglomérations de 5,000 habitants ou au-dessous, la valeur locative des habitations et usines est de 679 millions de francs, somme inférieure au tiers du revenu net constaté pour la France entière. Il nous semble que dans ces conditions on ne peut guère mettre à la charge de la population agricole plus du tiers de la contribution mobilière :

Or, en 1893, la taxe personnelle et la contribution mobilière, centimes additionnels compris, avaient l'importance suivante :

francs.

Taxe personnelle	17.302.000
Contribution mobilière	138.479.000

Si nous mettons à la charge de la classe agricole : 1° la moitié de la taxe personnelle; 2° le tiers de la contribution mobilière, nous obtenons les chiffres suivants :

francs.

Taxe personnelle	8.651.000
Contribution mobilière	46.157.000
Total	54.808.000

Nous avons parlé, il est vrai, de la contribution foncière à propos des charges fiscales de la propriété rurale. Mais on peut soutenir que la population agricole acquitte une portion de cet impôt, au moins en ce qui concerne les maisons d'habitation possédées par des journaliers.

Nous ne pouvons pas oublier, en effet, que dans notre pays, 5,969,000 maisons sont occupées en totalité par leurs propriétaires, tandis qu'on ne trouve pas plus de 2,725,000 habitations louées à une ou plusieurs personnes. Il est donc fort vraisemblable que beaucoup de cultivateurs salariés possèdent le toit sous lequel ils s'abritent. Or, le nombre des journaliers étant environ égal aux deux tiers de celui des propriétaires-cultivateurs, nous ne pouvons qu'exagérer beaucoup la charge qui leur incombe en attribuant les deux tiers de l'impôt foncier afférent aux propriétés bâties et considéré plus haut comme une imposition acquittée par la propriété rurale dans son ensemble. Évaluée par nous à 25 millions, cette contribution ne s'élèverait qu'à 16 *millions* en chiffres ronds, pour les salariés agricoles, propriétaires de leurs habitations.

Nous adopterons la même proportion pour l'impôt des portes et fenêtres. Cette contribution a déjà figuré, en effet, parmi les charges de la propriété rurale, et, d'autre part, elle ne peut être supportée que par les journaliers, propriétaires ou locataires. Les domestiques de ferme qui demeurent chez leurs maîtres n'en acquittent aucune part.

La portion attribuée à la propriéte rurale s'élevant à 17 *millions*, nous ne compterons à la charge des agriculteurs que 12 *millions* de francs.

Quant aux taxes assimilées aux contributions directes, il suffit de les énumérer pour voir que beaucoup d'entre elles ne pèsent pas sur la population agricole.

On compte, en effet :

1º La taxe des biens de mainmorte ;
2º   —   sur les billards ;
3º   —   sur les voitures, chevaux, mules et mulets ;
4º   —   sur les cercles ;
5º   —   sur les mines ;
6º   —   militaire ;
7º   —   sur les vélocipèdes ;
8º   —   sur les chiens ;
9º Les prestations en nature.

Nous ne tiendrons compte que de la taxe sur les voitures, chevaux, mules et mulets, de la taxe sur les chiens et des prestations.

Rappelons à propos de la première, que l'impôt est réduit de moitié pour les voitures, chevaux, mules et mulets habituellement employés pour le service de l'agriculture. En outre, la taxe est très faible dans les communes de 5,000 habitants et au-dessous. Pour ces deux motifs nous serons certainement au-dessus de la vérité en attribuant à l'industrie agricole la moitié du produit total, soit 6 *millions* en chiffres ronds (1893).

La même proportion adoptée pour la taxe sur les chiens nous permet d'en porter la charge à 4 millions.

Enfin, nous ne devons pas oublier que les prestations destinées à la confection ou à l'entretien des chemins vicinaux peuvent être très légitimement considérées comme un impôt qui pèse principalement sur les agriculteurs. La valeur des prestations représentant 60 *millions* de francs, nous admettrons que les 5/6 de cette somme sont supportés par la classe agricole et représentent 50 *millions* de francs.

En résumé, les charges constituées par les impôts directs peuvent être ainsi constituées :

	francs.
Impôt personnel-mobilier	54.800.000
Impôt foncier (propriétés bâties)	16.000.000
Impôt des portes et fenêtres	12.000.000
Taxe sur les voitures, chevaux, mules et mulets	6.000.000
Taxe sur les chiens	4.000.000
Prestations	50.000.000
TOTAL	142.800.000

Il est bien certain qu'en dehors de cette somme relativement faible, la population agricole paye une partie de nos droits d'enregistrement et de timbre et une fraction des impôts indirects si productifs et si nombreux qui pèsent sur tous les contribuables. Rien de plus difficile et de plus délicat, à coup sûr, que de répartir avec quelque précision, entre les différentes classes professionnelles, plus de 1,800 millions d'impôts. Quelques réflexions peuvent, cependant, nous guider dans cette opération. Nous remarquerons, tout d'abord, que la population agricole représente un peu moins de la moitié de la population totale, et nous ferons observer, d'autre part, que la somme des capitaux dont elle dispose ou des richesses qu'elle possède, en dehors du sol lui-même, est sans nul doute inférieure à celle que détient l'autre moitié de la nation. La nature même de la profession agricole, les méthodes de transactions commerciales réduites le plus souvent à ces opérations au comptant, la manière de vivre, et les immunités dont jouissent les producteurs pour certaines denrées qu'ils consomment (droits sur les boissons et l'alcool), en un mot, une foule de présomptions et d'indices nous éclairent, en outre, sur l'incidence et le poids des droits ou impôts indirects qui peuvent frapper les classes rurales.

En nous appuyant sur ces considérations, et après un examen attentif des documents officiels relatifs aux perceptions effectuées en 1892, nous croyons pouvoir proposer les chiffres suivants :

TABLEAU I. — Charges fiscales de la population agricole.

1° Principaux droits d'enregistrement et de timbre

NATURE DES DROITS	PRODUIT total (1892).	FRACTION attribuée à la population. agricole.	SOMME supposéeacquittée par la population agricole.
	millions.		millions.
Transmission entre vifs à titre gratuit....................	23.2	1/4	5.5
Mutation par décès (sauf les immeubles)	115.5	1/4	28.8
Baux et antichrèses...........	8.9	1/2	4.0
Contrats et polices d'assurance contre l'incendie.............	12.4	1/4	3.1
Actes et jugements............	33.0	1/3	11.0
Droits fixes gradués...........	11.6	1/3	3.8
Droits de greffe..............	6.0	1/3	2.0
Droits d'hypothèque...........	6.0	1/3	2.0
Timbre non proportionnel......	123.2	1/3	41.0
Totaux...........	338.0	29.8	101.2

Ce total de 101 millions mis à la charge de la population agricole équivaut à 29,8 p. 100 des droits correspondants perçus au même titre et acquittés par tous les contribuables. Cette proportion ne paraîtra pas trop faible si l'on veut bien se souvenir que beaucoup de droits d'enregistrement et de timbre ne peuvent pas être supportés par la population rurale, ou ne le sont que pour une faiblepartie.

Pour les mutations par décès, les droits perçus sur les valeurs représentées par des Fonds d'Etat français ou étrangers, et les titres mobiliers, s'élèvent à 58 millions de francs. Il nous semble que la population agricole n'en acquitte qu'une faible partie. Les obligations de somme (1) arrêtés de compte, etc., les billets à ordre, warrants et lettres de change, les cautionnements, etc., etc., donnent lieu à la perception de droits d'enregistrement qui ne pèsent

(1) On pourrait, cependant, tenir compte d'une partie de ces droits parce que les créances hypothécaires sont comprises sous cette rubrique. Il s'agit, d'ailleurs, d'une somme assez faible.

pas sur les agriculteurs. On remarquera que nous ne faisons pas mention des droits relatifs aux mutations ou transmissions d'immeubles ruraux. Nous en parlerons à tout l'heure.

Quant aux impôts indirects proprement dits, voici les chiffres auxquels nous nous sommes arrêté :

TABLEAU II. — **Charges fiscales de la population agricole.**

2º DROITS SUR LES BOISSONS

NATURE DES DROITS	PRODUIT total	FRACTION attribuée à la population agricole	SOMME supposée acquittée par la population agricole.
Vins.	millions.		millions.
Droits de circulation..........	26.5	1/5	5.3
Droit de détail...............	37.0	1/10	3.7
Taxe de remplacement (Paris et Lyon).....................	42.6	»	»
Droit d'entrée...............	1.6	»	»
Droit de taxe unique	34.6	»	»
	142.3	»	9.0
Cidres et poirés.			
Droit de circulation...........	1.7	1/5	0.3
Droit de détail...............	6.7	1/10	0.6
Taxe de remplacement........	0.4	»	»
Taxe unique.................	3.3	»	»
	12.1	»	0.9
Eaux-de-vie, absinthes, liqueurs.			
Droit de consommation à l'enlèvement, etc., etc...........	199.6	1/5	39.9
Même droit constaté par l'exercice	38.2	1/5	7.6
Taxe de remplacement à Paris.	38.2	»	»
Droit d'entrée...............	12.1	»	»
Surtaxe sur les vins alcoolisés, etc...................	2.8	»	»
	290.9	»	47.5
Bières.			
Droit de fabrication, etc.......	23.9	1/3	7.9
TOTAL GÉNÉRAL POUR LES BOISSONS.	**469**	**13.9 0/0**	**65.3**

On voit que sur 469 millions de droits relatifs aux boissons, nous ne comptons pas plus de 65 millions à la charge de la population agricole. C'est une proportion qui atteint seulement 13,9 p. 100. Pour justifier nos évaluations, nous avons noté dans le tableau précédent les taxes qui n'atteignent pas la population des campagnes. Il est évident, par exemple, que les droits de remplacement perçus à Paris ou à Lyon, la taxe unique et les droits d'entrée ne pèsent pas sur les agriculteurs. Ceux-ci n'acquittent aussi qu'une très faible partie des droits de circulation sur les vins ou les cidres, et de la taxe de consommation sur les eaux-de-vie, absinthes et liqueurs.

Voici, maintenant, les évaluations relatives aux autres contributions indirectes :

TABLEAU III. — Charges fiscales de la population agricole.

3° IMPOTS INDIRECTS DIVERS ET PRODUITS DES MONOPOLES

NATURE DES DROITS	PRODUIT total.	FRACTION attribuée à la population agricole.	SOMME supposée acquittée par la population agricole.
Sels.	millions.		millions.
Taxe perçue par le service des contributions indirectes......	10.9	1/2	5.4
Taxe perçue par le service des douanes.....................	22.2	1/2	11.1
Sucres.			
Taxe perçue par le service des contributions indirectes......	162.0	1/3	54.0
Taxe perçue par le service des douanes	41.8	1/3	13.9
Sucres pour sucrage..........	5.2	totalité	5.2
Allumettes.			
Ventes à l'intérieur...........	24.6	1/3	8.2
Huiles végétales et autres......	2.2	1/4	0.5
Stéarine et bougies.......... ..	8.4	1/3	2.8
Vinaigres et acides acétiques..	3.0	1/3	1.0
Chemins de fer...............	51.9	1/3	17.3
Voitures publiques.......	5.1	1/3	1.7
Droits divers.			
Licences, droit de garantie, cartes, casernements, amendes, etc.......................	49.5	1/5	9.9
Tabacs.			
Ventes à l'intérieur...........	373.5	1/4	93.3
Ventes dans les pays des zones	21.7	1/4	5.4
Poudres.			
Poudre de chasse seule, intérieur et zones...............	4.9	1/4	2.2
Douanes (sucres et sels non compris)......................	366.7	1/3	122.2
TOTAUX.........	1.153.6	30.6 0/0	354.1

La fraction de ces impôts et produits de monopoles, attribuée par nous à la population agricole représente 30,6 p. 100. Sans doute il est permis de discuter ces évaluations ; elles ne peuvent avoir un caractère de certitude rigoureuse. Nous pensons avoir seulement tenu compte : 1° de l'importance relative de la population agricole qui ne représente guère plus de 48 p. 100 de la population totale ; 2° des habitudes de vie et du degré de richesse des agriculteurs ; 3° du caractère spécial de certaines taxes. Il est clair, en effet, que le produit des monopoles ne constitue pas simplement un impôt. Lorsqu'on achète de la poudre, des allumettes et du tabac, le prix de la marchandise livrée ne représente pas une taxe. Cette marchandise aurait une valeur, alors même que l'État ne se serait pas attribué le monopole de sa fabrication et de sa vente. Enfin, il nous paraît évident que certains impôts comme ceux qui se rapportent aux droits sur les transports par chemins de fer, ou par voitures publiques, les taxes de licences payées par les débitants de boissons, etc., etc., ne sont pas acquittés par la population agricole dans la même proportion que par les autres classes.

En un mot, sans avoir la prétention de résoudre le problème presque insoluble d'une répartition exacte des charges publiques, nous pensons que notre évaluation est acceptable.

Voici, maintenant, groupées en un seul tableau, les charges déjà calculées :

TABLEAU IV. — Résumé des charges fiscales de la population agricole.

	francs.
Impôts directs	142.800.000
Droit d'enregistrement et de timbre	101.200.000
Impôt des boissons	65.300.000
Impôts indirects et produits des monopoles de l'État.	354.100.000
TOTAL	662.600.000

Ce total de 662 millions de francs représente, croyons-nous, assez exactement le montant des charges fiscales de la population agricole.

Conclusions.

Pour savoir quel est le poids relatif de ces impôts, il est, maintenant, indispensable de déterminer avec une approximation suffisante les différents revenus sur lesquels ils sont prélevés. Nous ne parlons ici, bien entendu, que des revenus provenant de la terre, de sa location ou de son exploitation, des gages et des salaires. S'il nous fallait chercher à déterminer la richesse véritable des agriculteurs, supputer le nombre des valeurs mobilières françaises ou étrangères qu'ils possèdent, y joindre le total des dépôts faits dans les caisses d'épargne, et la hauteur des piles d'écus rangés dans les armoires, nous ne pourrions pas aboutir à une conclusion. Nous aurions également pour devoir, de tenir compte des impôts qui peuvent grever la richesse acquise, comme la taxe de 4 p. 100 sur le revenu des valeurs mobilières. Un pareil travail est au-dessus de nos forces.

Nous croyons simplement que les revenus visibles de la population agricole sont constitués : 1° par la valeur locative (ou revenu net) des propriétés rurales, *déduction faite des charges déjà calculées qui la grèvent;* 2° par les profits réalisés par les *entrepreneurs de culture*, propriétaires-cultivateurs, fermiers et métayers ; 3° par les salaires et gages prélevés, eux aussi, sur le produit brut de l'agriculture. Nous laissons de côté la valeur locative des habitations occupées par les journaliers propriétaires. Ce revenu sera compensé par une omission toute volontaire que nous ferons tout à l'heure en négligeant les charges relatives aux droits de mutation ou transmission qui s'y rapportent.

Comme nous l'avons indiqué dans la première partie de ce travail, le revenu net des propriétés non bâties s'élevait, en 1879, à 2 milliards 645 millions de francs. En faisant subir à cette somme une réduction de 25 p. 100 pour tenir compte très largement des effets de la crise actuelle, il reste environ 1,984 millions. Il convient d'ajou·ter à cette somme 350 millions correspondant à la valeur locative des bâtiments ruraux dont les charges ont été comptées à part (1).

Les revenus de la propriété rurale s'élèvent donc très vraisemblablement à 2,334 millions de francs. Déduction faite des impôts montant à 286 millions, il reste seulement un revenu disponible de 2,048 millions.

D'autre part, les bénéfices des entrepreneurs de culture sont évalués, dans l'enquête agricole de 1882, à 1,155 millions de francs. Nous réduirons ce chiffre de 25 p. 100, pour tenir compte des conséquences de la crise actuelle. Enfin, les gages et salaires, évalués en 1882 à 4,150 millions, n'ont probablement pas subi de diminution sensible ; nous conserverons le chiffre de 4 milliards.

En résumé, les revenus disponibles de la population agricole nous paraissent être les suivants :

	francs.
Revenu des propriétaires	2.048.000
Profits des exploitants	867.000
Gages et salaires	4.000.000
Total	6.915.000

Comparées à ce total, les charges fiscales, évaluées par

---

(1) Nous ne discutons pas ici la question de savoir si les bâtiments ruraux ont une valeur locative distincte de celle des terres. Ayant tenu compte de l'impôt sur les propriétés bâties qui grève les bâtiments ruraux, il nous paraît logique d'évaluer ici leur revenu.

nous à 662 millions, représentent 9,5 p. 100 des revenus, profits et salaires, prélevés sur le produit brut de l'agriculture française.

Il nous semble que l'on pourrait maintenant examiner la question des droits de transmission relatifs à la propriété rurale. S'il ne nous paraît pas démontré que ces droits, beaucoup trop élevés malheureusement, doivent être retranchés du revenu net des héritages ruraux, nous sommes d'avis qu'ils grèvent l'ensemble des revenus des propriétaires et de la population des campagnes. On peut, en tout cas, les comparer aux revenus que nous venons de calculer. C'est là, tout au moins, un renseignement utile et intéressant. Or, les droits de transmission et de mutation par décès se rapportant aux immeubles s'élevaient, en 1862, à 245 millions.

La valeur des propriétés non bâties étant à peu près double de celle des propriétés bâties, nous compterons les 2/3 de ce chiffre à la charge des revenus agricoles. On obtient ainsi 163 millions, en chiffres ronds. Si l'on ajoute 163 millions aux 662 millions déjà indiqués, les charges fiscales de la population rurale s'élèvent à 825 millions de francs et représentent 11,9 p. 100 des revenus de la propriété rurale et de l'agriculture.

En admettant même que cette proportion soit trop faible, et nous ne le pensons pas, on est loin d'arriver à ces conclusions bizarres et douloureuses auxquelles ont abouti ceux qui voudraient nous faire voir dans l'agriculture la « bête de somme » du budget. Pas plus que le propriétaire rural, l'agriculteur n'abandonne au fisc le *quart.* de son revenu.

Notre législation financière, malgré ses imperfections et ses erreurs, ne doit pas être accusée de la monstrueuse iniquité qu'on lui reproche. Nous avons la ferme conviction qu'une répartition réellement équitable des impôts ne fait pas peser, en général, un trop lourd fardeau sur nos populations rurales, dont nous pensons mieux servir la cause en leur disant la vérité qu'en leur montrant dans les charges fiscales qu'elles supportent un reste du servage d'autrefois ou des iniquités si longtemps subies dans le passé.

L'IMPOT FONCIER

PREMIÈRE PARTIE

Les origines historiques de la loi de 1790.

Nous sommes de l'avis de ceux qui pensent qu'un lien étroit relie toujours le présent au passé et que dans l'ordre des idées connues comme dans l'ordre des phénomènes naturels il n'y a guère de révolutions brusques, mais des modifications graduelles répétées et en quelque sorte irrésistibles.

Aussi est-ce une vérité banale en histoire, mais une vérité banale à force d'être vraie, que pour connaître une époque, une institution, une législation, il faut les étudier dans le passé. C'est le seul moyen de ne pas s'exposer à juger avec trop d'admiration ou de sévérité les hommes qui ont fondé le présent.

« L'histoire est une galerie de tableaux où il y a peu d'originaux et beaucoup de copies. » Cette réflexion, que nous empruntons à M. de Tocqueville, résume notre pensée de la façon la plus heureuse. Analysant ailleurs, dans la préface de son livre, l'*Ancien régime et la Révolution*, ses impressions à la lecture des documents qu'il consultait sur l'état de la France à la fin du XVIIIe siècle, ce même auteur ajoutait :

« A mesure que j'avançais dans cette étude, je m'étonnais en revoyant à tous moments dans la France de ce temps beaucoup de traits qui frappent dans celle de nos jours.

« J'y retrouvais une foule de sentiments que j'avais cru nés de la Révolution, une foule d'idées que j'avais pensé jusque-là ne venir que d'elle, mille habitudes qu'elle passe pour avoir seule données ; j'y rencontrais partout les racines de la société actuelle profondément implantées dans ce vieux sol.

« Plus je me rapprochais de 1789, plus j'apercevais distinctement l'esprit qui a fait la Révolution se former, naître et grandir. Là je trouvais non seulement la raison de ce qu'elle allait faire dans son premier effort, mais plus encore, peut-être, l'annonce de ce qu'elle devait fonder à la longue. »

C'est dans cet esprit que nous avons étudié la question de l'impôt foncier. Nous avons essayé, nous aussi, de rattacher l'œuvre du présent aux efforts du passé.

L'œuvre de la Constituante, qui mérite d'être étudiée à part, s'explique, il nous semble, en ce qui concerne cette question d'impôt territorial, et par la nature des idées répandues à cette époque et par les opinions célèbres que les économistes avaient émises dans leurs œuvres ; elle s'explique aussi par les réformes tentées ou opérées dans le royaume grâce à l'initiative des assemblées provinciales ou au zèle éclairé de quelques intendants comme Turgot.

Il ne faut pas penser qu'il soit au pouvoir d'un petit nombre d'hommes de rompre brusquement avec le passé et de créer de toutes pièces des institutions nouvelles. Dans l'histoire il n'y a pas de ces abîmes infranchissables séparant une époque de celle qui la précède immédiatement. L'idée qui s'impose aujourd'hui et qui règnera demain était déjà entrevue, conçue, discutée depuis longtemps, et la loi qui lui donne sa place dans nos annales ne fait que la consacrer.

L'Assemblée Constituante de 1789 ne fit pas exception à cette règle. C'est même un de ses titres les plus sérieux à notre respect et à notre admiration, que d'avoir su comprendre qu'on ne doit pas rompre les liens qui rattachent le présent au passé. L'œuvre de rénovation entreprise par la Constituante devait consister sans doute à détruire des injustices et des abus, mais aussi à respecter les réformes déjà introduites ou défendues par les hommes éclairés de tous les partis.

En terminant ces réflexions générales, disons encore que nous considérerons surtout l'*Impôt foncier*, au point de vue agricole, comme une des charges qui pèsent sur la propriété rurale.

Nous essayerons de montrer comment cette charge a varié et s'est modifiée depuis la fin du XVIIIe siècle jusqu'à nos jours.

I. — LA TAILLE, SON CARACTÈRE ET SON HISTOIRE

La terre est une richesse, cela est incontestable ; pendant longtemps même, elle fut la principale richesse, le signe de la puissance et de la noblesse.

Confondant le droit acquis sur l'objet avec l'objet lui-même, dans notre langue française façonnée par nos idées, la terre est « la propriété ».

Au point de vue fiscal la terre est une richesse, une source de revenus et de profits, toujours visibles et saisissables. Il était naturel qu'on établît sur elle un impôt, ce fut la taille de notre ancienne monarchie.

La taille fut tout d'abord d'un usage intermittent et restreint, appliquée à la seigneurie, plus qu'au royaume (1). Quand Charles VII voulut rendre perpétuel

---

(1) Pour plus de détails, voir l'ouvrage si remarquable de M. Vuitry sur les finances de la France.

l'impôt prélevé au profit du roi, il choisit une taxe qui ne frappait pas la noblesse. Celle-ci n'aurait pas supporté une innovation qui froissât ses intérêts ; à une époque surtout où elle avait encore vis-à-vis du roi de France l'attitude d'une puissante rivale, jalouse de ses privilèges et disposée à tout faire pour les défendre. Charles VII fit donc choix d'une taxe dont les nobles étaient déjà exempts, je veux parler de la taille. Le clergé, qui était lui aussi une puissance, obtint d'être dispensé de cet impôt sur ses biens, moyennant une taxe volontaire.

Tout le fardeau sans cesse accru retomba sur le peuple, et parmi les taillables eux-mêmes, ce principe fut admis, que l'impôt devait atteindre, suivant l'énergique expression de M. de Tocqueville, « non pas les plus capables de le payer, mais les plus incapables de s'en défendre ».

Telle fut l'origine des privilèges sans nombre que nous retrouvons au XVIIIe siècle en matière de taille.

Avant la Révolution, et nous parlerons dans tout ce qui va suivre de l'état des choses à la fin du XVIIIe siècle, la taille représentait notre impôt foncier actuel ; avec des différences considérables, cela va sans dire.

Nous n'ignorons pas que les vingtièmes, la capitation, les prestations en argent, la dîme, constituaient en outre des charges très réelles et très onéreuses pour ceux qui exploitaient le sol, mais ce n'étaient pas là des impôts analogues à notre impôt foncier actuel.

Le vingtième doit être considéré comme une taxe sur le revenu frappant les profits industriels comme les profits agricoles et atteignant toutes les fortunes sans distinction ; au moins en principe.

La capitation était une sorte de cote personnelle, mais elle variait aussi avec les facultés reconnues ou présumées des contribuables ; c'était donc encore un impôt déguisé sur le revenu.

Les prestations n'ont rien de commun avec l'impôt foncier tel que nous l'entendons. — Revenons donc à la taille et étudions-la dans son caractère et son importance.

C'était alors ce que nous appelons aujourd'hui un impôt de répartition.

Le roi dans son conseil fixait chaque année le montant de la taille et de ses nombreux accessoires ; il déterminait également par les arrêtés de son conseil la somme que devait fournir chaque généralité. La décision qui fixait le montant de la taille était secrète, et le chiffre de cet impôt avait augmenté ainsi d'année en année à l'insu de tous.

Au début, nous nous trouvons en présence de l'arbitraire, désormais nous le retrouverons partout.

Une fois fixée par une première répartition, la contribution de chaque élection était répartie annuellement entre les paroisses dans une assemblée composée de l'intendant, de deux officiers du bureau des finances de la généralité et des élus des officiers du tribunal qu'on appelait aussi l'élection (1). Cette assemblée de département (2) ne représentait en aucune façon les intérêts locaux, dans les pays d'élection tout au moins, et c'est de ceux-ci que nous parlons en ce moment. Elle était entièrement subordonnée à l'intendant, c'était lui seul en réalité qui répartissait la taille entre les paroisses, statuait sur les réclamations et accordait aux intéressés des facilités de sursis ou de décharges.

Quand la somme due par chaque paroisse avait été

____

(1) Turgot. *Mém. au Roy pour proposer l'abolition des contraintes solidaires.*

(2) On appelait *département* la répartition annuelle par élections du contingent fixé par le conseil pour la généralité. — Un deuxième département faisait la répartition entre paroisses.

ainsi déterminée dans l'assemblée, l'intendant prenait soin d'en avertir cette paroisse par des avis ou mandements, adressés au corps des habitants, et portant ordre de répartir entre les contribuables, en raison des facultés de chacun, la somme imposée pour la paroisse entière. Mais comment faire cette répartition ? Comment apprécier les facultés contributives de chaque taillable ? Sur quelles bases les évaluer, alors que le contribuable surchargé dissimulait sa richesse ; alors que les privilèges, exemptions, modérations, accordés à tous ceux que leur naissance ou leur fortune mettait au-dessus de la loi, rendaient inextricables les difficultés de la division équitable de l'impôt ?

La méthode s'était du reste modifiée. A l'origine, la paroisse choisissait un certain nombre de prud'hommes auxquels on donnait le nom d'Asséeurs, qui faisaient serment d'asseoir ou de départir l'imposition suivant leur âme et conscience. L'on nommait aussi à la pluralité des voix un ou plusieurs particuliers solvables qui étaient chargés de faire, d'après le rôle arrêté par les « Asséeurs », la collecte des deniers et de les verser dans la caisse des receveurs du roi. Moyennant un salaire, ces collecteurs étaient garants de leurs recettes.

On ne tarda pas à s'apercevoir qu'en confiant la fonction de répartir la taille aux plus intelligents de la paroisse, qui étaient ordinairement les plus riches, ceux-ci étaient portés à abuser de cette confiance forcée pour se ménager les uns les autres et se taxer au-dessous de leurs facultés ; de sorte que le fardeau retombait en grande partie sur les plus pauvres habitants. Il arrivait par là que les contribuables étaient souvent hors d'état de payer les sommes auxquelles ils étaient imposés sur les rôles, et que les collecteurs, obligés de répondre de la totalité de la somme fixée, se trouvaient ruinés.

Pour éviter ces dangers, les fonctions d'Asséeurs furent supprimées, et les collecteurs restèrent seuls chargés de la répartition comme de la perception de la taille. Responsable du montant des taxes, le collecteur se trouva dans la crainte continuelle d'être ruiné, et ses fonctions aussi ingrates que dangereuses devinrent l'effroi de tous ceux qui se voyaient obligés de les remplir.

Exposé à toutes les vengeances et à toutes les haines; sans pouvoir pour lutter contre les privilégiés dont il dépendait souvent, et dont le nombre croissait chaque jour, mais armé pourtant d'une puissance presque sans bornes et sans contrôle sur les fortunes de ses voisins, le collecteur était un objet de haine, alors qu'il aurait dû, souvent, inspirer un sentiment de pitié.

Manquant de bases sérieuses de répartition, il agit par estimations incohérentes et injustes; forcé de ménager ceux qu'il redoute ou ceux qu'il aime, il devient impitoyable pour le faible, parce qu'il est responsable de l'impôt sur ses biens et même passible de prison en cas de déficit. Les témoignages des contemporains abondent, les procès-verbaux des assemblées provinciales s'expriment sans détour sur la malheureuse situation des collecteurs, sur leur ignorance, leur défaut d'honorabilité et de justice.

« Cet emploi, dit Turgot, cause le désespoir et presque toujours la ruine de ceux qu'on en charge et réduit ainsi successivement à la misère toutes les familles aisées d'un village. »

En 1779, dans un procès-verbal de l'assemblée provinciale du Berry, nous lisons : « Comme tout le monde veut éviter la charge de collecteur, il faut que chacun la prenne à son tour. La levée de la taille est donc confiée tous les ans à un nouveau collecteur, sans égard à la capacité ou à l'honneur ; aussi la confection des rôles se ressent-elle du caractère de celui qui les fait.

« Le collecteur y imprime ses cruautés, ses faiblesses ou ses vices. Comment d'ailleurs y réussirait-il bien ? Il agit dans les ténèbres, car qui sait au juste la richesse de son voisin, et la proportion de cette richesse avec celle d'un autre ? Cependant l'opinion du collecteur doit seule former la décision. »

Ainsi nous avons rencontré l'arbitraire au début, dans la décision secrète du roi qui fixait en son conseil le montant de la taxe pour chaque généralité ; nous avons vu dans l'assemblée de département l'arbitraire se montrer avec l'autorité sans contrôle de l'intendant ; ici encore nous retrouvons l'arbitraire, toujours l'arbitraire, dans la dernière opération la plus délicate et la plus importante, celle de l'estimation des facultés contributives de l'habitant.

Au point de vue des intérêts agricoles, cet arbitraire avait une conséquence désastreuse, parce qu'il faisait fréquemment varier la somme d'impôts payés par le cultivateur ou le fermier. Aucun paysan ne pouvait prévoir à l'avance ce qu'il devrait payer l'année suivante.

Ce fait est parfaitement mis en lumière par Turgot.

« Quand le fermier, dit-il (1), passe son bail, il sait que la taille est à sa charge, et il fait son calcul en conséquence ; aussi l'impôt, quand il est réglé et constant, *n'affecte et ne peut affecter que le revenu des propriétaires sans entamer le capital des avances destinées aux entreprises d'agriculture.*

« Il n'en est pas de même quand l'impôt assis sur le fermier est variable et sujet à des augmentations imprévues, il est évident que jusqu'au moment où le fermier peut renouveler son bail, le nouvel impôt est entièrement à sa charge.

____

(1) Avis de 1762 sur l'imposition de la taille.

« Il ne peut satisfaire à cette nouvelle charge qu'en prenant sur son profit annuel, c'est-à-dire sur sa subsistance et celle de sa famille, ou en entamant ses capitaux, ce qui à la longue le mettrait hors d'état de continuer ses entreprises. »

Quesnay, avant Turgot, avait dit, lui aussi : « Si les habitants des campagnes étaient délivrés de l'imposition *arbitraire* de la taille, ils vivraient dans la même sécurité que les habitants des grandes villes. Beaucoup de propriétaires iraient faire valoir eux-mêmes leurs biens ou n'abandonneraient plus la campagne ; la richesse et la population s'y rétabliraient (1). »

Nous venons de parler de l'arbitraire et de ses dangers, que dirons-nous des privilèges ? Ils sont sans nombre, et malheureusement aussi, sans mesure ! Nous avons indiqué plus haut leur origine, voyons maintenant leurs résultats.

Historiens, administrateurs, hommes d'État, contemporains, tous sont d'accord sur ce point. Ce qui rend l'impôt si écrasant, c'est que les plus capables de l'acquitter ont réussi à s'y soustraire.

Non seulement les nobles et les ecclésiastiques sont exempts de la taille pour les parcs, jardins, maisons ou hôtels, mais encore ils en sont exempts pour les domaines qu'ils exploitent par eux-mêmes ou par régisseurs. En Auvergne, dans la seule élection de Clermont, on compte cinquante paroisses où, grâce à cet arrangement, toutes les terres des privilégiés sont exemptes (2).

Si les fermiers ne sont pas exempts de la taille, ils jouissent aux moins de décharges ou de modération.

Et pourtant, nous l'avons vu, la charge imposée à la paroisse est fixée d'une manière invariable ; si le privilégié peut s'y soustraire, elle retombe plus lourde sur le taillable.

---

(1) Voy. *Œuv. de Quesnay, des fermiers*, p. 251.
(2) Cité par M. Taine, *l'Ancien régime*.

L'injustice est si criante que nul ne peut la nier, que nul ne peut la justifier. Il y a plus, les privilégiés eux-mêmes déplorent ces abus ; il s'est trouvé des âmes généreuses qui les ont flétris.

C'est ainsi que l'archevêque de Reims, présidant l'assemblée provinciale de Champagne, dit en ouvrant les séances : « On ne peut vivre tranquille et sans honte lorsqu'on se fait assurer par la protection publique la jouissance paisible de sa fortune, en s'affranchissant des charges de la société. »

Est-ce à dire que dans la France entière il y avait les mêmes abus, et que de l'excès du mal il n'était pas né des palliatifs ou des remèdes ? A cette question, nous sommes heureux de pouvoir répondre : « Non, ces abus n'existaient pas partout au même degré. » Il y avait en France des provinces, de simples circonscriptions parfois, où les vices que nous avons signalés dans l'assiette et la répartition de la taille étaient singulièrement atténués ; il serait injuste de ne pas le dire et contraire à l'impartialité historique de ne pas le mettre en lumière.

Nous parlerons de ces modifications heureuses à la règle générale en même temps que des réformes si utiles, si bien inspirées et si profondément pratiques que les assemblées provinciales, et quelques administrateurs d'une haute valeur, avaient su déjà opérer ou proposer tout au moins. Nous retrouverons dans cette revue rapide bien des mesures que la Révolution a dédaignées tout d'abord et auxquelles après bien des années d'incertitudes et de souffrances nous sommes revenus, sans nous douter que trente ans auparavant on en appréciait déjà l'importance et la valeur.

A l'avance nous croyons utile d'indiquer que c'est à l'initiative individuelle ou à celle des assemblées locales que des améliorations ont été dues, et le gouvernement en

les adoptant n'a fait que les consacrer, que leur donner
la force de la loi et l'appui de son autorité.

II. — LA TAILLE DANS LES PAYS D'ÉTAT ET DANS LES PAYS D'ÉLECTION

A la fin du XVIIIe siècle, on distinguait en France,
au point de vue de l'organisation administrative, les pays
d'élection, les pays d'État et les pays conquis ou cédés (1).

Nous ne parlerons pas des pays d'élection, car tous les
abus que nous avons signalés dans l'assiette, la répartition et la perception de la taille, étaient ceux qu'on
pouvait y observer chaque jour, et le tableau si triste que
nous avons essayé d'en retracer, est emprunté tout entier
à leur histoire. Ils avaient bien possédé, il est vrai, autrefois, une représentation locale, et le nom même d'*élection* appliqué à certaines divisions territoriales indiquait
encore les circonscriptions, où des *élus* étaient chargés de
répartir la taille, et connaissaient en premier ressort des
réclamations adressées par les contribuables. Mais les
élus n'avaient pas tardé à être nommés par le roi (2), leur
autorité amoindrie avait été détruite et remplacée par
celle des intendants ; l'administration royale restait en
définitive maîtresse indiscutée et sans contrôle.

Dans les pays d'État (3), au contraire, il existait une
assemblée locale, chargée de représenter et de défendre
les intérêts de la province. Cette assemblée avait bien peu
de puissance réelle, mais toutefois elle avait conservé,
de ses anciens privilèges, celui de déterminer l'assiette
des impôts et d'en diriger la répartition. Cette faculté pré-

---

(1) Pour abréger, nous ne parlerons pas de ces derniers.
(2) Dès le XIVe siècle.
(3) Il y avait alors quatre pays d'État : la Bretagne, le Languedoc, la Bourgogne et
la Provence.

cieuse adoucissait dans une large mesure la charge des impositions et en atténuait les inconvénients.

Dans le Languedoc, que nous prenons ici à dessein parce que nous y trouvons des méthodes recommandables, la taille était *réelle* ; nous voulons dire par là qu'elle portait non sur les *personnes*, mais sur les *biens*. Un cadastre revu tous les trente ans servait de base fixe à la répartition et permettait d'éviter les évaluations arbitraires des revenus. Au reste, tout contribuable lésé avait le droit d'exiger que l'on comparât sa cote avec celle d'un habitant quelconque de la paroisse et qu'on la ramenât au même taux. Dans la plupart des pays d'État il existait du reste un cadastre, imparfait ou vieilli parfois, mais qui offrait toujours une base de répartition plus équitable que l'arbitraire du collecteur (1).

Malheureusement, dans les pays d'État comme dans les pays d'élection, le plus pauvre et le plus faible était encore le plus chargé ; les privilèges de la noblesse et du clergé subsistaient ; là aussi mille offices royaux dispensaient de la taille.

Passons maintenant à l'étude des quelques réformes auxquelles on procéda dans certaines généralités, grâce à l'initiative des intendants préposés à leur administration.

III. — L'ŒUVRE DE TURGOT

Pendant les années qu'il passa dans la généralité de Limoges, en qualité d'intendant, Turgot, toujours poussé

---

(1) Nous n'ignorons pas qu'il existait sous l'ancien régime une méthode intermédiaire entre l'arbitraire complet et l'évaluation fixe des héritages par un cadastre qui en indiquait le revenu. Ce système intermédiaire est celui de la *taille tarifée*, introduit dans le Limousin vers 1740, et qui consistait à évaluer les revenus des biens-fonds par des estimations contradictoires, auxquelles les contribuables d'une paroisse prenaient tous part. Chaque habitant ayant intérêt à ce que son voisin ne diminuât pas frauduleusement son revenu, ces estimations pouvaient être considérées comme sincères. Elles étaient consignées dans des procès-verbaux.

par le zèle le plus éclairé, modifia le mode de perception de la taille et tenta de changer sa répartition et son assiette. Profondément convaincu des inconvénients déplorables qu'il y avait à imposer aux collecteurs la confection des rôles, il eut l'idée d'en charger un préposé spécial, assez éclairé, indépendant et impartial, pour ne pas commettre les abus dont on souffrait tant.

Dans une lettre aux curés de la généralité en date du 23 octobre 1762, il s'exprime ainsi : « On a pris dans quelques généralités un parti qui me semble avantageux, et qui concilie le soulagement du peuple avec la facilité du recouvrement : c'est de nommer d'office des préposés perpétuels ; on leur donne un arrondissement composé de plusieurs paroisses. Cet arrondissement est assez borné pour qu'un homme seul puisse veiller par lui-même au recouvrement avec l'assiduité nécessaire, mais en même temps assez étendu pour que les sommes puissent, à raison de 4 deniers pour livre, présenter un profit capable, avec les autres privilèges attribués aux préposés, d'engager des particuliers intelligents et solvables à se charger de cet emploi de leur plein gré. »

Appliquée d'abord à la perception des vingtièmes, cette réforme devait être étendue plus tard à la collecte de la taille.

Turgot signale encore, dès 1761 (1), le défaut de la méthode qui consistait à imposer la taxe de propriété, non pas dans la paroisse où était situé le fond, mais dans celle où le propriétaire avait établi son domicile.

On imposait alors les biens-fonds comme s'ils eussent tous été contenus dans les limites de la paroisse qu'habitait le propriétaire.

Mais ce résultat était déplorable, parce que les esti-

____

(1) Lettre aux commissaires des tailles.

mations entre les fonds de terre situés dans des paroisses différentes n'ayant *aucune proportion*, le propriétaire payait une somme trop faible s'il habitait une paroisse où le taux d'impôt était peu élevé, et une somme trop forte dans le cas contraire.

Nous venons de voir quelques réformes ou projets de réformes dues à l'initiative d'un homme pénétré du plus rare et du plus admirable zèle pour le bien public ; nous pourrions citer d'autres noms à coté du sien ; pour abréger, nous allons passer à l'étude des améliorations que proposèrent ou adoptèrent les *Assemblées provinciales*.

IV. — LES ASSEMBLÉES PROVINCIALES, LEUR ESPRIT, LEURS RÉFORMES

La répartition équitable de la taille rencontrait, nous l'avons vu, deux obstacles : le premier, qui semblait invincible dans l'état des choses, était l'opposition avouée ou indirecte de la légion des privilégiés ; le second consistait dans l'imperfection des méthodes administratives.

Turgot avait parfaitement compris que des réformes, toujours importantes et surtout délicates, variables avec les localités et les besoins, devaient être sanctionnées par des assemblées locales, où les opinions prendraient dans la discussion une grande force, en même temps qu'elles s'éclaireraient d'une grande lumière. Son projet parut prématuré au roi et on sait que son idée d'organiser une série d'assemblées locales dans tout le royaume ne reçut pas d'exécution.

Necker, reprenant l'idée de Turgot, fit adopter un nouveau projet conçu dans le même esprit (1). Au mois de

---

(1) Nous disons ici avec intention « *le même esprit* », ce qui ne signifie pas que les deux projets fussent indentiques.

Celui de Necker était beaucoup moins complet et général. Mais ce qu'ils avaient de juillet 1778, l'Assemblée provinciale du Berry fut instituée. Elle devait servir d'exemple et comme de modèle à ceux qui suivirent.

Nous reviendrons plus tard sur l'œuvre très importante de cette assemblée, mais nous commencerons, pour plus de clarté, par l'étude d'une réforme intéressante due à l'initiative de l'Assemblée provinciale de la Haute-Guyenne, réforme qui fut successivement adoptée par un grand nombre d'assemblées provinciales.

L'assemblée de la Haute-Guyenne fut instituée par lettres patentes du roi au mois de juillet 1779 ; elle se divisa en bureaux ou commissions chargés d'un travail spécial ; c'est au rapport du bureau des tailles que nous empruntons les détails qui vont suivre.

Nous retrouvons d'abord, dans cette province comme partout ailleurs, une organisation pitoyable dans l'assiette et la répartition de la taille. La déclaration du bureau est d'une douloureuse sincérité : « On reconnaît, dit le rapporteur, que ce sont les anciens tarifs avec toutes leurs défectuosités, que ce sont les mêmes taxes d'abonnement qui règlent encore la mesure des impositions dans la province (1). »

En présence de cet état de choses le bureau indique le remède à appliquer :

« L'Assemblée a pensé, d'après le rapport de M. le comte de Panat, que l'objet de l'administration serait parfaitement rempli si l'on pouvait parvenir à former une *mesure commune* à laquelle on pût successivement comparer tous les cadastres des différentes communautés de la province, parce qu'il est impossible que cette comparaison

---

commun, c'était la représentation des intérêts locaux. — L'institution d'une série d'assemblées locales, représentant la province, l'élection et la paroisse, date de 1787.

(1) Procès-verbaux de l'Assemblée provinciale de la Haute-Guyenne, rapport du Bureau des tailles, 28 septembre 1780.

n'établisse pas une juste proportion dans la distribution de l'impôt.

Établir un taux commun d'impôt pour la taille, par une série d'exemples choisis parmi les paroisses considérées comme surchargées et enfin comme peu imposées, de façon à avoir une moyenne normale, puis ramener successivement à ce taux toutes les cotes de la province, tel est dans ses grandes lignes le projet de la commission des tailles.

Entrant ensuite dans les détails d'exécution les plus circonstanciés, la commission indiquait les méthodes générales d'établissement d'un cadastre, fixait à *trente* le nombre de classes qui devait servir à différencier les terres, et déclarait « que les experts, pour préciser leurs opérations, devraient rapporter trois exemples de chaque classe de terre, dans chacune des six élections ». Le but poursuivi et déclaré de cette méthode étant de ramener à un taux commun toutes les cotes foncières de la généralité, il en résultait que toute communauté qui s'estimait surchargée avait le droit de réclamer auprès de la commission permanente de l'Assemblée, et de provoquer la confection d'un cadastre. S'il était reconnu qu'elle était en réalité imposée à un taux qui dépassait la moyenne établie, elle était déchargée, et le surplus des impositions était réparti sur toutes les communes de l'élection.

Adoptées par l'Assemblée, ces mesures furent solennellement sanctionnées en 1786 par un arrêté du roi en son conseil.

Un nouvel « arpentement » fut ordonné pour les quatre-vingts communes considérées comme surchargées. Fixant un maximum au taux de l'impôt, le roi indique « un cinquième pour les revenus des prés, vignes et terres ; les maisons des fermiers, granges, étables, etc., ne devant

être estimées qu'au taux des meilleures terres joi-
gnantes (1) ».

Revenons maintenant à l'Assemblée du Berry, et
essayons de faire rapidement l'historique de ses travaux.

Comme dans la Haute-Guyenne, la taille était arbitraire
et sa perception donnait lieu à tous les abus que nous
avons signalés ailleurs. La commission des impositions
ne se fait aucune illusion sur l'étendue et la gravité du
mal. Dans un rapport du 3 novembre 1780 nous lisons :
« Vous reconnûtes que la base de la répartition qui ne roule
que sur l'opinion qu'on a des richesses personnelles était la
source la plus considérable des inconvénients qui l'accom-
pagnent. C'est de là qu'elle prend son nom d'imposition
arbitraire, parce qu'elle est à l'arbitre des personnes qui
fixent suivant l'opinion *vague* qu'elles ont des facultés
personnelles des contribuables. » Il est clair que cette
critique porte sur la méthode employée dans la province.
En face de tant de réformes à opérer, l'assemblée hésite,
la commission de l'impôt étudie la question et s'inspire
des améliorations proposées ou appliquées ailleurs.

Il est tout d'abord demandé au roi que les paroisses
soient autorisées à désigner les commissaires aux rôles
pour. aider et surveiller les collecteurs. — Enfin, dans
un long rapport daté de 1783, la commission dont nous
avons déjà parlé propose trois *moyens* d'améliorer l'état
des choses, et recommande la méthode adoptée en Haute-
Guyenne. « Son projet, dit le rapporteur, est de fixer le
taux commun de la taille pour toutes les parties de la province. La manière proposée pour y parvenir serait de
vérifier les biens et facultés de vingt-quatre paroisses,
d'en balancer les produits avec la quantité de la taille

---

(1) Il n'est pas sans intérêt de faire remarquer que cette prescription inscrite
aujourd'hui dans la loi, date du règne de Louis XVI.

qu'elles supportent, et d'adopter comme taux commun de
la généralité l'imposition moyenne dont elles se trouve-
raient grevées. Ce taux commun vous fournirait une règle
nette et précise pour apprécier la justice ou l'injustice des
plaintes qui vous seraient portées, pour comparer les différentes élections (1). »

La même année, l'assemblée adopte le principe que
tous les économistes avaient déjà discuté et admis. —
L'impôt ne doit porter que sur le produit net des terres.
Nous lisons en effet dans un rapport du 5 novembre 1782 :
« Le principe le plus juste et le plus universellement avoué
paraît être que les produits ne soient estimés que déduction faite des charges, et nous vous proposons avec confiance de l'adopter. Ainsi la première déduction à faire
quant aux terres labourables est celle des frais de culture (2). »

Longtemps avant Quesnay avait dit : « L'impôt doit être
établi immédiatement sur le produit *net* des biens-fonds ; »
et nous retrouverons cette même idée exprimée et développée par le duc de La Rochefoucauld dans un mémoire
à la Constituante.

En étudiant les réformes dues à Turgot, nous avons
signalé l'inconvénient qu'il avait trouvé à imposer les biens
non pas dans le lieu de leur situation, mais au domicile
du propriétaire.

L'Assemblée du Berry constate le même défaut dans
cette méthode, et décide le 6 novembre 1783, « que l'imposition pour raison des biens-fonds se fera dans les
paroisses ou collectes où ils sont situés, sous la clause
cependant que le chef-lieu d'exploitation entraînera toutes

---

(1) Procès-verbaux des séances de l'Assemblée provinciale du Berry, rapport du
bureau des impositions, 1783.

(2) Rapport de MM. de la commission des impositions. 1er objet : « Pour raison de
quels biens-fonds les contribuables doivent-ils être imposés à la taille ? »

ses dépendances pour être imposées collectivement dans la paroisse où il se trouve assis (1) ».

L'Assemblée du Berry consacra avec la plus haute raison un excellent principe appliqué depuis, celui de l'action simultanée de l'administration et de l'assemblée locale par leurs mandataires pour la répartition de l'impôt entre les habitants, mais surtout entre les paroisses. En ce qui concerne les réclamations des paroisses surtaxées, nous lisons en effet dans un rapport : « Les contestations pour le *taux commun* doivent être jugées contradictoirement par un expert au *choix des paroisses* et un commissaire désigné par l'administration. »

Mais l'opinion de l'Assemblée se laisse voir bien plus clairement encore dans ce passage : « Le droit de répartir l'impôt dans l'intérieur d'une paroisse appartient assez naturellement aux propriétaires qui la composent tant qu'ils opèrent sur les bases connues et que les réclamations ne se font pas entendre. Mais il faut soigneusement distinguer la vérification de la valeur des biens d'avec la répartition de l'impôt. Pour parvenir à l'équilibre général, il est juste que l'appréciation des biens soit faite par des travaux concertés entre les paroisses et l'administration (2). »

Avons-nous besoin d'indiquer que les réformes dues à l'Assemblée du Berry en matière d'impôt foncier étaient empreintes du plus grand sens pratique et du désir le plus sincère d'arriver à améliorer le sort des contribuables ?

Les contemporains rendaient pleine justice à de pareilles tentatives et à de si honorables efforts. Dans le discours

(I) Nous avons trouvé également, dans un rapport de l'Assemblée de *Picardie* (15 déc. 1787) : « La taille réelle devrait s'imposer en lieu de la situation des biens. »

(2) Il est clair, en effet, qu'en diminuant la valeur de tous les biens contenus dans ses limites, une paroisse pourrait, dans la répartition *générale*, alléger le fardeau de ses impositions aux dépens des paroisses voisines.

d'ouverture de l'Assemblée provinciale de Picardie, l'intendant disait hautement :

« Les procès-verbaux des Assemblées du Berry et de la Haute-Guyenne *sont des monuments de prudence et d'amour du bien public* (1). »

Nous ne dirons que quelques mots des autres assemblées formées et convoquées en 1787 dans la Touraine, l'Auvergne, la Picardie, la Normandie, l'Alsace, le Dauphiné, le Soissonnais, la Champagne, etc., etc. (2).

Partout, avec plus ou moins d'énergie dans les termes, nous retrouvons des plaintes sur l'état des populations accablées par l'impôt ; partout nous trouvons déploré l'arbitraire qui préside à sa répartition. La taille est surtout l'objet de la préoccupation de la commision des impôts dans chaque assemblée ; les abus sont criants, odieux. Ce sont « des privilèges qu'on étend au delà des justes bornes » ; des pots de vin, des contre-lettres, et tout ce que peut faire inventer l'envie de se soustraire à l'impôt (3). Et le résultat ? C'est la ruine, c'est la misère, la souffrance toujours.

Chose singulière, ce sont des privilégiés qui signent ces procès-verbaux où l'on dépeint sous les plus sombres couleurs la position du peuple, pressé et comme écrasé entre le fardeau de l'impôt royal et celui de l'impôt seigneurial.

Nous trouvons dans un rapport lu à l'Assemblée d'Auvergne :

« Il est notoire non seulement à la province, mais à tout le royaume et à l'administration *même*, que cette généra-

---

(1) Le meilleur éloge qu'on en puisse faire consiste à montrer que leurs réformes ont été appliquées depuis, ou restent encore désirables aujourd'hui ; ainsi on impose à l'heure actuelle les biens dans le lieu de leur situation, et l'idée d'établir un taux commun pour l'impôt foncier semble fort pratique et désirable à d'excellents esprits.

(2) Toutes ces assemblées furent organisées et convoquées en 1787 par le roi.

(3) Rapport de MM. des impositions à l'Assemblée provinciale du *Soissonnais*.

lité est chargée à un point que nulle autre ne l'égale, et que si on ne trouve quelque moyen d'améliorer son sort, la misère qui enfante le désespoir rendra *déserte* une province fertile et peuplée d'habitants sobres, fidèles et laborieux. » Et par qui est signé ce rapport lu à l'Assemblée ? Par un membre de la noblesse, M. de Montagu, *vicomte de Beaune*, président.

A côté des souffrances qu'on signale quelles réformes propose-t-on ? En Touraine, dans le Maine, dans l'Anjou, c'est la confection d'un cadastre pour un certain nombre de paroisses bien choisies, de façon à établir un taux commun d'imposition, comme dans le Berry et la Haute-Guyenne.

En Auvergne, la commision termine son rapport en disant :

« Qu'il eût été consolant pour elle de proposer de moyens sûrs et prompts de remédier à *tant de maux*. » En attendant, elle se borne à proposer au roi l'état affligeant de cette province. « Son cœur paternel, déchiré par les maux qui l'accablent, accordera une diminution sur les tailles. »

Dans les procès-verbaux de l'Assemblée de l'Isle-de-France, nous avons trouvé un long rapport du comte de Crillon qui retrace les efforts si honorables qu'avait faits l'intendant *Bertier* pour asseoir équitablement l'impôt foncier.

En Picardie, citons l'idée émise par le bureau de l'impôt de faire lever dans chaque paroisse un plan parcellaire, sous la surveillance de commissaires désignés par l'administration, *et de faire procéder à l'estimation des revenus par la municipalité d'une paroisse voisine,* « de manière cependant à ce que deux paroisses ne se vérifient pas respectivement ».

Il convient de borner là l'exposition de l'œuvre personnelle de chaque Assemblée pour passer très rapidement en revue les principes qu'elles acceptèrent toutes sans discussion et comme par acclamation.

Un des plus importants de ces principes, c'est d'abord la légitimité d'un impôt sur la terre. On était bien loin de penser comme aujourd'hui à affranchir la terre de tout impôt ; à cette époque pareille idée ne serait venue à la pensée de personne, parce que la propriété foncière était alors l'élément le plus important de la richesse publique, et parce que les esprits avaient reçu fortement l'empreinte des idées répandues par les physiocrates.

Le deuxième principe que toutes les Assemblées acceptent sans le discuter, c'est le droit pour le roi de fixer annuellement le montant de l'impôt.

Le caractère d'impôt de *répartition* est partout admis. Il est admis c'est vrai, mais partout aussi avec cette restriction de la plus haute importance, à savoir que l'impôt cessera d'être *arbitraire* (1). Le montant de l'impôt sera *fixe*, tel est le vœu que nous avons retrouvé dans les procès-verbaux de toutes les Assemblées. Ajoutons ici que satisfaction avait été donnée par Louis XVI à ce désir exprimé avec force. Par un arrêt du 13 février 1780, le roi avait solennellement promis de ne pas augmenter le chiffre de la taille qui se grossissait ordinairement par des accessoires aussi importants que le principal.

L'esprit qui anime les Assemblées provinciales est libéral, modéré, pratique. Nulle part on ne trouve de la déclamation ni de l'emphase. Les réformes que tout le monde désire avec une ardeur sincère, on les attend du

_____

(1) Il est clair que les seules Assemblées de la Guyenne et du Berry, organisées avant 1780, avaient protesté contre l'arbitraire de l'impôt, les Assemblées de 1787 n'expriment que leur gratitude au roi pour la résolution contenue dans l'arrêt de 1780.

concours et du zèle de tous, de l'expérience acquise dans des fonctions nouvelles, de l'étude des améliorations dont les provinces voisines ont profité, et de l'appui du roi.

Mais à ce propos il est un fait qui nous a vivement frappé, un caractère général du plus haut intérêt, c'est l'horreur, et cette expression n'est pas trop forte, le mépris profond qui se laisse voir à chaque instant pour le passé. Aux yeux des Assemblées provinciales, le passé, c'est le chaos, l'arbitraire, l'injustice, la souffrance ; il n'y a rien à emprunter à ce passé ; il faut l'oublier pour ne pas le maudire.

Et comme conséquence, ce qui se laisse voir partout dans ces nombreux procès-verbaux que nous avons feuilletés, c'est l'ardeur du mieux, le désir de réformer, d'améliorer ; ce qui se laisse apercevoir aussi, c'est la satisfaction de voir rendre aux provinces la discussion comme la gestion de leurs intérêts.

Nous ne pouvons mieux faire, pour terminer et pour résumer à ce sujet notre pensée, que de citer un passage du discours prononcé à l'ouverture de l'Assemblée d'Alsace, le 20 août 1787.

« Messieurs, disait l'intendant, M. de la Galaizière, la circonstance qui vous rassemble sera une époque mémorable à consacrer dans les annales de notre siècle et de notre nation. La constitution des États ne saurait être absolument fixe et permanente. Le temps, le progrès des lumières amènent et nécessitent des révolutions dans le système politique des gouvernements. Nous voyons les idées patriotiques germer insensiblement dans toutes les têtes ; chaque citoyen désire, aujourd'hui, être appelé à concourir au bien général. Cette disposition ne peut être trop favorisée. Le roi veut le bonheur de ses sujets ; il ne peut mieux remplir ses vues qu'en consentant à ce qu'ils y travaillent eux-mêmes. »

V. — L'ÉDIT DU 5 AOUT 1787. LES ASSEMBLÉES LOCALES A LA FIN DU RÈGNE DE LOUIS XVI. UNE RÉVOLUTION ADMINISTRATIVE.

« Le roi veut le bonheur de ses sujets ; et il ne peut mieux remplir ses vues qu'en consentant à ce qu'ils y travaillent eux-mêmes. » Ces paroles de M. de la Galaizière donnent une idée exacte des intentions qu'avait alors Louis XVI ; elles montrent bien sous l'influence de quelles opinions il agissait.

Toutes les raisons qui avaient fait décider la création des Assemblées provinciales poussèrent plus tard le roi à continuer son œuvre, en établissant dans toute la France une hiérarchie d'assemblées représentatives, chargées de veiller aux intérêts jusque-là sacrifiés du plus grand nombre, de défendre les droits des taillables contre l'arbitraire des intendants, et en particulier *de répartir les impôts.*

L'édit du 5 août 1787 établit une assemblée représentative dans la province, dans l'élection et dans la paroisse. C'était notre organisation administrative actuelle du département, de l'arrondissement et de la commune, avec cette seule différence que les circonscriptions administratives n'avaient ni le même nom ni la même étendue.

On croit généralement que le suffrage universel est de création récente, voire même contemporaine. Il n'en est rien. En France, avant la Révolution, les assemblées de paroisse étaient pour la plupart élues par ce mode de suffrage. Souvent même l'assemblée était constituée par la réunion de tous les habitants ou électeurs. En 1787 on ne dérogea pas à ces *traditions;* l'assemblée municipale fut élue par l'universalité des habitants sans distinction de classes (1). Le seigneur et le curé furent membres de droit.

L'Assemblée provinciale placée à côté de l'intendant dut répartir l'impôt direct, et la taille par conséquent, entre les élections. Chaque Assemblée d'élection répartit à son tour le contingent qui lui était assigné entre les communautés.

Quant aux fonctions de l'assemblée paroissiale ou municipale, elles sont bien nettement indiquées dans l'article 2 de l'édit du roi.

ARTICLE 2. — « Ladite assemblée (paroissiale) sera chargée de la répartition de toutes les impositions dont l'assiette devra être faite sur la communauté d'après les mandements qui lui seront adressés à cet effet, en vertu des ordres du conseil, par l'Assemblée d'élection, ou la commission intermédiaire (permanente) de ladite assemblée. »

« La répartition entre les contribuables de la communauté sera faite par les deux tiers au moins de tous les membres qui composeront l'assemblée ; mais en observant que la répartition de la taille et accessoires d'icelle devra être faite *par les seuls membres taillables de l'assemblée*. Et dans le cas où il ne se trouverait pas les deux tiers des membres payant taille, le nombre sera complété à la pluralité des voix de l'assemblée, par le choix d'un ou plusieurs taillables de la paroisse. »

Les rôles pour la taille étaient rendus exécutoires par la commission intermédiaire de l'Assemblée d'élection. Les recours *contentieux* continuèrent à être portés devant l'intendant, sauf appel au conseil du roi.

Dans un règlement concernant l'Assemblée du Berry, on peut voir que les recours *gracieux* en décharges d'impôts,

____

(1) Tout contribuable payant 10 livres d'impôt était électeur. — Voy. édit du 23 juin 1787.

pour grêle, incendie, perte de bétail, etc., etc., devaient être adressés à la commission intermédiaire de l'Assemblée d'élection.

Telles étaient dans leurs grandes lignes l'organisation et le rôle des assemblées locales de 1787.

Il ne faudrait pas croire que l'établissement de ces assemblées locales, subordonnées les unes aux autres, resta à l'état de projet ou de rêve caressé par quelques esprits aventureux. L'édit du roi reçut une application réelle. Les assemblées locales se constituèrent dans toute la France, avec une entière similitude dans leur composition et dans leur rôle.

Il y avait, dans ce fait seul, toute une révolution administrative.

Là où l'intendant avait seul agi jusque-là, on établissait à ses côtés un pouvoir rival, collectif, irresponsable, sans que les prérogatives et les droits de ces deux autorités, mises ainsi en présence ou en conflit, fussent assez nettement limités et définis.

Sous l'ancien régime on ne connaissait pas notre grande maxime du droit administratif contemporain : « Agir est le fait d'un seul, délibérer est le fait de plusieurs. » Quand l'autorité était confiée à une assemblée, elle agissait par elle-même ou par des commissions qu'elle nommait. C'est le système adopté encore aujourd'hui, en Hollande, en Belgique, en Italie, en Autriche, où les assemblées municipales élisent un comité exécutif chargé de l'expédition des affaires.

Quand l'administration était confiée à un intendant, il agissait sans le concours d'aucune assemblée. La création des assemblées locales bouleversa cet antique ordre de choses (1). De plus, cette organisation, appliquée à

(1) Aussi, que de conflits et de débats ! Les délibérations des premières Assemblées provinciales de 1787 en portent toutes la trace. On cherchait toujours, et souvent en

toute la France avec les mêmes formes, présentait un caractère *d'unité* qui était en opposition avec la multiplicité des usages, et la situation particulière des provinces.

Les hommes les plus éclairés de cette époque n'hésitèrent pas cependant à applaudir. « Tant le génie unitaire de la Révolution possédait déjà ce vieux gouvernement que la Révolution allait abattre ! »

VI. — Charges considérables résultant de la taille et de ses accessoires. Comparaison des produits de la taille et de celui des impots directs. Inégalité de la répartition de cet impot dans les différentes provinces.

La taille avec ses accessoires, cet impôt foncier de l'ancien régime, n'était pas seulement imparfaite dans son assiette, sa perception et sa répartition ; elle constituait encore une charge accablante pour ceux qui n'avaient pas réussi à s'y soustraire.

Le comité d'imposition de la Constituante estimait que, s'il n'eût pas existé de privilèges en faveur de la noblesse et du clergé, la portion des anciens impôts atteignant la propriété foncière se serait élevée à 314 millions de livres. Les statistiques contemporaines, évaluant le revenu foncier de la France en 1790, à 12 ou 1300 millions, l'impôt foncier représentait donc à cette époque 21 ou 23 p. 100 du produit net. Nous avons supposé dans ce calcul, comme le firent les membres du comité d'imposition, que l'impôt était réparti *également*, au marc le franc du revenu net.

vain, la limite qui séparait les deux pouvoirs : celui de l'Assemblée et celui de l'intendant.

Nous savons qu'il n'en était pas ainsi avant 1789 et nous avons assez insisté sur les injustices et les abus de la répartition de la taille pour qu'il soit superflu d'y revenir. Au reste, pour se rendre compte de l'importance qu'avait à cette époque l'impôt foncier, il est intéressant, croyons-nous, de le comparer aux autres impôts directs.

En nous reportant aux chiffres extraits des procès-verbaux des assemblées provinciales (1778-1787) nous voyons que la taille en principal étant représentée par 1, le total des autres impôts directs est égal à 2,53 en moyenne. La taille sans compter ses accessoires est donc égale à 40 p. 100 des autres impôts. Les accessoires de la taille représentaient généralement la moitié de la valeur de cette dernière. Il en résultait que l'impôt foncier en principal, augmenté des accessoires, était pour la plupart des provinces égal au total des autres impositions directes.

La prédominance de ces impôts de répartition était donc au siècle dernier un fait caractéristique dans l'établissement de nos contributions directes. Il en est de même aujourd'hui.

L'impôt foncier perçu au profit de l'État dans le budget de 1884 représente encore 85 p. 100 du total des autres impôts directs.

Ce qu'il ne faut pas oublier quand il s'agit des charges que l'impôt faisait peser sur la propriété foncière à la fin du XVIIIe siècle, c'est qu'aucun prélèvement n'était fait sur le montant des taxes pour des travaux d'utilité publique locale ou communale. Les routes étaient entretenues au moyen de corvées, ou d'un impôt spécial, perçu comme les impôts directs. Il s'agit ici, bien entendu, des grandes routes ; les chemins dans les campagnes présentaient un aspect si lamentable qu'il faut lire les mémoires du temps et les doléances sans cesse renouvelées des paroisses pour pouvoir l'imaginer.

Nous venons de donner une idée générale, en quelques mots seulement, du poids de l'impôt foncier. Le tableau serait trop incomplet, il donnerait de la situation du paysan et du petit propriétaire une idée fausse, si nous ne mettions en regard le détail des autres charges qui pesaient douloureusement sur la propriété foncière appartenant aux taillables.

« Les extorsions dont souffre le paysan, dit M. Taine (1), sont énormes, et au delà de ce que nous pouvons imaginer ! » Dans l'état où est l'agriculture, le décimateur et le roi prennent la moitié du produit net si la terre est grande, et ils le prennent *tout entier* si la terre est petite.

« Telle grosse ferme de Picardie, qui vaut 3,600 livres au propriétaire, paye 1,800 livres au roi et 1,311 livres au décimateur. Telle autre, dans le Soissonnais, louée 4,500 livres, paye 2,200 livres d'impôt et plus de 1,000 livres de dîmes. Tout le profit net va au clergé et au trésor. »

« Il suffit, ajoute M. Taine, de relever les procès-verbaux des Assemblées provinciales tenues en 1787 pour apprendre, en chiffres officiels, à quel point le fisc peut abuser des hommes qui travaillent et leur ôter de la bouche le pain qu'il ont gagné à la sueur de leur front. »

Ce n'était pas tout, malheureusement. Le fisc, « cette machine à tondre grossière et mal agencée », ajoutait une dernière injustice à tant d'extorsions et d'abus. La charge de la taille, comme celle des autres impôts du reste, ne variait pas seulement de paroisse à paroisse, d'individu à individu, il y avait encore de singulières iné-

---

(1) TAINE, l'*Ancien régime,* p. 456. Il faut lire dans l'ouvrage de cet éminent historien les pages émues et navrantes qu'il consacre aux misères des habitants des campagnes pour comprendre de quels maux souffrait le paysan.

galités de provinces à provinces. *Nous insistons beaucoup* sur ce fait, parce qu'il nous donne l'explication sans réplique ni discussion possibles, des inégalités qui ont subsisté jusqu'à nos jours, tout en s'atténuant, dans la répartition de l'impôt foncier.

Nous montrerons plus tard comment on peut expliquer par des considérations purement historiques les différences sensibles qui ont subsisté jusqu'en 1851, et surtout jusqu'en 1821, dans la part contributive prélevée dans nos départements sur le revenu net des terres. Pour être en mesure de faire cette démonstration, montrons d'abord la réalité de ces inégalités dans les charges que la taille et les autres impôts faisaient peser, suivant les provinces, sur le revenu des biens-fonds :

Dans son ouvrage célèbre, *De l'Administration des Finances*, Necker écrivait en 1784 :

« Une vérité qu'on ne peut mettre en doute, c'est l'inégale distribution des impôts entre les généralités du royaume. Et certainement si cette répartition se faisait aujourd'hui pour la première fois on ne proposerait pas de soumettre certaines provinces à tous les impôts et d'y établir encore les grandes gabelles, tandis que d'autres à peu près égales en ressources seraient à la fois affranchies des aides, de l'impôt du sel et de plusieurs autres droits encore.

« On ne trouverait pas non plus qu'une partie des provinces dussent payer les vingtièmes avec exactitude et selon la valeur actuelle des biens, et les autres d'après les anciens taux et des abonnements très favorables...

« Il est une vérité incontestable, qu'on paraît avoir depuis longtemps méconnue, c'est qu'en se procurant de nouvelles ressources par des sols pour livre ajoutés aux droits, on n'a fait qu'accroître davantage la première inégalité des distributions, puisque ces additions successives ont augmenté la charge des provinces soumises à toutes les impositions, tandis que les généralités exemptes en tout ou en partie de ces mêmes impositions n'ont participé que faiblement au support des nouveaux tributs. »

Les paroles de Necker ne laissent aucun doute sur la réalité et sur la généralité des faits que nous avons signalés plus haut.

Turgot n'avait pas été moins explicite alors qu'il disait en 1762 :

« Des détails très exacts nous ont mis en état de faire une comparaison plus précise des impositions de l'Angoumois avec celles de la Saintonge. Cette comparaison faite par cinq voies différentes a toujours donné le même résultat à peu près ; c'est-à-dire que l'imposition de l'Angoumois est à celle de la Saintonge, sur un fond d'égal produit, dans le rapport de 4,5 ou 5 à 2. »

Cette opinion de Turgot est au reste confirmée par les cahiers de doléances de la généralité de Limoges. On peut y lire (1789) :

« Nous recommandons au zèle de nos députés d'obtenir que les états-généraux fassent disparaître l'inégalité manifestement injuste qui se trouve dans la répartition générale des impôts. » « Il est prouvé jusqu'à l'évidence que dans notre généralité les subsides enlèvent à peu près la moitié du prix de la production des biens, *tandis que dans les provinces voisines* ils n'excèdent guère le quart du produit territorial. » (Bailliage de Limoges et Saint-Yrieix, Doléances du clergé 1789.)

« Que le mot de privilège soit aboli en matières de contributions ! lisons-nous dans les *Cahiers du bailliage de Péronne.*

« Que dans toute l'étendue du royaume les provinces les plus récemment réunies ne soient pas plus favorisées que l'ancien patrimoine de nos rois.... »

Il serait inutile de multiplier les exemples ; l'inégalité de l'impôt, et de l'impôt foncier en particulier, ressort assez nettement de ces doléances.

Nous aurons, plus tard, l'occasion d'insister sur les conséquences des faits que nous venons de signaler.

VII. — LES ASSEMBLÉES DES NOTABLES DE 1787 ET DE 1788. MÉMOIRES DU ROI SUR LA SUBVENTION TERRITORIALE ET SUR LA TAILLE. LES DÉLIBÉRATIONS DES ASSEMBLÉES ; LEUR ESPRIT ET LEURS TENDANCES. VÉRITABLES SENTIMENTS DES PRIVILÉGIÉS A L'ÉGARD DE LA RÉPARTITION ÉQUITABLE DES CHARGES PUBLIQUES.

En présence des déficits croissants et du désordre des finances, le contrôleur général, dans un mémoire intelligent et habile, proposa au roi, dès 1786, d'abolir les privilèges et de répartir également l'impôt. « C'est dans les abus mêmes, écrivait M. de Calonne, que se trouve un fond de richesses que l'État a le droit de réclamer et qui doivent servir à rétablir l'ordre. Les abus ont pour défenseurs les intérêts, le crédit, la fortune et d'autres préjugés que le temps semble avoir respectés ; mais que peut leur vaine confédération contre le bien public et la nécessité de l'État ?

Le roi reconnut dans ces projets comme l'écho de la voix de ses anciens ministres.

« C'est du Necker tout pur que vous proposez là ! s'écria-t-il. — Dans l'état où sont les choses, sire, c'est ce qu'on peut faire de mieux », repartit M. de Calonne.

« Un tel plan, ajoute le contrôleur général, exige l'examen le plus solennel et la sanction la plus authentique. Il n'y a qu'une Assemblée de notables qui puisse remplir ce but. »

Louis XVI hésita par tradition absolutiste et par crainte instinctive de cet appel aux pouvoirs de la nation. Cependant le 22 février 1787, la session de l'Assemblée des notables s'ouvrit solennellement.

Deux mémoires présentés au nom du roi par le contrôleur général doivent seuls attirer notre attention. Le premier était relatif à la subvention territoriale ; le deuxième à la taille. Nous transcrivons ci-dessous les passages importants du mémoire sur la subvention territoriale. Il est inutile d'insister sur l'importance d'un pareil document ; elle ressort suffisamment de la lecture.

« Le souverain doit protéger les propriétés de ses sujets. Les sujets doivent le prix de cette protection au souverain.

« Tel est le principe et la loi première des impôts.

« Quand les vassaux de la couronne servaient l'État et le roi de leurs personnes, ils acquittaient par ce service leur part de la contribution générale. — Lorsqu'ensuite il fut jugé plus utile de faire cesser le service féodal et de le remplacer par des subsides, l'impôt consenti par la nation dès ce moment, et pour toujours, exigé par la justice et l'intérêt public, prit la place du devoir de vassalité. Fondé sur cette obligation primitive, inhérente à toute possession territoriale, il devint une loi générale.

« *Prétendre se soustraire à l'impôt et réclamer des exemptions particulières, c'est rompre le lien qui unit les citoyens à l'État.*

«..... Le seul vœu raisonnable, le vœu de tous doit se borner à désirer qu'une juste modération règle les impôts et *qu'une entière égalité soit observée dans les répartitions.....*

« C'est pour parvenir à ce but que le roi se propose de changer la forme de l'imposition actuelle des vingtièmes, et d'y substituer une subvention territoriale. (Le vingtième est l'impôt qui pouvait fournir plus naturellement et les bases et les proportions de tous les autres).....

«..... La répartition des impôts n'a aucune base certaine. — Il faudrait un cadastre, mais les frais infinis de ce recensement et les variations continuelles de la valeur des fonds, feraient perdre le fruit de cette entreprise.....

«..... *Rien n'a pu jusqu'à ce jour garantir de l'arbitraire :* et l'injustice s'est encore accrue par le crédit, la faveur et les protections qui ont *affranchi d'une part les riches propriétaires, tandis que la classe la moins aisée en a supporté toute la rigueur.*

«..... L'impôt sera toujours payé avec répugnance, tant qu'il ne sera pas perçu avec égalité.....

« On vient de dire ce qu'il en coûte au roi pour lever les impôts, mais il *est impossible de dire ce qu'il en coûte au peuple pour les acquitter.* C'est une source intarissable de frais, de procédures, contraintes, garnisons fictives et réelles, d'exécutions mobilières.

« Quelle liste effrayante d'agents du fisc ! Plus de deux cent mille hommes arrachés à l'agriculture, au commerce, à l'armée, aux familles !

« Ce sont les motifs qui ont fait penser au roi qu'il serait utile de substituer à la perception des *vingtièmes* une SUBVENTION TERRITORIALE, en vertu de laquelle il serait levé *une portion des produits en nature sur tous les biens-fonds*. »

Il faut remarquer que ce mémoire est relatif à une *subvention territoriale* destinée à remplacer les vingtièmes, tout en augmentant réellement la charge imposée aux contribuables. Pour adoucir le fardeau on proposait de la répartir plus équitablement. Il n'est pas question ici de la taille. Les abus existants dans l'assiette des impôts sont dévoilés et déplorés par le roi lui-même ; cette franchise ne nous étonne pas : elle était inspirée à Louis XVI par un sincère désir d'améliorer le sort du peuple. Il est impossible de ne pas regretter la faiblesse de ce malheureux souverain ; il n'est pas permis de douter de ses intentions. Ce fut l'honneur de Louis XVI d'avoir mérité ces paroles de Turgot :

« Il est bien encourageant d'avoir à servir un roi véritablement honnête homme, et voulant le bien. »

L'idée saillante du mémoire sur « *l'Imposition territoriale* », c'est la transformation d'un impôt en une dîme prélevée sur les récoltes de toutes sortes. On revenait donc au projet que Vauban avait exposé un siècle auparavant, dans son livre de la *Dîme royale*.

Voici maintenant le deuxième mémoire présenté au nom du roi, et concernant la taille. Nous en citons les parties importantes :

« Le roi aurait désiré pouvoir effectuer sans aucun retard ses vues pour la réformation de la taille, mais Sa Majesté croit devoir suspendre la détermination définitive, jusqu'à ce que, éclairée par les observations des Assemblées qu'elle veut établir dans les différentes parties du royaume et par les résultats de la *perception en nature* qui lui feront connaître l'exacte valeur

des fonds, elle puisse se fixer sur les moyens les plus convenables de corriger les vices et de diminuer le poids de cet impôt..... »

Les deux mémoires du roi soulevaient une question de principe autrement délicate et importante que le problème de la perception de l'impôt en nature ou en argent. Le principe qu'on allait ardemment discuter était celui-ci : l'égalité doit-elle exister pour tous devant l'impôt ?

Le contrôleur général avait posé nettement et audacieusement la question en disant : « On payera plus, mais qui ? Ceux-là seulement qui ne payent pas assez. Ils payeront ce qu'ils doivent suivant une juste proportion, et personne ne sera grevé. *Des privilèges sont sacrifiés ! oui ! La justice le veut ! le besoin l'exige ! Vaudrait-il mieux surcharger les non-privilégiés, le peuple ?* »

En théorie, les notables, qui étaient en majeure partie des privilégiés, se trouvaient contraints d'admettre le principe de l'égale répartition de l'impôt. « En pratique ils étaient résolus à en atténuer l'application (1). »

On chercha des faux-fuyants, et pour se décharger d'une responsabilité qu'ils étaient décidés à décliner, les notables déclarèrent, par l'organe de M. de Castillon, « qu'il n'existait aucune autorité qui pût admettre l'impôt territorial tel qu'il était proposé, ni *cette Assemblée*, quelque auguste qu'elle fût, ni les Parlements, ni les États particuliers, ni même le roi. Les *états-généraux* seuls auraient ce pouvoir »…..

Une seule question et la moins importante fut résolue par l'Assemblée des notables. Je veux parler de la perception de l'impôt foncier *en argent*. La raison donnée est « que l'impôt ne doit être assis que sur le revenu net qui est seul disponible. L'impôt en nature se percevrait sur

(1) Guizot.

le produit brut » (*Bureau du duc de Penthièvre*, 1787).

C'est l'idée des physiocrates que nous retrouvons ici dominante.

Les Assemblées provinciales s'étaient au reste, on se se le rappelle, prononcées dans le même sens.

L'Assemblée des notables se sépara le 25 mai 1787 sans avoir pris une résolution relativement à la subvention territoriale. Elle avait préféré laisser au roi et aux états-généraux la responsabilité des réformes qui blessaient les privilèges des deux premiers ordres. « Cette assemblée, dit énergiquement M. Guizot, avait appris au tiers-État et jusqu'au peuple même, la répugnance des classes privilégiées pour les réformes qui atteignaient leurs intérêts. »

Devant la résistance du Parlement qui refusait de sanctionner l'abolition des privilèges et de consacrer l'égalité des charges publiques, Louis XVI fit enregistrer en un lit de justice l'édit de la subvention territoriale. Malheureusement le roi, assez bon et éclairé pour s'imposer des sacrifices personnels, était trop faible pour les imposer aux autres.

Au mois de septembre 1787, l'édit de la subvention territorriale était retiré. L'égoïsme inintelligent des ordres privilégiés obtenait un triomphe éphémère.

L'Assemblée de notables convoquée par Necker en 1788 ne fut ni plus libérale, ni plus prévoyante que celle qui l'avait précédée. La question de la réforme des impôts ne reçut aucune solution.

Seuls, trente ducs et pairs, dans une lettre qui fait honneur à leur tact politique plus qu'à leur générosité, avaient déclaré au roi leur intention de renoncer à tous leurs privilèges pécuniaires.

La majorité des deux ordres privilégiés *protesta* contre le sacrifice qu'on voulait leur imposer.

« Avez-vous lu la lettre des dupes et pairs ? » disait-on.

Pendant que des membres isolés de la noblesse se déclaraient prêts à renoncer aux privilèges dont ils jouissaient, le prince de Conti, dans une lettre signée de tous les princes de la famille royale, disait au roi : « Que le tiers-État cesse d'attaquer les droits des deux premiers ordres, droits qui non moins anciens que la monarchie, doivent être aussi inaltérables que la Constitution. Qu'il se borne à demander la diminution des impôts dont il *peut être surchargé; alors les deux premiers ordres pourraient, par la générosité de leurs sentiments, renoncer aux prérogatives qui ont pour objet un intérêt pécuniaire.* »

C'était un défi au tiers-État! Ces paroles menaçantes et orgueilleuses montraient assez à la nation la confiance qu'elle devait avoir dans les déclarations humanitaires des privilégiés.

Leur triomphe momentané « fut un nouvel avis donné au peuple de défendre sa cause avec plus de vigueur (1) ».

VIII

Nous avons à étudier maintenant l'œuvre de la Constituante. Il nous sera possible de le faire avec impartialité, parce que nous connaissons suffisamment les privilèges qu'elle avait à détruire, les abus qu'elle avait à combattre, les innovations heureuses dont elle devait savoir profiter.

Nous en avons assez dit pour montrer combien était difficile et délicate la tâche de ceux qui auraient à modifier l'état actuel des choses, si déplorable, si unanimement condamné qu'il fût.

____

(1) *Mémoires de Malouet,* t. 1er, p. 253.

Nous avons vu qu'une révolution administrative avait été déjà accomplie par la création d'un système complet et *uniforme* d'assemblées locales ; nous avons insisté sur les iniquités de la répartition et les inégalités dans les contributions des provinces.

Rappelons encore que la noblesse, éloignée systématiquement de la question des affaires locales, avait perdu déjà son autorité et son prestige. Si le seigneur et le curé de la paroisse faisaient de droit partie de l'Assemblée municipale, il leur était *interdit* de voter sur la répartition des impôts qu'ils ne supportaient pas.

L'antagonisme entre les classes était profond ; rien ne rapprochait des hommes qui n'avaient ni les mêmes habitudes, ni le même langage, ni surtout les mêmes intérêts. Rien n'expliquait plus aux yeux des paysans ces privilèges qui avaient survécu aux nécessités primitives de leur création. Ils ne voyaient qu'une spoliation là où ils n'apercevaient plus une raison d'être.

Nous devons rappeler aussi que, pendant le XVIIIe siècle, le paysan était devenu *propriétaire*. Comment avait-il fait pour acquérir le sol malgré son état profond de misère ? La chose est à peine croyable mais certaine. Toutefois, en devenant propriétaire du sol, le paysan prenait pour lui les charges qui y étaient attachées. Il sentit désormais plus âprement que jamais le poids de l'impôt ! Son fardeau même augmente à mesure qu'il dépense plus d'activité. — Les impôts s'accroissent toujours — et « ses mains restent vides tandis qu'il découvre que son champ n'a rien produit pour lui (1) ».

(1) **TAINE**. *L'ancien régime.*

DEUXIÈME PARTIE

L'œuvre de la Constituante.

Nous avons étudié l'impôt foncier sous l'ancien régime ; nous avons montré ses imperfections en même temps que les efforts accomplis pour les atténuer.

Les assemblées provinciales, dès 1778, avaient, en effet, nous l'avons vu, proposé ou réalisé des améliorations sérieuses. Deux ans avant la convocation des États généraux, quelques déterminations importantes avaient été prises par l'assemblée des notables. Mais toutes ces réformes manquaient d'unité, et l'opposition égoïste des privilégiés, toujours ardente, toujours victorieuse, jusqu'à la veille de la Révolution, avait réussi à retarder la consécration du grand principe sans lequel toutes les réformes administratives étaient stériles : « L'égalité de tous les citoyens devant l'impôt. »

Le 23 juin 1789, six jours après la déclaration solennelle par laquelle les États généraux avaient pris le titre d'Assemblée nationale, le roi disait encore :

« Lorsque les dispositions formelles annoncées par le clergé et la noblesse de renoncer à leurs privilèges pécuniaires auront été *réalisées par leurs délibérations*, l'intention du roi est de les sanctionner, et qu'il n'existe dans le payement des contributions aucune espèce de privilèges et de distinctions. »

Subordonner l'abolition des privilèges pécuniaires aux délibérations des deux premiers ordres, c'était l'ajourner indéfiniment ; c'était donner aux privilégiés le bénéfice d'une générosité inutile puisque l'opinion publique considérait déjà l'égalité devant l'impôt non comme une faveur qu'on pouvait octroyer, mais comme un devoir auquel tous les Français auraient dû être astreints depuis longtemps.

Ce fut un décret de la Constituante qui, en abolissant le régime féodal, fit enfin disparaître les privilèges pécuniaires de la noblesse et du clergé : « *La perception des impôts*, lisons-nous dans l'article 9, *se fera sur tous les citoyens et sur tous les biens, de la même manière et dans la même forme.* »

Le 23 septembre, l'Assemblée prenait une mesure prudente et sage, en décidant le maintien de tous les impôts existants dans la forme ordinaire « jusqu'à ce qu'il y eût été autrement pourvu ». Il fallait assurer, comme le déclare l'Assemblée elle-même, la bonne situation des finances, le maintien de l'ordre public et la fidélité aux engagements que la nation avait pris sous sa sauvegarde.

Dans le décret des 7-10 octobre, la Constituante posait dans ces termes le principe de la proportionnalité des impôts : — « ART. 1ᵉʳ. *Toutes les contributions et charges publiques de quelque nature qu'elles soient seront supportées proportionnellement par tous les citoyens et par tous les propriétaires en raison de leurs biens et facultés.* »

La sécurité du Trésor semblait donc assurée par le maintien provisoire des anciennes impositions, le principe de l'égalité de tous les citoyens devant l'impôt était solennellement posé, le caractère de proportionnalité des contributions se trouvait affirmé ; la Constituante pouvait en toute liberté se livrer à l'étude des réformes, si impatiemment attendues. — Elle fit preuve dans cette œuvre, comme nous allons le voir, du plus remarquable esprit de progrès et de sage rénovation.

Le comité auquel l'Assemblée confia le soin de préparer et d'étudier la loi nouvelle sur l'impôt foncier, se composait des hommes les plus éminents.

On comptait parmi ses membres : le duc de La Rochefoucauld, agronome et économiste ; Dupont de Nemours, l'illustre disciple et admirateur de Turgot ; le jurisconsulte Dufort, Rœderer, le marquis de Laborde-Mereville, le baron d'Allarde, économistes et financiers connus et appréciés de leur époque.

Le résumé des discussions, ou des travaux auquels se livra le comité au sujet de l'impôt foncier, se retrouve dans le remarquable rapport du duc de La Rochefoucauld. Nous insisterons sur trois questions qui s'y trouvent traitées et résolues.

1º L'impôt foncier doit porter sur le produit net.

2º Il ne doit pas frapper le revenu net au delà d'une certaine quotité.

3º L'impôt foncier, pour être bien réparti, exige la confection d'un *cadastre* général.

Il se trouvait en 1789, dans le sein de la Constituante, des hommes encore épris des idées généreuses et hardies que Vauban avait exprimées dans sa *Dîme royale.* L'illustre maréchal, homme de bien et patriote par-dessus tout, avait eu une pensée bien téméraire sous le règne de Louis XIV, où toute critique était une audace, pour ne pas dire un sacrilège. Vauban avait voulu réaliser, près d'un siècle avant 1789, l'égalité des citoyens devant les charges de l'impôt. Il proposait dans ce but une dîme prélevée en nature sur tous les fruits de la terre, quel qu'en fût le propriétaire, et dont le produit servirait à acquitter une grande partie des dépenses publiques.

La dîme royale eût été à coup sûr un impot *réel*, c'est-à-dire portant et pesant sur les biens, abstraction faite de la *qualité* des propriétaires ; et, de cette façon, nobles et manants, bourgeois et religieux eussent été contraints d'acquitter leur part légitime des charges publiques. — A côté du caractère de justice et de dignité qui le fit précisément écarter par les classes privilégiées, jalouses de leurs prérogatives et immunités pécuniaires, le projet de Vauban avait un défaut grave. Il faisait porter l'impôt sur le revenu *brut* et non sur le revenu *net*, de telle sorte que le propriétaire ou l'agriculteur industrieux qui, par ses avances et ses travaux, trouvait le moyen d'obtenir à surface égale une plus forte récolte que son voisin négligent, était dépouillé injustement par la dîme royale d'une grande partie du fruit de ses efforts.

Les physiocrates, et Quesnay le premier, avaient parfaitement montré le côté faible de la dîme de Vauban, et nous avons vu déjà que c'était dans l'école physiocratique ou économique un axiome courant que celui-ci : « L'impôt ne doit porter que sur le revenu net des biens-fonds. » Il était nécessaire, toutefois, de réfuter la théorie erronée contenue dans la dîme royale et d'en montrer les conséquences injustes. — Le duc de La Rochefoucauld, dans son rapport, se chargea de cette tâche : « La contribution en nature, dit-il, porte sur le produit brut, ce qui est un grand vice, puisque le produit net est le seul qui doive la contribution, car les frais de culture et les avances du cultivateur ne peuvent pas être attaqués par elle sans que la reproduction en souffre. Mais d'ailleurs, quoique son aspect d'égalité séduise quelques personnes, il n'en est pas moins vrai qu'elle est toujours et nécessairement inégale si elle se perçoit avec même quotité sur les fonds. En effet, supposons deux arpents de terre rapportant 200 gerbes, et la contribution au 1/10, ce qui fera vingt gerbes. L'un de ces arpents, plus difficile à cultiver que l'autre, exigeant plus de semences et plus d'engrais, il résultera que le cultivateur doit en retirer 120 gerbes pour se rembourser des frais de culture, et que 80 gerbes suffisent à l'autre.

« Cependant le possesseur du premier arpent se trouvera payer 20 gerbes sur 80 du produit net, tandis que le deuxième ne paiera de même que 20 gerbes, mais sur un produit net de 120. Ainsi la contribution du premier est *un quart*, et celle du second *un sixième*. »

La conclusion logique de cette argumentation, était la suivante :

L'impôt foncier devra être perçu non en nature mais en argent ; il devra porter sur le produit net des terres.

Telles furent aussi les résolutions du comité et nous retrouverons tout à l'heure ces idées reproduites dans la loi nouvelle.

2° Dans la pensée des membres du comité des impositions, la répartition de l'impôt foncier entre les contribuables devait se faire par des répartiteurs choisis dans le sein du conseil communal. Il fallait prévoir des partialités et des injustices dans l'évaluation des revenus nets ; il y avait des exagérations à prévenir, aussi bien que des atténuations excessives à éviter. Le comité fut d'avis qu'en déterminant une quotité fixe du revenu net au delà de laquelle aucune propriété ne pourrait être taxée, on éviterait les dangers et les injustices d'une mauvaise répartition. Tout propriétaire frappé par l'impôt au delà de ce taux, aurait le droit de réclamer, de faire réduire sa cote, et une sorte de péréquation s'établirait d'elle-même entre les contribuables.

Ce projet très séduisant, très simple en apparence, n'est pas nouveau pour nous. En 1779, l'assemblée provinciale de la Haute-Guyenne avait proposé d'établir un taux commun pour la taille, et ces mesures avaient été sanctionnées par le roi en 1786 (1).

____

(1) Voir cette *Étude sur l'impôt foncier,* 1re partie.

Les membres du comité d'imposition ne se faisaient
pas d'illusion sur les difficultés d'exécution d'un pareil
projet, sur le nombre considérable des réclamations qui
devaient nécessairement surgir, et sur les retards qui
pourraient en résulter dans la perception de l'impôt ;
aussi proposaient-ils cette méthode à titre purement
provisoire et déclaraient-ils, par l'organe de leur rapporteur, que « *ce moyen paraissait nécessaire au comité
jusqu'à la confection du cadastre général qui sera
indispensable pour rendre la répartition parfaitement
exacte* ».

3° On se rappelle que nous avons indiqué plus haut
les régions de la France où il existait un cadastre
bien avant 1789. Le Languedoc, la Provence et quelques autres circonscriptions possédaient des sommiers
ou registres terriens qui servaient à la répartition
de la taille, et permettaient de diminuer, dans une certaine mesure tout au moins, l'arbitraire des collecteurs.
— Le comité d'imposition était d'avis qu'une pareille
mesure devait être généralisée ; il a exprimé cette pensée,
comme on l'a vu plus haut, *de la façon la plus formelle.*
L'idée de la confection nécessaire d'un cadastre général
est une de celles dont nous sommes redevables aux
hommes de la Constituante ; c'est à elle qu'on est revenu
après bien des tâtonnements et des déboires en 1807 ;
c'est elle qu'on a adoptée partout quand on a voulu
donner à l'impôt foncier une assiette sérieuse et équitable.

Tout dernièrement encore, quand l'Italie a voulu réor-
ganiser son impôt foncier, elle n'a pas hésité à avoir
recours à un cadastre. L'article 1er de la loi du 1er mars
1886 sur l'impôt foncier décide, en effet, « qu'il sera
pourvu par les soins du gouvernement, et dans tout le
royaume, à la confection d'un cadastre géométrique par-

cellaire uniforme, basé sur la mesure des terres et leur évaluation (1) ».

La Belgique et la Hollande qui, sous la domination française, en 1807, avaient commencé la confection de leur cadastre, ont continué d'y travailler après avoir recouvré leur indépendance.

Ces deux pays font aujourd'hui du cadastre parcellaire la base même d'un très intéressant travail de péréquation qui a été exposé d'une façon attachante et complète par M. Marcel Trélat dans les *Annales de l'École des sciences politiques* (2).

Le comité d'imposition de la Constituante et beaucoup des membres de cette assemblée se faisaient toutefois des illusions sur le rôle que devait jouer le cadastre dans la répartition de l'impôt foncier.

On croyait, à ce moment, que les évaluations des revenus nets seraient assez exactes et sincères pour être comparables et pour servir, par conséquent, à une véritable péréquation non seulement entre les propriétaires d'une même commune, mais encore entre les communes d'un canton, et entre les arrondissements d'un département. C'était là un espoir chimérique qui devait être déçu et dont on reconnut après 1807 toute la vanité, mais qui était parfaitement excusable de la part d'hommes n'ayant pas et ne pouvant pas avoir l'expérience de cette nouvelle méthode administrative de répartition. — L'honneur d'avoir prévu et compris la nécessité d'un cadastre général ne leur reste pas moins tout entier.

La loi fondamentale qui résulta des travaux du comité et des discussions de l'Assemblée fut celle des 23 novem-

(1) *Legge del primo marzo* 1886. — *Recordinamento dell'imposta fondiara*. Rome, Eredi Botta, 1886.

(2) *Annales de l'École des sciences politiques,* 3e fascicule. Paris, Alcan, éditeur, juillet 1886.

bre-1ᵉʳ décembre 1790. Elle subsiste aujourd'hui encore dans ses traits principaux et consacre toutes les réformes dont nous avons déjà signalé l'importance. En voici les articles généraux :

« ART. 1ᵉʳ. — Il sera établi, à compter du 1ᵉʳ janvier 1791, une contribution foncière qui sera répartie par égalité proportionnelle sur toutes les propriétés foncières à raison de leur revenu net, sans autres exceptions que celles déterminées ci-après pour les intérêts de l'agriculture.

« ART. 2. — Le revenu net d'une terre est ce qui reste à son propriétaire déduction faite, sur le produit brut, des frais de culture, récolte, semences, et entretien.

« ART. 3. — Le revenu imposable est le revenu net moyen, calculé sur un nombre d'années déterminé.

« ART. 4. — La contribution foncière sera toujours d'une somme fixe et déterminée annuellement, par chaque législature.

« ART. 5. — Elle sera perçue en argent. »

La loi de 1790 ne reproduit pas le système adopté par le comité d'impositions, et consistant à fixer un maximum au taux de l'impôt foncier par rapport au revenu net. Dans le titre IV, intitulé : *Des demandes en décharge*, le législateur se borne à indiquer la juridiction compétente pour connaître des réclamations formulées par ceux qui se *plaindraient du taux de leur cotisation*.

Tout ce titre n'était que provisoire, et dès le 10 avril 1791 un décret, en fixant le contingent de l'impôt foncier pour l'année, indiquait dans son article 3 :

« Tout contribuable qui justifierait avoir été cotisé à une somme plus forte que le sixième de son revenu net foncier, à raison du principal de la contribution foncière aura droit à une réduction. »

Nous avons signalé ailleurs l'inconvénient qu'il y avait

à prendre un seul collecteur-receveur par paroisse. Turgot, en particulier, avait proposé de désigner, pour le recouvrement des rôles, sinon pour leur confection, dans un arrondissement composé de plusieurs paroisses, un préposé spécial suffisamment éclairé et indépendant. Cette idée heureuse, reprise et adoptée par quelques assemblées provinciales, se trouve consacrée par la loi de 1790. On peut y lire que plusieurs communes ou même *toutes* les communes d'un canton sont autorisées à se réunir pour nommer un préposé spécial chargé du recouvrement des rôles.

Il restait à juger le mode de répartition de l'impôt foncier entre les circoncriptions administratives, et à déterminer la cote de chaque habitant par l'évaluation du revenu net de ses biens.

Ce n'est pas dans la loi de 1790 qu'il faut chercher la réponse à la première question. Une loi antérieure, celle du 14 décembre 1789, relative aux fonctions des assemblées municipales, avait décidé (art. 51) que « les fonctions propres à l'administration générale qui peuvent être déléguées aux corps municipaux pour les exercer sous l'autorité des assemblées administratives sont : 1º *la répartition des contributions directes entre les citoyens et la perception de ces contributions... »*.

La répartition par départements devait être faite désormais par le corps législatif, comme elle se faisait auparavant entre les provinces et les généralités par des arrêts du roi en son conseil. — Dans l'intérieur du département, la loi organique du 22 décembre 1789 fixait ainsi la répartition :

« *Section III*. — Art. 1er. — Les assemblées de départements sont chargées, sous l'inspection des corps législatifs et en vertu de ses décrets : 1º de répartir toutes les contributions directes imposées à chaque département. Cette répartition sera faite par les administrations de département entre les districts (1) de leur ressort, et par les administrations du district entre les municipalités.

« 2° D'ordonner et de faire faire suivant les formes qui seront établies les rôles d'assiette et de cotisation entre les contribuables de chaque municipalité.

« 3° De régler et de surveiller tout ce qui concerne tant la perception et le versement du produit de ces contributions que le service et les fonctions des agents qui en seront chargés. »

L'Assemblée constituante continuait donc simplement l'œuvre de décentralisation commencée en 1787, par la création d'un système complet d'assemblées représentatives subordonnées les unes aux autres, et chargées, elles aussi, de la répartition des contributions directes. Cette révolution administrative, dont nous avons signalé l'importance, était consommée. Seulement l'organisation de 1787 laissait subsister à côté des nouvelles assemblées l'intendant, c'est-à-dire un représentant du pouvoir central ; la loi du 22 décembre 1789 le supprimait d'un trait de plume. Les assemblées départementales et surtout les municipalités se trouvaient investies des pouvoirs les plus étendus, sans qu'aucun contrôle direct exercé par un agent du pouvoir central vînt les rappeler, le cas échéant, à leurs devoirs.

En confiant à ces assemblées la confection des rôles, et la perception des impôts directs, on subordonnait sans sanction possible, la sécurité du Trésor, l'indépendance et la sûreté même de l'État, à la vigilance incertaine, à la bonne volonté, à l'intégrité d'assemblées anonymes, de collectivités irresponsables. C'était là une faute grave

____

(1) Les districts sont devenus à peu de chose près nos arrondissements actuels.

dont les conséquences déplorables ne devaient pas tarder à se faire sentir. Mais on croyait, à ce moment, que l'impôt voté par les représentants de la nation serait payé avec enthousiasme, perçu sans difficulté ; on croyait que la bonne volonté des citoyens n'aurait d'égale que celle des corps municipaux et le zèle des administrations de départements. Le réveil fut rude et la désillusion complète ; les rôles furent en retard, les municipalités insouciantes ou hostiles, les assemblées départementales impuissantes à obtenir l'obéissance, ou trop timides pour l'exiger. Les impôts et l'impôt foncier en particulier furent mal payés, et parfois, ne furent pas acquittés du tout.

En l'an VII, neuf ans après la mise en vigueur de la loi de 1790, Ramel affirmait au Directoire, sans être démenti, que les propriétaires fonciers devaient encore en France plus d'un milliard d'arriéré au Trésor public !

Sans doute les difficultés politiques de toutes sortes furent pour beaucoup dans ce désordre et dans cette impuissance volontaire ou intéressée des assemblées administratives ; mais il y avait néanmoins une faute grave au point de vue financier, dans cette liberté sans contrôle avec une décentralisation excessive, laissée par la loi aux municipalités pour la confection des rôles et leur recouvrement. Il faut, pour en comprendre la raison et en trouver l'excuse, concevoir combien devait être grande l'inexpérience politique des nouveaux législateurs après tant de siècles de centralisation despotique.

La loi de 1790 chargeait, en outre, les officiers municipaux d'apprécier dans *leur âme et conscience le revenu net des terres*. Telle est la réponse à la deuxième question que nous nous posions tout à l'heure.

Il y avait dans cette méthode des vices qui sont manifestes. On laissait la porte ouverte à l'arbitraire. Mais nos critiques seront ici moins étendues et moins vives parce que cet article n'était aux yeux de l'Assemblée constituante qu'un expédient provisoire, nécessaire à admettre avant la confection d'un cadastre général.

En ce qui concerne le recouvrement, une disposition nouvelle mais certainement critiquable se trouve dans la loi de 1790.

La voici (Titre V, art. 9) : « A défaut de payement de la contribution, les fruits et loyers pourront être saisis, et il ne sera en conséquence décerné de contrainte que sur ceux des contribuables dont l'espèce de propriété n'aurait pas un revenu saisissable. »

Ce qu'il y avait d'heureux dans cette innovation c'était la suppression de la garnison, de la contrainte solitaire devenue si odieuse, et de tous les procédés vexatoires, à l'aide desquels le fisc, sous l'ancien régime, arrachait l'impôt à grands frais aux contribuables appauvris.

Ce qu'il y avait de critiquable, c'était de placer par cette mesure le propriétaire sous le coup d'une saisie presque immédiate, sans qu'une contrainte décernée contre lui l'eût suffisamment averti.

En résumé, qu'était l'impôt foncier en 1790, après les modifications apportées par la loi nouvelle ?

L'impôt foncier restait un impôt de répartition ; il était perçu en argent proportionnellement au revenu net de toutes les propriétés ; le revenu étant évalué dans chaque commune par les officiers municipaux. Fixé annuellement pour son principal et ses centimes additionnels par le corps législatif qui le répartissait lui-même entre les départements, il était divisé à nouveau entre les districts, puis entre les communes par des assemblées locales électives. La répartition définitive entre les contribuables était confiée aux assemblées municipales.

Quelle différence pouvons-nous saisir avec l'état de choses antérieur, tel que nous l'avons décrit ailleurs ? La différence semble légère en apparence ; elle est profonde en réalité.

L'impôt était fixé arbitrairement par le roi, sans garantie et sans contrôle : il devenait une charge consentie désormais par les représentants de la nation.

L'impôt foncier était *personnel* dans la majeure partie des cas, c'est-à-dire qu'une partie de la nation et la plus fortunée s'en trouvait déchargée par le seul fait de la naissance, ou par la puissance de la brigue et des influences de clocher. L'impôt foncier devint *réel*, il frappa les *biens* et leurs revenus sans tenir compte de la qualité des personnes. Ainsi se terminait le grand combat, livré au nom de la justice, pendant la deuxième moitié du XVIIIe siècle pour la *réalité* des impôts.

Un principe nouveau était posé ; mais il avait fallu une révolution politique pour obtenir qu'il fût proclamé et subi par ceux aux intérêts desquels il devait porter atteinte.

A côté de cette grande œuvre de justice réalisée, à côté des inspirations heureuses, comme le projet d'un cadastre général, la suppression de la garnison, la création d'un fonds de non-valeur, l'organisation d'une juridiction qui n'a changé que de nom depuis un siècle, à côté de tant d'idées justes, il y en eut de très faibles ; nous ne l'avons pas caché !

L'œuvre de la Constituante a surtout été, en ce qui concerne la loi de 1790, une *œuvre politique*. Son inexpérience se révèle dans cette création rapide d'une organisation nouvelle ; elle se révèle là surtout où elle abandonne les traditions historiques, là où elle ne marche plus appuyée, fortifiée par les expériences et les enseignements du passé.

Quoi d'étonnant à cela ? Où les constituants eussent-ils trouvé des leçons et des exemples ? L'ancien régime, décrié par ceux-là mêmes qui étaient intéressé à son maintien, n'avait rien à présenter de satisfaisant comme organisation financière. La Constituante sut, au contraire, mettre à profit avec un talent et une sagesse très méritoires, tout ce qui pouvait la guider dans son œuvre difficile. — Reprocher à la Constituante de ne pas avoir fait une œuvre parfaite est une simple injustice aggravée par la connaissance que nous avons aujourd'hui des difficultés énormes de la tâche qui lui incombait. — Que d'années d'expérience, de luttes, de tâtonnements il a fallu depuis pour arriver à l'état encore imparfait de notre impôt foncier ! Depuis cinquante ans on essaye d'arriver à la péréquation de la contribution foncière, et l'on cherche encore la solution.

Que le sentiment de notre impuissance actuelle et des fautes passées nous rendent plus indulgents pour ceux qui, sans arriver à édifier une œuvre irréprochable, eurent au moins le mérite de poser les bases sur lesquelles reposent encore à l'heure actuelle notre système d'impôt territorial.

IX. — Des vices de la première répartition de la contribution foncière en France et ses conséquences. — Les dégrèvements.

Nous n'avons pas l'intention de pousser plus loin notre étude historique sur la loi de 1790, et d'en suivre les transformations à travers la période révolutionnaire jusqu'à nos jours.

Ceux que cette étude pourrait intéresser, trouveront, dans l'ouvrage très complet et très attachant de notre ancien professeur M. René Stourm, tous les développements que le sujet comporte (1). Nous allons nous borner à signaler l'origine et l'importance des erreurs qui vicièrent la première répartition de la contribution foncière en 1791, et les conséquences très curieuses des inégalités qui en résultèrent ou se trouvèrent plutôt de nouveau consacrées.

La loi de 1790 avait fixé les bases de la nouvelle contribution foncière ; elle en avait déterminé la répartition et l'assiette. — Mais il fallait mettre en œuvre cette organisation complexe, et avant toute chose il était nécessaire :

1° De fixer le montant total de l'impôt foncier ;

2° De le répartir entre les départements *proportionnellement aux revenus exacts des terres*, si l'on voulait rester dans l'esprit de la loi.

Le décret du 10 avril 1791 fixa le chiffre du principal de l'impôt foncier à 240 millions ; ce chiffre représentait exactement le sixième du revenu net des biens-fonds d'après les estimations du comité d'imposition. — Au principal de l'impôt devaient s'ajouter 5 sols additionnels donnant un total de 60 millions sans compter les frais de perception et les centimes communaux.

Le revenu des biens-fonds étant estimé 1,440,000,000 de livres, l'impôt foncier, principal et centimes additionnels compris, s'élevait à 20,83 p. 100 du revenu net des biens, *terres* et *maisons*. C'était donc une taxe très lourde, que nous considérerions aujourd'hui comme accablante et insupportable, puisque notre impôt foncier sur les propriétés non bâties n'atteignait pas en 1879-80 plus de 9 p. 100 du revenu net. — C'est probablement sous l'empire des idées fort critiquables des physiocrates (2)

---

(1) *Des finances de l'ancien régime et de la Révolution*, par M. R. Stourm. — Paris, Guillaumin, 2 vol. in-8°.

(2) On sait en effet que les physiocrates, considérant la terre comme la source unique de toutes les richesses, prétendaient lui faire supporter, au moyen d'un impôt unique, toutes les charges publiques.

sur l'impôt unique, que l'Assemblée adopta, de concert avec son comité d'imposition, un chiffre aussi élevé.

Fixer le montant de l'impôt n'était pas le plus difficile ; il fallait ensuite le répartir entre les départements ; c'est-à-dire entre des circonscriptions toutes nouvelles, dont on ignorait les forces *contributives*, bien loin de connaître le revenu net des biens-fonds qui s'y trouvaient contenus.

Comme il était absolument nécessaire cependant d'assigner à chaque département son contingent primitif, on eut recours à un expédient. — Le comité de la Constituante, considérant que le fisc, sous l'ancien régime, avait très sensiblement proportionné le montant des charges de toute nature aux forces contributives des provinces, proposa de faire servir comme base à la répartition nouvelle le montant calculé des *impôts antérieurs de toute espèce*. — Un tableau du montant de ces droits et taxes fut formé par commune, et en réunissant toutes les communes qui composaient les nouveaux départements, on put avoir une idée approximative de leurs forces contributives.

Cette idée était très ingénieuse, sans doute, et il était probablement impossible d'en trouver une meilleure à ce moment ; mais il était évident qu'elle allait consacrer des inégalités et sanctionner des injustices séculaires. On se rappelle, en effet, combien nous avons insisté, dans un précédent chapitre, sur les inégalités qui existaient entre les provinces au sujet des impositions, et de la taille en particulier. — Ainsi Turgot disait, en 1762 : « Des détails très exacts nous ont mis en état de faire une comparaison plus précise des impositions de l'Angoumois avec celles de la Saintonge ; cette comparaison faite par 5 voies différentes a toujours donné le même résultat, c'est-à-dire que l'imposition de l'Angoumois est à celle de la Saintonge, sur un fond d'égale valeur, comme 5 est à 2. »

La Normandie était plus chargée que la Champagne ; cette dernière plus taxée que la Franche-Comté.

L'inégalité dans la distribution des impôts entre provinces, est un fait avéré sous l'ancien régime, et ressort des doléances de tous les cahiers. — Prendre pour base d'une répartition nouvelle, une répartition essentiellement inégale et défectueuse, c'était s'exposer à aggraver des situations déjà douloureuses. Pourtant, ouvrir la discussion sur cet objet, revenait à l'éterniser ; l'Assemblée le comprit et adopta en bloc par un seul vote l'ensemble du projet. — Les conséquences de cette répartition vicieuse dès le principe furent très sensibles jusqu'en 1821 ; nous allons nous efforcer de le montrer ; et on peut dire même qu'elles se font sentir aujourd'hui encore.

Après l'enquête qui fut faite en 1821 pour arriver à un dégrèvement considérable de l'impôt foncier, dans les départements surchargés, un tableau très intéressant a été dressé pour mettre en évidence les changements opérés. — Ce tableau donne le rapport de l'impôt foncier en principal au revenu net avant le dégrèvement de 1821 et après ce dégrèvement.

Malgré les *huit* dégrèvements qui avaient eu lieu déjà pour diminuer ou atténuer les inégalités les plus choquantes, nous allons retrouver la trace des premiers vices de la répartition de 1791. Pour cela, groupons les départements, non pas dans l'ordre alphabétique, mais par provinces. — La Normandie, par exemple, comprenant avant 1789 les généralités de Rouen et de Caen tout particulièrement *surchargées*, a formé les départements suivants :

	Avant le dégrèvement de 1821.	
Orne	11.76	Chiffre de l'impôt foncier
Calvados	12.43	en principal
Seine-Inférieure	11.45	pour 100 francs de revenu net.
Eure ⎫ (en partie)	12.22	
Manche ⎭	11.71	

La moyenne du taux de l'impôt foncier en principal pour la France entière étant de 10,66 p. 100 du revenu net, les départements de la Normandie étaient donc très fortement taxés par rapport aux autres.

Dernièrement encore ces départements comptaient parmi les plus chargés, en moyenne, de la France entière.

En voici la preuve :

	Rapport de l'impôt foncier en principal au revenu net en 1874.
Orne	5.43 p. 100.
Calvados	5.26 —
Seine-Inférieure	5.29 —
Eure	5.85 —
Manche	5.64 —
Moyenne pour la France	4.24 p. 100.

Nous pourrions multiplier les exemples. Prenons seulement la Champagne, également surchargée avant 1789, comme l'attestent le témoignage de Necker (1) et les doléances des cahiers de la province.

Nous trouvons :

Départements.	Rapport du contingent en principal au revenu net avant 1821.
Marne	14.56 p. 100.
Haute-Marne	10.79 —
Aube	12.13 —
Ardennes	13.75 —
Moyenne pour la France	10.64 p. 100.

Il nous est aussi facile de faire la contre-épreuve. Ainsi la Franche-Comté, très favorisée par des traités avant 1789, puisqu'elle ne payait que 13 livres d'impôts par tête d'habitant tandis que la Champagne en acquittait 27. nous donne le résultat suivant :

(1) Voy. Necker, *De l'Administration des finances*, 1784.

Départements.	Rapport du contingent en principal au revenu net avant 1821
Haute-Saône	8.05 p. 100.
Doubs	8.83 —
Jura	8.62 —
Moyenne pour la France	10.64 p. 100.

D'une façon générale les pays d'État étant, sous l'ancien régime, plus ménagés que les pays d'élection, la nouvelle répartition dont nous venons de signaler les vices consacra ou exagéra ces inégalités.

Les plaintes les plus vives se produisirent ; les municipalités, comme nous l'avons dit plus haut déjà, négligèrent de dresser les rôles d'imposition ; les administrations départementales furent aussi impuissantes que l'administration centrale elle-même à en obtenir le recouvrement ou la confection, et l'on franchit de la sorte de 1791 à 1796 cette période troublée par les désordres intérieurs les plus graves. Pendant les six années qui s'écoulèrent ainsi, les propriétaires s'étaient contentés de donner quelques acomptes, ou de payer leurs impositions en assignats dépréciés. Quand il fallut, sous le Directoire, acquitter l'impôt en numéraire, les plaintes se renouvelèrent avec plus d'intensité. On entra dès lors dans la période des dégrèvements, période qui ne devait se terminer qu'en 1890.

Le principe qui présida au premier dégrèvement de 1797, comme à tous les autres, consista dans une réduction du contingent particulier à chaque département, la réduction étant d'autant plus forte que le département était considéré comme plus surchargé.

Depuis 1797 jusqu'à 1821, *sept* dégrèvements successifs furent opérés, et le chiffre du principal de l'impôt foncier en France décrut constamment. Les chiffres suivants indiquent successivement le montant du principal de cet impôt, c'est-à-dire de la partie perçue au profit de l'État.

En 1791	240.000.000	francs.
1797	218.000.000	—
1798	207.000.000	—
1799	189.000.000	—
1802	183.000.000	—
1802	174.000.000	—
1805	172.000.000	—
1819	168.000.000	—
1821	154.000.000	—

Le dégrèvement de 1821, que nous indiquons à la fin de cet exposé des contingents successifs depuis 1797, fut un des plus importants non seulement au point de vue de son chiffre, mais surtout en raison des travaux préparatoires dont il fut la conséquence.

Le but poursuivi, par le gouvernement de Louis XVIII, était la consécration du principe de la fixité du contingent. Le ministre des finances exprimait cette espérance dans les termes suivants :

« Lorsque la masse de l'impôt aura été réduite par le moyen d'un dégrèvement considérable, lorsque, par suite des réductions opérées dans les contingents *il n'existera plus*, entre les départements, de disproportions trop fortes, aucun motif ne s'opposera plus à ce que le contingent de chaque département soit désormais invariablement fixé. »

Les prévisions du ministre de Louis XVIII furent trompées ; un nouveau dégrèvement de 27 millions fut voté en 1850 (17 août); et la seule différence qui le sépara des précédents consista dans ce fait que la réduction fut opérée non sur le principal de l'impôt, mais sur les 17 centimes additionnels généraux qui se trouvèrent supprimés.

Malgré les *neuf* dégrèvements qui se succédèrent de 1797 à 1850, la *péréquation* de l'impôt foncier n'a pas été réalisée. Non seulement il existe des inégalités entre les départements, mais on peut voir chaque année avec l'augmentation des centimes additionnels départementaux ou communaux, ces inégalités s'accroître.

Une autre cause d'erreur et d'injustice est venue encore s'ajouter à toutes les autres. Notre impôt foncier, tel qu'il a été fondé par la loi des 23 novembre - 1er décembre 1790 et remanié par la loi du 3 frimaire an VII, frappe deux genres d'immeubles différents : les propriétés non bâties et les propriétés bâties.

Le principe de la fixité du contingent, consacré et appliqué depuis longtemps en France, ne s'applique pas aux propriétés bâties, puisque le nombre de ces dernières étant essentiellement variable, doit nécessairement motiver une augmentation ou une diminution du contingent qui les concerne.

La loi du 17 août 1835 prescrit de calculer cette augmentation de contingent afférent aux propriétés nouvellement construites ou reconstruites, d'après les contributions qu'elles doivent supporter en principal, comparativement aux autres propriétés bâties de la commune.

Les maisons ou usines nouvellement construites, ayant une valeur locative généralement plus élevée que celles qui sont plus anciennes, se trouvent injustement ménagées. *En outre, la valeur productive des propriétés bâties s'étant accrue d'une façon générale, plus rapidement que celle des propriétés non bâties, elles se trouvent ménagées dans la répartition de la contribution foncière.*

Il y a là une inégalité souvent inaperçue mais très réelle, et contraire au principe de la proportionnalité, inscrit dans nos lois financières. — La première réforme qui s'imposait pour arriver à améliorer une pareille situation, c'était la séparation du contingent des propriétés bâties ou non bâties. C'est là aujourd'hui un fait accompli ; M. Léon Say a pu faire adopter par le Parlement cette partie de son programme, et depuis 1882 le contingent de l'impôt foncier pour les propriétés bâties est distinct du contingent imposé aux propriétés bâties ou non bâties. Une méthode ingénieuse était proposée également par M. Léon Say, alors ministre des finances (1).

« Pour atteindre ce résultat, disait-il dans l'exposé des motifs, c'est-à-dire pour ramener la contribution foncière des propriétés bâties au niveau de celles des propriétés non bâties, le moyen le plus sûr et le plus rationnel serait de procéder à une évaluation directe de toutes les propriétés bâties imposables (2). Mais il a paru préférable de recourir à un procédé, à celui qui a été mis en action par l'article 2 de la loi du 4 août 1844 à l'égard de la contribution personnelle et mobilière.

« Ce procédé consisterait à calculer l'augmentation du contingent foncier afférent aux maisons et usines nouvellement construites, non plus seulement comme le prescrit la loi du 17 août 1835, d'après la contribution qu'elles doivent supporter en principal, comparativement aux autres propriétés bâties de la commune, mais d'après une quotité déterminée de leur valeur locative *réelle*, 5 p. 100 par exemple, taux auquel les propriétés non bâties paraissent être imposées en moyenne.

« Puis le contingent ainsi modifié, serait réparti entre toutes les constructions anciennes et nouvelles de la commune, proportionnellement à leur revenu cadastral. Les bâtiments démolis continueraient à motiver une diminution du contingent, égale à l'impôt qu'ils supportaient.

---

(1) Voir l'exposé des motifs, *Journal officiel*, 16 avril 1876.

(2) Cette réforme est accomplie ; à la suite d'une enquête générale, le revenu net des propriétés bâties a été évalué (1887-89).

« Dans ce système l'influence des constructions nouvelles et des démolitions tendrait constamment à rapprocher les contingents en principal des communes du
taux uniforme de 5 p. 100 de la valeur locative de l'ensemble des constructions imposables ; or, comme les
contingents sont aujourd'hui le plus souvent très inférieurs à ce taux, il en résulterait une augmentation progressive des ressources du Trésor, qui peut être évaluée
annuellement à 400,000 francs. »

Le projet de M. Léon Say est très intéressant et nous
semble aisé à mettre en pratique ; son adoption tendrait
sérieusement à diminuer une inégalité de traitement très
choquante, et mal connue, entre les propriétés bâties
et non bâties.

On n'a fait malheureusement qu'un pas dans cette
voie, en séparant les contingents des deux genres de
propriétés. Il faut faire plus ; cette réforme est nécessaire (1).

X. — De la diminution successive du principal de
l'impot foncier en France depuis 1791, et de l'augmentation croissante des centimes additionnels.
Conclusion

Le principal de l'impôt foncier, en France, a constamment décru depuis 1791 jusqu'à 1821. Dans cet intervalle, *neuf* dégrèvements successifs s'élevant à la somme
de 85,351,000 francs avaient été opérés, et le dernier
lui seul représentait pour le Trésor une perte de
14 millions. Plus tard, la loi du 17 août 1850 supprima

____

(1) Nous répétons que la réforme indiquée plus haut est accomplie aujourd'hui.
Depuis 1891, l'impôt foncier des propriétés bâties est devenu un impôt de quotité
égal à 3,20 0/0 des revenus imposables. L'ancien principal a été fictivement maintenu pour permettre la perception des centimes additionnels.

encore 17 centimes généraux additionnels à la contribution foncière, et cette suppression qui ne modifiait pas, il est vrai, le principal de l'impôt, n'en fut pas moins un allègement considérable aux charges des propriétaires fonciers. Cette diminution croissante de la partie de l'impôt foncier perçu au profit de l'État, est d'une grande importance ; c'est un fait peu connu du public, et nous croyons qu'on ne saurait trop le rappeler. Il ne faut pas oublier non plus que les fermages subissaient une hausse graduelle, pendant que l'impôt qui frappait la terre décroissait continuellement. La part du revenu net absorbée par le principal de la contribution foncière, diminua donc constamment de 1791 à 1851. Nous avons vu qu'en 1791 l'impôt foncier représentait à peu près 20 p. 100 du revenu net (1) des biens-fonds, en estimant ce revenu à 1,440 millions, chiffre très voisin de la réalité puisqu'en 1817 les 460 premiers cantons cadastrés donnèrent un total de 1,454 millions. En 1821, après un enquête très sérieuse basée sur la ventilation des baux et actes de vente, le revenu foncier de la France était estimé à 1,580 millions ; le principal de l'impôt s'élevait alors à 154,678,130 francs, la part du revenu net prélevée au profit de l'État nedépassait pas 9,79 p. 100.

Depuis 1821 la diminution du taux de l'impôt foncier n'a pas cessé de se produire, ainsi que le montre le tableau suivant, établi d'après les résultats des enquêtes auxquelles l'administration des contributions directes s'est successivement livrée :

(1) Soit 20 p. 100 en y comprenant les centimes additionnels généraux ; 16,60 p. 100 si l'on ne tient compte que du principal (240 milions).

ÉPOQUE DES OPÉRATIONS	MONTANT du REVENU NET	CONTINGENT EN PRINCIPAL	RAPPORT du PRINCIPAL AU REVENU NET
	Fr.	Fr.	Pour 100.
1791 (1)...............	1.440.000.000	240.000.000	16.66
1821...............	1.580.000.000	154.000.000	9.79
1851...............	2.540.000.000	155.064.000	6.06
1862...............	3.096.000.000	150.492.000	5.15
1874...............	3.979.000.000	167.959.000	4.24

(1) Les chiffres indiqués pour 1791 résultent seuls d'évaluations approximatives et non d'une enquête administrative.

Nous avons arrêté ce tableau en 1874 parce que l'enquête plus récente et plus complète encore de 1879, a, pour la première fois, étudié séparément les variations du revenu des propriétés non bâties, et qu'il était nécessaire de faire mention de cette particularité pour que les résultats fussent intelligibles et comparables. Il résulte en effet des études prescrites par la loi de 1879, que le revenu net des propriétés non bâties s'élevait en France à 2,645 millions au moment de l'enquête. Si nous rapprochons ce chiffre du contingent en principal afférent aux propriétés non bâties, soit 118,754,000 francs (1), nous trouvons que le taux de la contribution foncière sur les propriétés non bâties s'élève à 4,49 p. 100. En rapprochant ce dernier chiffre de celui qui indique le taux d'imposition en 1851 pour tous les genres de biens-fonds, nous constatons une diminution notable de près de 1,5 p. 100.

La différence qui existe en sens inverse, entre le taux de 4,24 p. 100 indiqué en 1874, et celui de 4,49 p. 100

(1) Nous donnons ici le chiffre inscrit au budget en 1883, c'est-à-dire l'année même où les contingents des propriétés bâties et non bâties ont été insérés séparément dans la loi de finances.

qui résulte de l'enquête exécutée cinq ans plus tard, s'explique par cette surcharge légère mais réelle imposée aux propriétés non bâties, par rapport aux propriétés bâties, dont le revenu s'accroît plus rapidement (1).

Nous avons déjà signalé cette inégalité ; nous nous bornerons ici à faire remarquer que les recherches faites sur les revenus des biens-fonds, semblent confirmer notre opinion.

S'il paraît certain, et s'il est en effet bien démontré que la part prélevée au profit de l'État dans le produit net des terres et des maisons a décru progressivement en France depuis le commencement du siècle, il reste à savoir si les centimes additionnels départementaux et communaux, en s'ajoutant au principal, n'ont pas grevé au contraire les contribuables de charges croissantes et plus lourdes que jamais. Ainsi posé le problème se résout aisément ; sa solution ne saurait laisser aucun doute dans l'esprit, puisqu'elle repose sur des chiffres précis inscrits annuellement pour la plupart dans nos lois de finances.

Pour bien caractériser la situation actuelle il nous semble intéressant de la comparer avec celle que nous trouverons exposée dans les nombreuses et ardentes discussions qui eurent lieu en 1821 dans le Parlement, à propos du dégrèvement et de la péréquation de l'impôt foncier.

Ainsi dans la séance du 11 juillet 1821, à la Chambre des députés, Tronchon voulant montrer l'urgence d'un dégrèvement, énumérait et insistait sur les charges imposées par la contribution foncière aux propriétaires.

« La somme demandée à partir du 1ᵉʳ juillet, disait-il, est égale à 154,678,000 francs en principal. »

On ne peut disconvenir que pour la contribution fon-

---

(1) Il est clair, en effet, que le taux de 1874 étant une moyenne se rapportant aux deux genres de propriétés, doit être abaissé par l'introduction dans cette moyenne du taux inférieur qui se rapporte aux propriétés bâties trop ménagées.

cière de la France, *cette somme est très modérée ; je dirai même faible, à ne la considérer qu'isolément*, puisque les revenus fonciers sont portés au delà de 1,580 millions et qu'alors elle se trouve de 4 millions au-dessous de ce que donnerait *une composition au* 1/10e, *ce qui est généralement regardé comme une juste borne.* « Mais ici le principal se présente avec un cortège de centimes additionnels, à la tête desquels figurent des centimes sans affectation que l'on peut regarder comme un principal semblable au premier, et il faut de ce chef ajouter 29,449,225 francs. »

Viennent encore se rattacher à ce principal déjà si bien renforcé :

« 1º 20c,5, dont 2 pour fonds de non valeur, et 18 ou 19 pour dépenses départementales fixes et variables ;

« 2º 5 centimes facultatifs que voteront les conseils généraux ;

« 3º 5 centimes que voteront les conseils municipaux ;

« 4º 5 centimes pour frais de perception ;

« 5º Enfin tous les centimes extraordinaires que peuvent voter, sauf autorisation, les conseils généraux, les conseils d'arrondissements et les conseils municipaux. *Formez l'addition et quand vous ne compteriez que pour 5 centimes environ le dernier article, vous aurez un total de 40 p. 100 ou 72,779,694 francs qu'il faudra joindre aux 184,449,245 francs établis précédemment, ce qui donne un total de 258,228,929 francs, et ce qui constitue une charge de 16,4 p. 100* (1) ! »

Nous avons tenu à reproduire tout entier un des passages les plus intéressants du discours de Tronchon ; il montre bien en effet quelles étaient alors les plaintes et les espérances. Nous apprenons qu'un impôt de

____

(1) Voy. *Archives parlementaires*, année 1821. Chambre des députés, séance du 11 juillet ; discours de Tronchon.

154 millions perçu au profit de l'État, sur un revenu net évalué à 1,580 millions, était alors considéré comme une charge *très modérée, et même faible*, bien qu'elle atteignît 9,76 p. 100, et plus de 11 p. 100 si on y joint les centimes additionnels généraux. Nous voyons que le principal de l'impôt, les centimes généraux et additionnels de toute nature, constituaient une charge considérable *s'élevant à plus de* 19 p. 100, et que les centimes additionnels départementaux et communaux à eux seuls s'élevaient déjà à 40 p. 100 du principal !

Passons brusquement en 1874, date à laquelle une enquête nous donne le chiffre du revenu net de la propriété foncière en France (1). Nous trouvons :

	Fr.
Impôt foncier en principal (terres et maisons)........	174.300.000
Centimes additionnels départementaux..............	92.891.000
Centimes additionnels communaux.................	77.478.000
Total........	344.669.000

En rapprochant ce chiffre du montant évalué à cette époque des revenus nets relatifs aux propriétés bâties et non bâties et s'élevant à 3,959 millions, nous voyons que l'impôt foncier, centimes additionnels compris, ne s'élève plus qu'à 8,95 p. 100 des revenus fonciers. Le taux de l'impôt territorial a donc diminué de moitié depuis 1821 jusqu'à 1874 ! La charge, plus forte d'une façon absolue, est moindre d'une façon relative ; et l'impôt a augmenté moins rapidement que la valeur foncière et locative des immeubles de toute nature !

Ce résultat, qui pourra paraître étonnant à plusieurs, n'est-il pas faussé par la réunion dans un même total des revenus si différents de la propriété bâtie et de la propriété non bâtie ? A l'heure actuelle, ou tout au moins lors de l'enquête commencée en 1879, les propriétés non bâties

---

(1) Voy. *Journal officiel* du 16 avril 1876.

ne supportaient-elles pas une charge bien supérieure à celle que nous indiquons quelques lignes plus haut ? Le tableau suivant, que nous tirons des volumes de l'enquête, servira de réponse ; la comparaison qui s'y trouve faite entre la situation en 1851 et en 1879, montre, en outre, que le mouvement de décroissance dans le taux de l'impôt signalé par nous s'est poursuivi d'une façon continue depuis 1821.

Propriétés non bâties.

| | RAPPORTS DU MONTANT DES CENTIMES ADDITIONNELS DE TOUTE NATURE | | | | RAPPORT DU TOTAL DE LA CONTRIBUTION AU REVENU NET | |
	AU REVENU IMPOSABLE EN		AU TOTAL DE LA CONTRIBUTION EN			
	1851	1879	1851	1879	1851	1879
France entière..	4.05	4.50	38.64	50.06	10.48	8.99

Ce tableau se passe de commentaire. Le fait important qui domine tous les autres et que nous tenions à mettre en lumière, nous paraît à cette heure bien établi ; nous pouvons légitimement conclure que l'impôt foncier en France ne s'est pas accru dans la même proportion que les revenus sur lesquels il est assis, et que la charge pesant de ce chef sur la propriété foncière a diminué en réalité depuis quatre-vingts ans. Nous n'ignorons pas, il est vrai, que la terre supporte indirectement d'autres taxes. La prestation en nature, l'impôt des portes et fenêtres, l'impôt mobilier lui-même, constituent des charges qui, dans une large mesure, atteignent les revenus des propriétaires ou de la population agricole (1), et il

(1) Voir à cet égard notre précédente étude : *Les charges fiscales de la propriété rurale et de l'agriculture.*

est certain que ces impôts sont plus lourds qu'autrefois ;
ce sont là des vérités incontestables, mais nous n'étudions ici que la question de l'impôt foncier et non pas
celles des impôts qui frappent directement ou indirectement les revenus agricoles. Nous entendons, par conséquent, laisser de coté toute controverse relative aux
charges variées qui pèsent sur les biens-fonds, pour ne
parler que de la contribution foncière, de ses variations et
de sa décroissance incontestable. *La conclusion de notre
travail à ce point de vue peut être indiquée en peu de
mots : depuis le commencement du XIXe siècle, les
revenus fonciers, loyers et fermages, se sont accrus du
simple au double et au triple même, d'après des documents et des enquêtes méritant toute notre confiance ;
le principal de l'impôt foncier a diminué au contraire
constamment d'une façon à la fois relative et absolue ;
la contribution foncière tout entière a diminué également
dans son taux, et elle est aujourd'hui beaucoup moins
lourde qu'elle n'a jamais été pendant la première moitié
du siècle. Des situations exceptionnelles, les effets d'une
crise agricole universelle, peuvent infirmer dans quelques cas les résultats de notre analyse ; mais ce qu'elle
contient de vérité impartialement exposée, ne saurait,
croyons-nous, échapper à personne.*

XI. — DE L'IMPÔT FONCIER EN FRANCE ET EN EUROPE

Les questions financières ont aujourd'hui une grande
importance dans les discussions économiques ; on s'appuie
volontiers sur le tableau de nos charges si variées et si
lourdes pour conclure à l'adoption d'un régime économique nouveau, qui rétablirait l'équilibre entre nos con-
currents et notre industrie ou notre agriculture menacée.
Etudier cette question en général, ce serait sortir des

limites de cette étude. Il est naturel au contraire, après avoir examiné l'importance de l'impôt foncier en France, de se demander si notre pays ne supporte pas une contribution dont le poids excessif peut mettre notre agriculture dans une situation de visible infériorité par rapport à nos voisins plus ménagés.

Dans le tableau rapide que nous allons tracer des charges que l'impôt foncier fait peser sur la propriété immobilière dans les pays qui nous entourent, nous aurons soin de distinguer autant que nous le pourrons la propriété bâtie de la propriété non bâtie et d'insister sur ce qui concerne cette dernière.

1° *Angleterre.* — A ne consulter que les apparences, l'Angleterre paraît être le pays le plus ménagé au point de vue de la taxe *sur les terres.* La *land-tax* ne s'élève guère en effet à plus de 37 millions de francs, alors que le revenu net des terres, d'après les chiffres du *Statistical Abstract,* dépasse 1,200 millions (1). Ce n'est là qu'une apparence, il faut se rappeler qu'une partie de l'impôt foncier anglais a été rachetée à partir de 1798, non pas complètement, mais en grande partie, d'après un système ingénieux dû à Pitt, qui espérait diminuer par cette opération financière, dont il serait trop long de parler, les intérêts de la dette perpétuelle anglaise.

Il est aisé de comprendre que l'intérêt du capital abandonné pour le rachat de la *land-tax,* représente en réalité l'impôt autrefois payé, et que les propriétaires anglais ne se sont pas trouvés dans une situation plus favorable après la libération de leurs biens-fonds, par la méthode qui leur était proposée. L'opération du rachat s'est poursuivie en Angleterre de 1798 jusqu'à nos jours ;

(1) Voir pour ces chiffres et les suivants le *Statistical Abstract for the United Kingdom,* et le *Bulletin de statistique du ministère des finances,* juillet 1883. En 1895, ce chiffre a même subi une réduction de plus de 20 0/0, par suite de la crise agricole.

et à l'heure actuelle, le montant de la taxe rachetée s'élève à 849,161 livres (1) ou 21 millions de francs en chiffres ronds. La taxe sur les terres, ou *land-tax*, se monte donc réellement à 58 millions de francs, si on ajoute la partie de la taxe rachetée à la portion qui s'acquitte encore aujourd'hui. Ce n'est là qu'une bien faible fraction des charges qui pèsent directement sur les biens-fonds ruraux ou urbains en Angleterre, charges qui ont le caractère d'une véritable contribution foncière. Ainsi une foule de taxes locales directes, additionnelles, à taxe des pauvres (*poor rate*) frappent la terre et les maisons. En 1883 les contributions très diverses de cette nature s'élevaient pour l'Angleterre et le pays de Galles à 24,869,000 livres ou 621 millions de francs (2). Le revenu des maisons étant à peu près le double du revenu des terres, ces dernières acquittent donc 200 millions au moins de taxes directes locales.

A ces contributions déjà si lourdes il faut encore ajouter le produit de la cédule A de l'*income-tax*, qui frappe les revenus des propriétaires.

Il faut ajouter de ce chef 32 millions de francs acquittés par les propriétaires. Sans tenir compte de la *land-tax* rachetée, nous voyons donc que l'impôt prélevé sur les revenus *des terres* en Angleterre, se monte à 69 millions de francs pour l'État et à plus de 221 millions pour les localités, soit en tout 289 millions de francs pour l'Angleterre seule, alors que le revenu imposé à l'*income-tax* ne dépasse pas 1,210 millions de francs. Les taxes frappant la terre représenteraient ainsi 23 p. 100 du revenu foncier. Aujourd'hui (1895), cette proportion atteint même 28 p. 100.

(1) Voir *Bulletin du ministère des finances*, juillet 1883.

(2) Voir les chiffres, ainsi que pour la proportion entre le revenu des terres et celui des maisons, voir le *Statistical Abstract* de 1885, p. 26 et 32.

On voit que, par rapport à la France, l'Angleterre est fort peu ménagée en ce qui concerne les taxes qui atteignent les revenus des propriétés *non bâties*.

2° *Hollande.* — On a publié récemment à Amsterdam une *Statistique des Pays-Bas* (1) très complète, très interressante, et qui nous donne des renseignements détaillés sur les taxes foncières.

L'impôt foncier, en Hollande, est de longue date un impôt de répartition ; il est réglé actuellement par la loi du 26 mai 1870.

Les propriétés bâties et non bâties sont imposées séparément par provinces, et le contingent est réparti entre les propriétés d'après les indications du cadastre (2). Outre le principal de l'impôt foncier, 21 centimes additionnels sont encore perçus au profit de l'État.

En 1883, sur un revenu net imposable de 46,242,000 de florins, les propriétés non bâties acquittaient 5,517,000 florins, soit 11 p. 100, pour le principal de la contribution foncière. Celle-ci, avec les centimes additionnels généraux, représente 14 p. 100 du revenu net des terres, et 18 p. 100 avec les centimes additionnels des provinces et des communes. La charge est donc deux fois plus considérable que celle dont nous avons cependant signalé toute l'importance pour la France.

3° *Belgique.* — La Belgique, comme la Hollande, possède un impôt foncier de répartition, qui a du reste été établi sur les bases actuelles pendant la réunion de la Belgique à la France. Un tableau officiel, annexé à la loi du 7 juin 1867 (*Documents parlementaires de la Chambre des représentants*, séance du 28 novembre 1866), nous donne,

---

(1) Voy. *Statistique des Pays-Bas*, publiée à Amsterdam en 1883. Texte en français.

(2) On trouvera dans la préface de l'ouvrage indiqué plus haut en note, des détails intéressants sur l'impôt foncier et son organisation. Voir aussi l'article de M. Marcel Trélat sur la *Péréquation de l'impôt foncier en Belgique, et en Hollande*, in *Annales de l'École des sciences politiques*, juillet 1886.

à propos de l'impôt foncier qui frappe les propriétés non bâties, d'intéressants renseignements.

Nous voyons par l'examen de ces chiffres que le taux de l'impôt foncier perçu au profit de l'État a décru en Belgique comme en France. Ce taux était de 15 p. 100 pour l'impôt en principal, d'après les anciennes évaluations cadastrales ; il tombe à 10 p. 100 d'après les nouvelles recherches de l'administration (1). Il n'en est pas moins vrai que ce taux est double de celui que nous avons constaté pour la France, et que les centimes additionnels locaux viennent encore l'augmenter.

3° *Italie*. — Ce n'est pas sans raison que l'Italie, après de longues discussions et des plaintes incessamment renouvelées, vient de chercher à ramener l'ordre dans l'organisation de sa contribution foncière ; non seulement les inégalités les plus choquantes existent entre les différentes provinces du royaume, mais le poids considérable des taxes générales et locales qui frappent la terre rendent ces inégalités plus intolérables encore.

Le tableau suivant mettra les faits en évidence :

Provinces.	Rapport de l'impôt au revenu effectif. P. 100
Lombardie	19.9
Parme	15.5
Sardaigne	15
Romagne	15
Sicile	10.6
Naples	14.3
Modène	13.8
Marches-Ombrie	13.6
Piémont-Ligurie	13.4
Toscane	9.1

En 1879, M. Silvio Ami (2) citait dans son ouvrage

(1) Ces recherches datent de 1865.
(2) Silvio Ami, *la Perequazione dell'imposta sui terreni*. Turin, Roux et Favale, 1879, in-8°.

Sur la Péréquation de l'impôt foncier, les chiffres suivants qui donnent une idée suffisante de la contribution foncière en Italie et de son importance considérable.

Impôt foncier en Italie (propriétés non bâties).

	Fr.
Impôt perçu par l'État	124.695.028
Surtaxes provinciales	48.838.012
Surtaxes communales	71.874.839
Total	245.407.879

Le chiffre du revenu imposable des terres étant, d'après les évaluations de M. Silvio Ami et les renseignements officiels, de 934 millions de francs environ, on voit que le principal de la contribution foncière s'élève à 13 p. 100 du revenu imposable et le total de cette contribution à 25 p. 100 de ce même revenu. En admettant que le revenu imposable des terres ait été atténué dans une très forte proportion, l'impôt foncier en Italie ne nous apparaîtrait pas moins comme une charge au moins double de celle qui grève les terres en France.

Nous nous bornerons, pour abréger, à ces indications sur les pays qui ont plus particulièrement attiré notre attention ; mais le résultat que nous avons constaté, c'est-à-dire le poids considérable de l'impôt foncier dans ces régions par rapport aux charges de même caractère supportées en France, ce résultat serait le même si nous portions nos regards en Prusse ou en Autriche, par exemple.

« En Autriche, dit M. Paul Leroy-Beaulieu, dans son *Traité de la science des finances*, et dans la seule Cisleithanie, l'impôt foncier en 1880 rapportait à l'État 90 millions de francs, non compris 25 millions de florins sur les bâtiments. Dans la Transleithanie, l'impôt foncier montait à 92 millions de francs ; ce qui portait à

182 millions le produit pour l'État de l'impôt sur les propriétés agricoles dans la monarchie autrichienne.

« Il y a naturellement en Autriche, comme en France, des surtaxes locales. On ne peut évaluer la richesse agricole de l'Autriche-Hongrie à plus des 4/5 de la richesse agricole de la France. *Il en résulterait que la terre paye à l'État, proportionnellement à son revenu, moitié plus qu'en France;* et il ne faut pas oublier que, en plus de l'impôt foncier, il y a depuis quelques années dans l'empire autrichien un impôt sur le revenu qui frappe les propriétés foncières, et dont le produit n'est pas compris dans les chiffres précédents. »

En Prusse, M. Leroy-Baulieu constate que l'impôt foncier pèse encore plus lourdement qu'en France sur la propriété rurale. « Le sol de la Prusse, dit-il, a une surface qui est moitié de celle de la France, et il est moins fertile, de sorte que le produit net de l'agriculture ne doit guère atteindre que moitié du produit net de l'agriculture française. L'impôt de 50 millions sur les propriétés rurales représente pour nous un impôt de 98 à 100 millions. Il y a de plus, en Prusse, une *Einkommensteuer* et une *Classensteuer* qui frappent les revenus fonciers. »

XII

De l'examen rapide auquel nous venons de nous livrer en parcourant successivement les principaux pays de l'Europe, il résulte que la contribution foncière est presque partout de beaucoup supérieure à ce qu'elle est en France. C'est la conséquence logique et nécessaire des faits que nous venons d'exposer; c'est là aussi la conclusion naturelle de cette partie de notre étude.

Nous entendons formellement restreindre notre conclusion à ces termes et la maintenir en rapport avec les prémisses sur lesquelles elle s'appuie. En particulier nous n'avons pas l'intention de préjuger des charges qui pèsent sur l'agriculture française en comparaison de celles qui atteignent l'industrie agricole des autres nations. Nous avons étudié aujourd'hui un des éléments de cette vaste et difficile question, nous pourrons plus tard l'aborder tout entière et formuler alors une conclusion plus générale (1).

(1) Voir le chapitre précédent : Les charges fiscales de la propriété rurale et de l'agriculture.

LA QUESTION DU BLÉ

Il y a dix ans, ce titre eût été insuffisant, parce qu'il n'eût pas été assez clair. Aujourd'hui, tous les lecteurs sauront ce que nous avons voulu dire. Il ne s'agit point de la culture du blé, de son rendement à l'hectare, de l'action des engrais sur son développement, ou du choix des semences. A cette heure, ce ne sont pas les questions techniques, les questions scientifiques, qui intéressent le plus nos agriculteurs ; ce sont, presque exclusivement, les questions d'ordre économique.

Les cours du blé se sont abaissés. Quelle est la raison, ou quelles sont les causes de cette dépression ? Comment peut-il se faire que le prix du froment ait diminué malgré le relèvement des droits de douane qui avaient pour but d'arrêter la baisse ou de la limiter ? Voilà ce dont il s'agit aujourd'hui. C'est là ce que l'on appelle la question du blé.

Chose curieuse, en effet, pour qui veut réfléchir, la crise agricole ne se traduit pas par un déficit de la production rurale. Nos champs ne sont pas moins féconds, notre terre de France n'est pas moins admirable qu'hier par la variété et l'inépuisable richesse de ses productions. Voici, notamment, le tableau de nos récoltes de blé. L'amélioration est sensible ; l'accroissement de notre production depuis soixante ans dépasse ce que pouvaient espérer nos grands-pères. Les chiffres suivants et le graphique que le lecteur a sous les yeux nous le prouveront surabondamment.

RÉCOLTES DE FROMENT
EN FRANCE

Millions d'hectolitres.

1831-1835	67
1836-1840	69
1841-1845	74
1846-1850	85
1851-1855	81
1856-1860	98
1861-1865	99
1866-1870	92
1871-1875	101
1876-1880	93
1881-1885	105
1886-1890	104

Depuis 1831, la récolte de la France en froment a passé de 67 millions à 104 millions d'hectolitres ! L'augmentation accusée par ces chiffres atteint donc 55 p. 100 en soixante ans. Dans le même espace de temps, les surfaces cultivées en blé s'accroissaient aussi. Elles étaient de 5,300,000 hectares vers 1831, et dans ces dernières années, le domaine du froment s'étendait sur 7 millions d'hectares. C'est un accroissement de près d'un tiers (32 p. 100), inférieur, du reste, à l'augmentation des récoltes, ce qui prouve une amélioration certaine de la productivité du sol et des procédés de culture employés.

En définitive, nos terres portent des moissons plus abondantes, la surface consacrée au froment s'est étendue, les rendements se sont élevés, et pourtant, malgré des progrès que nul ne conteste, malgré une abondance de produits que tout le monde est d'accord pour reconnaître, il existe une crise douloureuse dont les agriculteurs se plaignent amèrement.

Nos récoltes de blé ont augmenté de 55 p. 100, et ce sont précisément les producteurs de blé qui voudraient voir apporter un remède aussi prompt qu'efficace à leur situation devenue mauvaise !

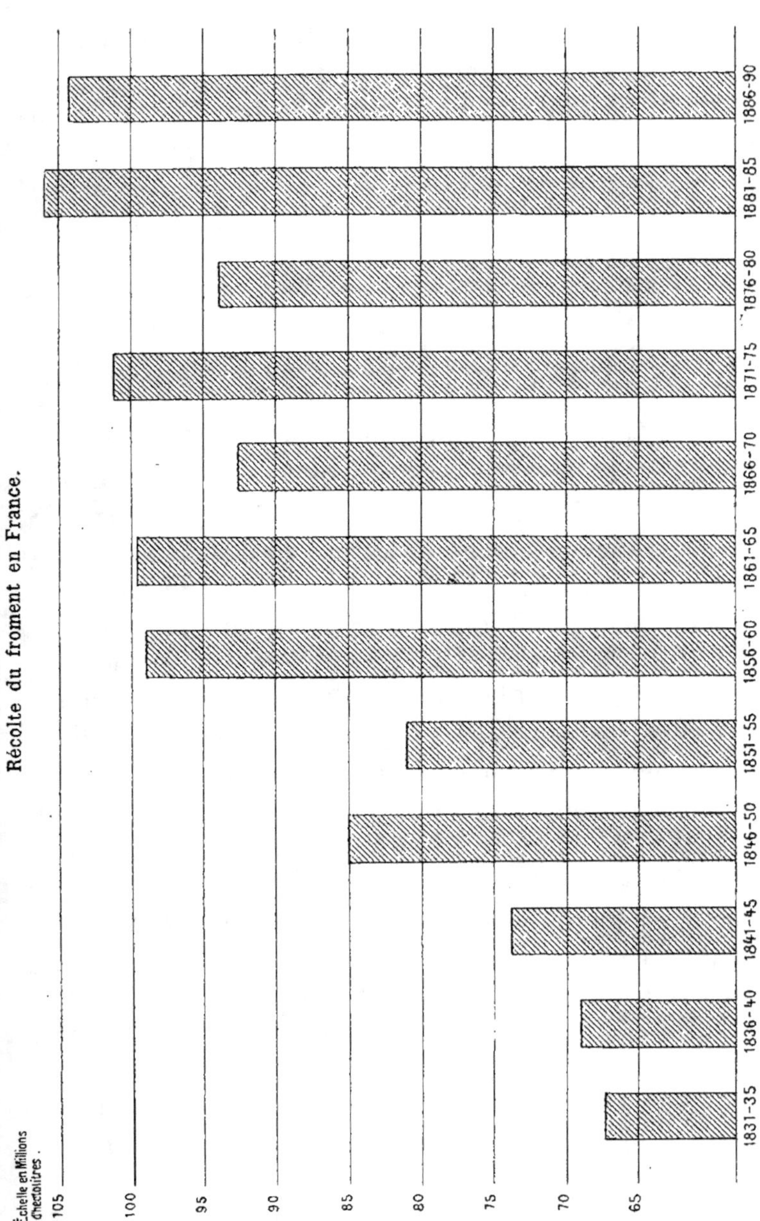

Récolte du froment en France.
Échelle en Millions d'hectolitres.
105
100
95
90
85
80
75
70
65
1831-35
1836-40
1841-45
1846-50
1851-55
1856-60
1861-65
1866-70
1871-75
1876-80
1881-85
1886-90

Il est facile d'expliquer ce singulier désaccord et d'indiquer la cause des plaintes qui se font entendre.

Voici les cours de l'hectolitre de froment en France depuis vingt ans, par périodes quinquennales.

	PRIX de l'hectolitre de froment en France.
	fr. c.
1871-1875................................	23 70
1876-1880............................	22 30
1881-1885..............................	19 40
1886-1890............................	18 20

De 1871 à 1875, l'hectolitre de blé s'est vendu en moyenne 23 fr. 70 ; de 1876 à 1880, ce prix s'abaisse déjà à 22 fr. 30 ; puis il tombe à 19 fr. 40 depuis 1881 jusqu'à 1886, et enfin, à 18 fr. 20 durant la dernière période de cinq ans. En vingt ans, le cours du blé a diminué de 5 fr. 50, ou de 23 p. 100, malgré le relèvement des droits de douane destinés à limiter la concurrence étrangère. Telle est la cause véritable de la crise dont le public agricole s'est ému ; tel est le phénomène inattendu qui semble déconcerter ou effrayer tout le monde.

Comment peut-il se faire que l'accroissement incontesté d'une production aussi importante que celle du blé ne suffise point à satisfaire ceux dont les efforts ont cependant tendu visiblement à l'obtenir ? Est-il donc possible d'admettre, contre toute apparence, que l'abondance soit une cause de ruine ? Chacun de nous cherche à multiplier les objets de consommation dont il dispose pour accroître en même temps les satisfactions qu'il recherche. Depuis soixante ans, les producteurs de froment ont augmenté leurs récoltes de plus de moitié en substituant cette céréale à celles que portaient leurs champs, ou en élevant progressivement les rendements de leur culture, et pourtant, d'un bout à l'autre de la

France, les mêmes plaintes se font entendre. C'est qu'en réalité, la possession ou la production d'une denrée que nous ne consommons pas directement n'a pour nous d'autre importance et d'autre intérêt que sa valeur, c'est-à-dire son pouvoir d'acquisition par rapport à toutes les autres denrées ou à tous les autres services dont nous avons besoin. Si le prix d'un objet, c'est-à-dire l'expression monétaire de sa valeur, vient à baisser brusquement et d'une façon plus sensible que le prix des marchandises contre lesquelles il était jusque-là possible de l'échanger, le producteur de cet objet voit diminuer en même temps ses profits et sa richesse. C'est là certainement ce qui s'est passé, non pas seulement en France, mais encore en Europe, pour le froment.

L'erreur, que nous ne saurions partager, consiste à admettre que la baisse du froment est un événement qui peut compromettre non seulement l'avenir de cette culture, mais encore la situation de l'agriculture tout entière. On ne se trompe pas moins quand on croit que la baisse actuelle est un phénomène nouveau dont la cause peut être attribuée exclusivement à une transformation récente de la production dans les « pays neufs », à la réduction considérable des frais de transport, en un mot, à la concurrence étrangère.

Examinons successivement ces deux points.

La culture du blé en France et les prix de revient.

Le produit brut total de l'agriculture française, c'est-à-dire le montant des denrées vendues par les agriculteurs ou consommées par eux et leurs familles, s'élevait, vers 1882, à 11 milliards de francs en chiffres ronds. C'est là une évaluation modérée et inférieure aux chiffres officiels, comme nous l'avons montré il y a quelques années (1). Or, notre production moyenne en blé, durant la période décennale 1882-1891, est de 103 millions d'hectolitres. En retranchant 14 millions d'hectolitres pour les semences, il reste 89 millions représentant la portion de notre récolte vendue par les cultivateurs ou consommée directement par eux. D'autre part, le cours moyen de l'hectolitre étant de 18 fr. 72 durant la même série d'années, nous voyons que le produit brut de la culture de blé en France, pour les grains seulement, atteint 1,666 millions de francs. A ce chiffre, il faut ajouter environ 334 millions pour représenter la valeur des pailles vendues par l'agriculture.

En résumé, le produit brut total de la culture du froment s'élève en chiffres ronds à 2 milliards de francs et représente ainsi **18.1 p. 100** du produit brut général de l'agriculture française. Cette proportion ne s'élève pas au delà du cinquième, bien certainement.

En admettant qu'il fût désormais impossible de réaliser un profit sérieux par la culture du blé, cette circonstance n'aurait pas le moins du monde pour effet de porter à l'agriculture tout entière un coup funeste, puisque le froment ne représente guère que le cinquième du produit brut total.

Il faut remarquer, d'ailleurs, que si le calcul des pertes ou des profits résultant de la culture du froment dans une exploitation rurale paraît chose fort aisée à certaines personnes, il est considéré par les hommes les plus compétents comme étant extrêmement difficile. Il n'existe pas en France un seul domaine agricole cultivé exclusivement en froment. Les dépenses de main-d'œuvre, de labours et autres travaux, les frais généraux, et surtout la valeur

____

(1) *Annales agronomiques*, t. XIV, p. 433. L'enquête agricole de 1882, par D. ZOLLA.

attribuée aux fumiers ou aux engrais en terre non
absorbés par les plantes qui ont précédé le froment, en un
mot tous ces éléments du débit d'un compte spécial se
prêtent à des évaluations arbitraires. Il est malaisé de
dégager la vérité au milieu de tant d'incertitudes. Les calculs qui s'appliquent à une exploitation ne sauraient être
considérés comme exacts pour une autre, et « le prix de
revient du blé en France » n'est qu'une moyenne fantai-
siste dépourvue de toute valeur scientifique.

Ce que l'on peut seulement montrer en s'appuyant sur
des comptes dont tout le monde pourra contrôler l'exactitude, c'est qu'il existe précisément des exploitations où
le prix de revient du blé est assez peu élevé pour qu'à
l'heure actuelle la culture de cette céréale assure encore des profits.

Lors de la discussion récente qui s'est produite à la
Chambre des députés, à propos du relèvement de la taxe
d'entrée sur les blés étrangers, un membre du Parlement,
M. Lesage, établissait ainsi le compte d'une sole de froment.

« Voici, disait-il, un aperçu de ce que me coûtent
4 hectares ensemencés en blé (terre légère et assez profonde) sur pommes de terre :

	francs
Loyer de la terre à 50 francs l'hectare..............	200
Labour et hersage pour couvrir la semence, 16 à 18 journées..................................	180
8 hectolitres de semences à 17 francs.............	136
1,600 kilos de phospho-guano à 20 francs..........	320
Transport et épandage d'engrais.................	14

RESTE A DÉPENSER :

Frais de moisson, charrois compris	150
Battage de la récolte présumée (80 hectolitres) à 1fr.25	100
Frais de nettoyage du grain et livraison	30
Assurance contre la grêle	20
TOTAL DE LA DÉPENSE..........	1.150

Sur cette somme, il convient de défalquer la valeur
de la paille, soit 12,000 kilos à 32 fr. les 1,000 kilos.
Ensemble.................................... 384
En supposant que j'obtienne un rendement de 20 hectolitres à l'hectare, soit 80 hectolitres, ces 80 hectolitres me reviendront à........................ 766
Soit **9 fr. 57** l'hectolitre.

« Je ne prétends pas, ajoute M. Lesage, que ce soit là
le prix de revient moyen. Évidemment, il y a des cas où
il s'élève à 20 francs et même peut-être au delà ; j'ai fait
moi-même du blé dont le prix de revient a dépassé la
moyenne que je viens d'indiquer ; *mais enfin, on ne peut
pas dire d'une façon générale et absolue : le blé coûte
tel prix : c'est absolument impossible ! et moi qui fais la
culture du blé depuis trente-quatre ans, je déclare qu'il
ne m'a jamais coûté 20 francs l'hectolitre.* »

Voilà donc un exemple de culture permettant de produire du blé à moins de 10 francs l'hectolitre. Sans tenir
compte de la valeur de la paille, ce prix s'élève seulement
à 14 fr. 37.

Il n'est pas impossible d'indiquer d'autres prix de revient
obtenus par quelques agriculteurs. Voici, par exemple,
le détail du *compte blé* tel que nous l'avons copié sur
les livres d'un habile agriculteur de Seine-et-Oise.

Frais à l'hectare (1884).

		fr.	c.
Mise en terre...	Labours, hersage, roulage et ensemencements..	79	47
	Fumier...	150	09
	Semence...	44	41
Échardonnage...		»	72
Récolte........	Moyettes, fauchage, liage...................	42	42
	Liens...	9	40
	Battage...	45	21
	Rentrée et meules................................	23	80
	Transports (grains et pailles)...................	40	13
	Report.........	435	65

A reporter.......... 435 65

Frais généraux et de réalisation.

Frais de vente et recouvrement................. 2 05
Impôts personnels et prestations.............. 1 31
Fermage (Impôt foncier à la charge du propriétaire). 114 30
Réparations de l'outillage...................... 6 25
Rabais de l'outillage à l'inventaire............. » 32
Commis, entretien de bâtiments, menus frais et assurances................................. 50 71

TOTAL........ 610 59

Production à l'hectare.

	fr. c.	fr. c.
Grains : 33 hectol. à 15.15.		
2,696 kilos à 18.94 les 100 kil..	510 68	
Pailles... 1,155 bottes de 5 kilos 9 à 29 fr. 36	339 22	
TOTAL........	849 82	

Bénéfice à l'hectare 239 23
Prix de revient de l'hectolitre de blé après déduction de la valeur des pailles 8 26

Voici les prix de revient calculés d'après la même méthode depuis 1884 jusqu'à 1893.

Prix de revient du blé après déduction de la valeur des pailles.

	PRIX DE REVIENT
	fr. c.
1884.................................	8 26
1885.................................	9 73
1886.................................	9 39
1887.................................	8 40
1888.................................	10 87
1889.................................	12 38
1890.................................	11 17
1891.................................	13 92
1892.................................	9 86

Nous n'avons pas à justifier les évaluations qui figurent dans ces comptes. Il nous a simplement paru intéressant de montrer que parmi les cultivateurs on en peut rencontrer dont la comptabilité accuse un prix de revient du blé inférieur à cette moyenne de 20 francs regardée aujourd'hui comme une limite minima.

Nous croyons, en tous cas, avoir suffisamment prouvé que si la culture du froment n'est plus aussi lucrative qu'autrefois, elle n'a pas cessé cependant d'être possible. La réduction des profits qu'elle assure n'entraîne pas nécessairement une diminution égale des gains obtenus sur l'ensemble de la production d'origine animale ou végétale d'une exploitation agricole.

Il est, en outre, bien étrange et bien illogique de soutenir que la diminution du prix du blé, en réduisant les profits d'une catégorie particulière de producteurs, diminue la consommation, en général, limite les débouchés de l'industrie, et nuit de proche en proche à toutes les classes de la nation. Ce raisonnement ne nous paraît pas bon. Une réduction du prix du blé laisse en réalité disponible dans la bourse de ceux qui achètent cette denrée la somme dont les agriculteurs auraient bénéficié si les cours avaient été plus élevés. Le pouvoir de consommation des acheteurs de blé est donc accru exactement de la quantité dont se trouve diminué celui des producteurs de blé. En un mot, il y a déplacement et non pas perte, comme on le soutient sans raison.

Mais, l'économie réalisée par les consommateurs de froment est très faible pour chacun d'eux et les intéressés ne songent point à la constater. La perte subie par un nombre relativement restreint de producteurs de blé est, au contraire, sensible, et le raisonnement que nous venons de signaler semble d'autant plus facile à accepter que la crise, qui s'étend à l'industrie comme à l'agriculture, le rend en même temps plus vraisemblable.

La baisse du prix du blé est-elle un phénomène nouveau?

Il paraît fort naturel d'admettre également que la baisse actuelle est un phénomène nouveau. Parmi les hommes qui sont aujourd'hui éprouvés par ce phénomène inattendu, aucun ne vivait à l'époque où les mêmes faits ont excité les mêmes craintes, provoqué les mêmes souffrances, et fait accepter les mêmes remèdes. Nous croyons, cependant, que pour comprendre la nature et la portée de la baisse actuelle du cours des blés, il est précisément indispensable de remonter dans le passé et d'étudier les crises analogues à celle que nous traversons en ce moment.

En parlant (1) des variations du revenu et du prix des terres au XVIIIe siècle, nous avons montré avec quelle singulière rapidité le cours des principales denrées agricoles s'était élevé depuis la fin du règne de Louis XV, jusqu'à la veille de la Révolution. Le prix du blé notamment avait subi une hausse considérable. A partir de 1789 jusqu'en 1801, nous observons encore une élévation marquée des cours. Voici les mercuriales du marché de la Grenette de Bourg, pour la deuxième moitié du XVIIIe siècle; et depuis 1801, les chiffres inscrits dans le tableau suivant sont les prix officiels pour la France entière.

		PRIX de l'hectolitre de froment. fr. c.
	1741-1745......	8 60
Période de baisse et de longue	1746-1750......	13 90
stagnation des prix au xviii^e	1751-1755......	10 30
siècle.	1756-1760......	12 90
	1761-1765......	9 80
	Moyenne.......	**11 10**

(1) *Annales agronomiques*, t. XIII. Les variations du prix des terres en France, par D. Zolla. (Mémoire couronné par l'Académie des Sc. morales.)

		PRIX de l'hectolitre de froment.
		fr. c.
	1766-1770......	17 50
Période de hausse soudaine et considérable à la fin du xviiiᵉ siècle.	1771-1775......	16 50
	1776-1780......	14 90
	1781-1785......	15 50
	1786-1790......	17 10
	MOYENNE........	**16 30**
	1791-1795......	27 50
	1796-1800......	20 80
Nouvelle période de hausse et de prix élevés (1791-1820).	1801-1805......	21 76
	1806-1810......	18 14
	1811-1815......	24 08
	1816-1820......	25 33
	MOYENNE........	**22 93**
	1821-1825......	16 45
	1826-1830......	20 25
Première période de baisse rapide et de stagnation des prix au début du xixᵉ siècle.	1831-1835......	18 21
	1836-1840......	19 86
	1841-1845......	19 61
	1846-1850......	19 87
	MOYENNE........	**19 04**

Pendant la première période, qui comprend vingt-cinq années et s'étend de 1741 à 1765, la moyenne du prix du blé n'a pas dépassé 11 fr. 10 l'hectolitre.

Brusquement, de 1766 à 1770, elle s'élève à 17 fr. 50, et, chose digne de remarque, les cours ne retombent plus désormais au niveau précédent. De 1766 à 1790, la moyenne atteint 16 fr. 30, et dépasse en conséquence de 5 fr. 20 le chiffre de la période précédente. En quelques années, la hausse obtenue et conservée atteint 46 p. 100. Durant la période de trente ans qui succède à la précédente, c'est-à-dire jusque dans les premières années de la Restauration, cette hausse si curieuse est encore plus marquée. Le cours moyen est de 22 fr. 93.

Nul ne songeait en ce moment à s'étonner de cette élévation des prix. On avait perdu le souvenir des longues

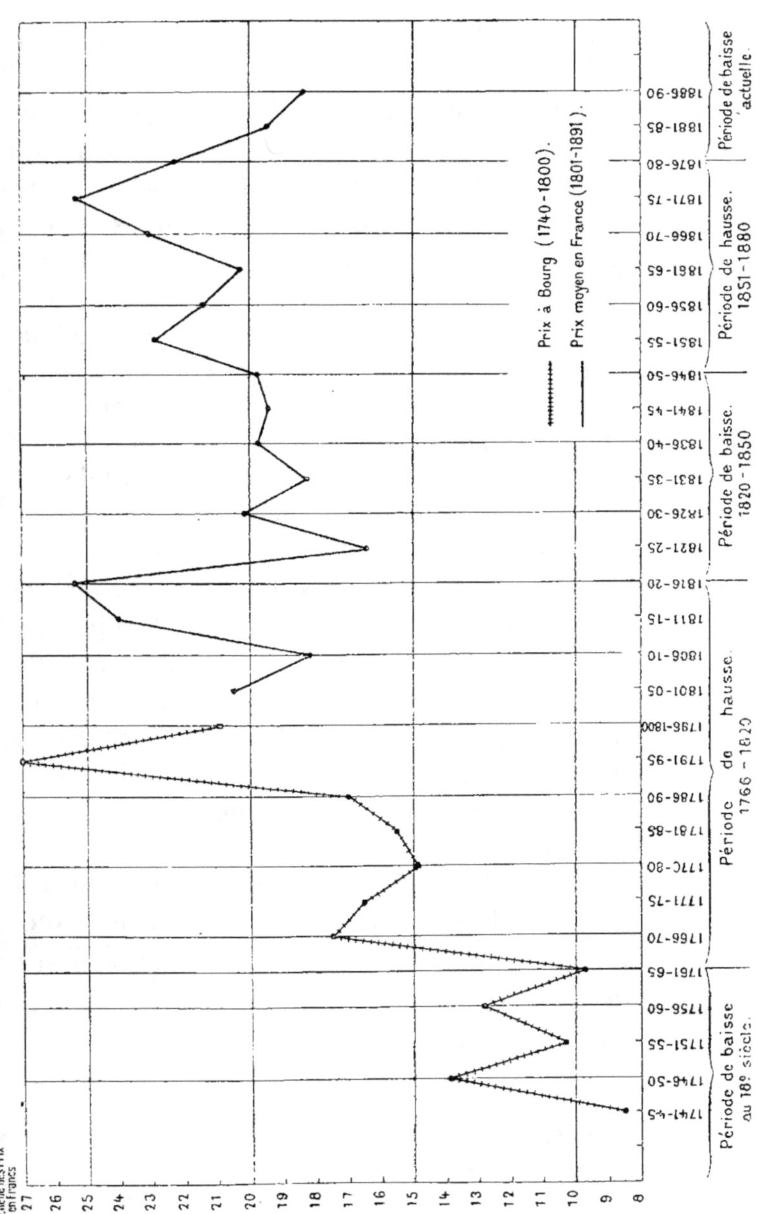
Échelle des Prix en francs
Prix à Bourg (1740-1800).
Prix moyen en France (1801-1891).
Période de baisse au 18e siècle.
Période de hausse 1766-1820
Période de baisse 1820-1850
Période de hausse 1851-1880
Période de baisse actuelle.
1741-45
1746-50
1751-55
1756-60
1761-65
1766-70
1771-75
1776-80
1781-85
1786-90
1791-95
1796-1800
1801-05
1806-10
1811-15
1816-20
1821-25
1826-30
1831-35
1836-40
1841-45
1846-50
1851-55
1856-60
1861-65
1866-70
1871-75
1876-80
1881-85
1886-90

années durant lesquelles le blé se vendait 11 fr. l'hectolitre !

Les vieillards eux-mêmes avaient assisté pendant leur
jeunesse à la hausse prodigieuse qui marqua la fin du
règne de Louis XVI. Qui pouvait prévoir une baisse, alors
que depuis cinquante ans on observait une hausse nouvelle ou la fixité des cours au niveau si élevé qu'ils avaient
atteint ?

Brusquement, à partir de 1819, la baisse se produit.
Elle déconcerte et effraie tout le monde. La concurrence
des blés russes est signalée ; on songe pour la première
fois depuis bien des siècles à fermer nos frontières pour
prévenir la dépression des cours. L'échelle mobile est
votée ; elle fonctionne. Successivement, en 1821 et en
1832, on cherche à modifier notre législation douanière
pour arrêter les importations étrangères et la baisse qu'elle
est accusée de provoquer. Néanmoins, depuis 1821 jusqu'à
1850, le cours moyen du froment ne dépasse pas 19 fr. 04
et ne s'élève, dans aucune des six périodes quinquennales
qu'elle renferme, au delà de 20 fr. 25. Dans le cours de
cette longue série d'années, le prix du blé reste inférieur
de 3 fr. 79 à celui qu'il avait atteint depuis 1791 jusqu'à
1820. La baisse constatée s'élève à 16,5 p. 100.

Ce phénomène n'était pas particulier à la France. En
Angleterre, la marche des prix avait été la même. Voici
à ce sujet quelques chiffres précis empruntés au *Bulletin
de statistique et de législation comparée* (1).

Prix du blé en Angleterre par hectolitre.

		fr.	c.
1801-1810	....	36	41
1811–1820	....	39	27
1821–1830	....	25	70
1831–1840	....	24	44
1841–1850	....	24	»

(1) Numéro de septembre 1886.

Malgré la législation douanière très résolument protectrice et fort restrictive appliquée en Angleterre aux blés
étrangers, les cours intérieurs s'étaient donc abaissés.
Ailleurs, il en était de même. Voici, par exemple, le prix
de l'avoine et du froment en Prusse, de 1816 à 1850.

Prix du blé et de l'avoine en Prusse (1) *par* 100 *kilos.*

	BLÉ	AVOINE
	fr. c.	fr. c.
1816–1820	27 55	15 60
1820–1830	17 25	11 »
1830–1840	15 12	9 62
1840–1850	21 »	12 75

Dans la seconde moitié du XVIIIe siècle, la hausse si
rapide du blé que nous avons signalée n'avait pas été non
plus un fait isolé. On pouvait constater en Angleterre une
élévation semblable des cours. Chose digne d'attention, les
principaux produits agricoles, la viande, le lait, le beurre,
la volaille, les animaux de trait, etc., avaient augmenté
de prix dans les proportions analogues. On voyait en
même temps s'élever avec une prodigieuse rapidité le prix
des fermages, et jusqu'aux loyers des maisons ! Nous
avons publié il y a quelques années le résultat de nos
recherches à ce sujet (2), il nous a été possible de montrer
la curieuse simultanéité de cette hausse dans les régions
de la France les plus différentes, comme le Languedoc, le
Maine, l'Anjou, la Bresse, l'Ile-de-France, etc., etc...
Seuls, les salaires ruraux et les gages n'avaient pas augmenté dans la même proportion ; cette étrange anomalie
dont la portée économique et sociale nous paraît remarquable, est un des traits caractéristiques de la première

(1) Chiffres empruntés à un article publié dans le *Jahrbuch für Gesetzgebung Ver-
weltung und Volksewltschaft im deutschen Reich*, mars 1885. Leipzig. Dunder et
Humblot.
(2) *Annales agronomiques*, t. XIII, p. 441, année 1887.

période de hausse qui commence en 1765, pour finir en 1789. C'est après cette date que les salaires s'élèvent rapidement jusqu'au début de la Restauration.

Tous les faits que nous venons de rappeler en quelques mots s'observent durant la période de baisse que nous étudions en ce moment, et qui commence vers 1820 ; — seulement, la marche des prix se dessine et se prononce en sens inverse. C'est une baisse que l'on constate désormais pour la plupart des produits agricoles ; les fermages diminuent au lieu de s'élever ; et *les salaires restent stationnaires ou même continuent à s'élever légèrement, malgré la crise agricole qui atteint, dans leurs intérêts, les entrepreneurs de culture aussi bien que les propriétaires fonciers.*

Ainsi, en moins d'un siècle, de 1750 à 1830, les mêmes phénomènes économiques ont successivement frappé les contemporains dont la mémoire infidèle n'en pouvait faire revivre le souvenir. Sous le premier Empire, on avait déjà oublié qu'avant la période de hausse et de prix élevés, traversée depuis près de trente ans, il s'était écoulé une série d'années plus longue encore durant laquelle le niveau moyen du prix des produits agricoles, et du blé, en particulier, était resté beaucoup plus bas.

La crise qui se déclare en 1820 et la baisse des prix qui en est la cause comme le signe, a donc surpris tout le monde. Peu de personnes ont songé à interroger le passé pour étudier, dans les siècles précédents, les variations successives des prix, et pour rechercher les causes générales qui avaient, au même moment, provoqué le retour des mêmes phénomènes dans l'Europe entière.

Ces études étaient à la fois trop difficiles et trop longues pour qu'elles pussent satisfaire des esprits inquiets, rassurer des intérêts menacés, et montrer au public une cause visible de malaise en même temps que le remède capable

de le dissiper promptement. M. Amé, dans son intéressante *Étude sur les tarifs de douane*, dit à ce
propos :

« Un fait dont on exagéra singulièrement les résultats,
mais qui n'en avait pas moins une portée réelle, vint fournir aux intéressés un puissant moyen d'action. Pendant
nos luttes de la République et de l'Empire, la culture
des céréales dans les plaines de la Russie méridionale
avait pris une notable extension. Écartés de nos marchés,
soit par la fermeture des détroits, soit par le blocus de nos
ports, les blés de cette région se montrèrent tout à coup,
lors de la paix, à Toulon et à Marseille... C'était une
menace pour les propriétaires du Languedoc, que l'éman-
cipation de Saint-Domingue avait déjà privés d'un de
leurs principaux débouchés et qui, pendant la guerre,
avaient approvisionné presque exclusivement le marché de
la Provence.

« Quand tant d'autres industries cherchaient à s'abriter
sous la protection des tarifs, ils ne pouvaient pas balancer à la demander aussi. Leurs réclamations furent pressantes, et le gouvernement, déjà préparé par l'exemple
de la Grande-Bretagne, encouragé par les mesures que
d'autres États, la Sardaigne, l'Espagne, le Portugal,
prenaient contre l'importation étrangère, se décida à proposer un régime qui, pour la première fois en France,
devait étendre aux grains le régime protecteur. »

La loi de 1819, qui organisa le régime de l'*échelle
mobile*, fut votée sous l'empire de ces préoccupations
communes à la plupart des propriétaires et des grands
cultivateurs, directement atteints les uns et les autres
par la baisse du prix du blé.

Nous examinerons, tout à l'heure, le mérite et les résultats de cette législation. Il nous suffit, en ce moment, de
noter la tendance qu'elle révèle et de montrer que la nais-

sance du protectionnisme agricole coïncide avec une baisse générale des prix.

Notons enfin, comme un dernier trait caractéristique de cette période si instructive pour nous à cette heure, les arguments déjà invoqués vers 1820 dans le but de justifier l'établissement du régime protecteur. On représenta les classes pauvres comme étant les premières intéressées à ce que les blés se maintinssent à un prix élevé ; c'était, disait-on, le moyen d'encourager les propriétaires à développer leur culture et à conserver ainsi aux ouvriers les éléments de leur salaire et leur subsistance.

Ce souci des intérêts de la démocratie rurale aurait été plus légitime et plus convenable à une autre époque. Depuis 1765 jusqu'à 1790, les salaires ruraux étaient restés très bas et presque toujours stationnaires, malgré la hausse inouïe des denrées alimentaires et, pourtant, nulle protestation ne s'était fait entendre à cette époque contre une aussi étrange anomalie qui permettait aux entrepreneurs de culture, aussi bien qu'aux propriétaires, de réaliser des profits considérables, ou de toucher des fermages toujours croissants.

Notons ce trait en passant sans nous y arrêter et suivons la marche des événements.

Nous sommes parvenus en 1850, et, comme nous l'avons montré, le cours du blé n'a pas encore subi de hausse. Celle-ci se déclare et s'accentue soudain, comme en 1766. Brusquement, le prix du froment s'élève au-dessus du niveau précédent et se maintient durant vingt-cinq ou trente ans à cette hauteur. Voici les chiffres qui en retracent les fluctuations.

Prix de l'hectolitre de froment.

		fr. c.
Période de hausse rapide durant la seconde moitié du xixe siècle.	1851–1855......	22 92
	1856–1860......	21 76
	1861–1865......	20 31
	1866–1870......	23 19
	1871–1875......	25 37
	MOYENNE.	**22 71**
Seconde période de baisse à la fin du xixe siècle...........	1876–1880......	22 36
	1881–1885......	19 48
	1886–1890......	18 28

De 1851 à 1855, le cours du froment passe à 22 fr. 92 ;
après une réaction qui succède comme au siècle précédent à cette hausse brusque, les prix reprennent leur
marche ascensionnelle. Pour la période 1851-1875 tout
entière, la moyenne ressort à 22 fr. 72, chiffre sensiblement égal à celui de la période 1791-1820. Par rapport
à la série d'années précédente (1820-1850), la hausse
ressort à 3 fr. 68 par hectolitre, ou à 19 p. 100 ! Au
moment où le cours du froment s'élevait, le prix du
bétail et celui des principaux produits agricoles subis-
sait également une hausse considérable.

Aussitôt, le revenu et la valeur des terres s'accroissent ;
l'invasion des blés russes cesse de paraître menaçante ;
suspendue à plusieurs reprises de 1851 à 1860, l'échelle
mobile disparaît en 1861 : les droits sur le bétail ont été
abaissés dès 1853 ; les importations s'accroissent, comme
nous le montrerons bientôt, et pourtant les prix restent
élevés.

Seuls, les salaires ruraux ne suivent pas la même marche. Comme au XVIIIe siècle, ils restent assez longtemps
stationnaires ou s'élèvent lentement ; et peu de personnes songent à s'en étonner ou à s'en plaindre. Nous
pourrions donner bien des preuves de cette anomalie
déjà signalée plus haut. Bornons-nous à citer le passage

suivant d'une instructive étude sur la situation du département de l'Aisne en 1884, par M. Risler, directeur de l'Institut national agronomique.

« Cependant, de 1850 à 1860, les salaires ne montèrent que lentement, et il y eut alors une période de prospérité magnifique pour l'agriculture du département de l'Aisne. Non seulement les betteraves donnaient de 400 à 500 francs de bénéfices nets par hectare, mais le blé qui les suivait se ressentait des cultures et des engrais qu'on leur avait prodigués ; on obtint 3 ou 4 hectolitres de plus par hectare... De grandes fortunes furent réalisées à cette époque dans les cultures (1). »

En 1858, M. Levasseur écrivait, à propos de l'influence de la hausse des prix sur la condition des personnes, les lignes suivantes :

« Je connais, sur les confins de la Brie, un village, pays de grande culture, dans lequel cinq ou six fermiers, profitant de la cherté des grains et du voisinage de Paris, font depuis quelques années de brillantes affaires. Les travailleurs à gages et le journalier sont loin d'avoir profité de ce nouvel état de choses. Les maîtres maintenaient autant que possible les salaires à leurs anciens taux. Les ouvriers se plaignaient. Les moissonneurs nomades, qui, chaque année, viennent du Nord louer leurs bras pour couper les récoltes, gagnèrent si peu en 1855 que leur gain leur suffit à peine pour payer leur nourriture et regagner leur village. La plupart ne voulurent pas revenir l'année suivante. Sur plusieurs points, il fallut avoir recours aux soldats pour faire la moisson. Les fermiers accordèrent une augmentation.

« Que l'on mette en parallèle l'augmentation de 20 à

____

(1) *Rapport à M. le Ministre de l'agriculture sur la situation du département de l'Aisne en* 1884, par M. E. Risler. 1 brochure in-4°. Imprimerie Nationale, 1884, p. 11.

50 p. 100 qu'ont reçue les moissonneurs avec l'augmentation du pain qui de 0 fr. 30 le kilog. en 1848, s'éleva en 1856, dans le même village, à 0 fr. 45 et 0 fr. 50, c'est-à-dire, de 50 à 66 p. 100, et l'on comprendra que des gens dont le pain est la principale nouriture aient plus perdu que gagné à l'élévation des prix.

« On peut en dire autant des autres ouvriers de ferme. Dans le même village, la journée était de 2 francs, elle est maintenant de 2 fr. 50 : augmentation de 25 p. 100. C'est peu en comparaison de l'augmentation du prix du pain.

« En définitive, dit M. Levasseur, la hausse des prix ne rendra pas encore à l'ouvrier des campagnes l'équivalent de ce qu'il recevait, avant la cherté des vivres, et sans aucun doute, le changement lui a été jusqu'à présent peu favorable (1). »

M. Levasseur parle ici d'un village des environs de Paris et il constate que la hausse nominale des salaires en argent ne compense pas la hausse des vivres. Cette situation était moins favorable encore dans les parties de la France où l'abondance des travailleurs agricoles déprimait les salaires. En Bretagne, par exemple, le prix de la journée du travailleur rural ne dépassait pas 1 fr. 50 et tombait souvent au-dessous de ce chiffre.

C'est plus de dix ans après la hausse des denrées alimentaires et celle du froment que la concurrence de l'industrie provoqua une élévation notable des salaires ruraux. Les mêmes faits ont pu être observés au XVIIIᵉ siècle durant la période de la hausse dont il a déjà été question.

Nous voici arrivés à la période actuelle. Les contemporains ont oublié la longue stagnation des prix qui avait

____

(1) *La question de l'or*, par E. Levasseur, p. 202, 1 vol. in-8°. Paris, Guillaumin, 1858.

caractérisé les années de la Restauration et du gouvernement de Juillet. A partir de 1873, le cours du blé s'abaisse, et depuis 1880 cette marche est plus nettement marquée. En 1883, le cours de la viande subit également une dépression caractéristique. De toutes parts les plaintes s'élèvent ; les fermages diminuent, la concurrence étrangère paraît menaçante. Une législation protectrice est réclamée et obtenue ; en 1885, un droit de 3 francs par quintal frappe les froments étrangers à leur entrée en France ; au mois de mars 1887, le droit est porté à 5 francs ; l'année dernière (1894), en présence de la baisse persistante et inexplicable que l'on n'a pas pu encore arrêter, une taxe de 7 francs, égale à 45 ou 50 p. 100 de la valeur du froment importé, a été votée par les Chambres.

Ne retrouvons-nous pas toutes les craintes déjà éprouvées, toutes les mesures déjà prises, toutes les conséquences déjà observées il y a soixante-seize ans lorsque, en 1819, on parlait de la crise agricole et foncière, de l'invasion des blés russes, et de la baisse du prix des terres ?

Ne dit-on pas aujourd'hui comme autrefois ? « Les classes pauvres sont les premières intéressées à ce que les blés se maintiennent à un prix élevé. C'est le moyen d'encourager les propriétaires à développer leur culture et à conserver aux ouvriers les éléments de leur salaire et de leur subsistance. »

La baisse des salaires ou des gages ruraux n'est pourtant aujourd'hui qu'un fait exceptionnel ou local, et l'on s'appuie précisément sur la fixité des prix de la main-d'œuvre, sur ses exigences, sur sa rareté, sur l'élévation du prix de revient qu'elle détermine, pour réclamer une protection plus efficace et le vote de droits toujours plus élevés.

On ne saurait dire, en tous cas, que la baisse actuelle des cours du blé constitue un phénomène nouveau. Cette dépression n'est pas spéciale au froment, elle s'étend réellement à la plupart des produits du sol, et au plus grand nombre des produits industriels. Les statistiques du D[r] Sœtber, que nous avons reproduites dans ce ce volume à propos des variations du prix de la viande, prouvent clairement que l'abaissement du prix du blé n'est qu'un cas particulier d'un phénomène général : cette dépression a pu être observée au XVIIIe siècle depuis la fin du règne de Louis XIV jusqu'en 1766 ; elle a pu l'être également à partir de 1820 jusqu'en 1850.

Il est donc hors de doute que la baisse du prix du froment n'est pas un fait spécial à la période que nous traversons. A-t-il coïncidé autrefois avec une augmentation marquée des importations étrangères ? En est-il de même aujourd'hui ? Enfin, le développement de la culture du blé dans les pays neufs, l'abaissement des frets, la dépréciation de l'argent, exercent-ils une action décisive sur les cours ?

C'est ce que nous allons nous demander.

Les importations et les prix.

Les importations de grains étaient si rares et si peu redoutées sous l'ancien régime que le gouvernement royal ne songea jamais à les arrêter ou à les restreindre. L'égoïsme étroit de quelques producteurs se manifesta sans doute à bien des reprises et l'on demanda parfois d'interdire sur quelques points l'entrée des froments de l'étranger. C'est ainsi qu'en 1633 les États de Provence supplièrent le roi de « prohiber l'entrée des blés dans la contrée, fors et excepté le cas où le prix du blé excéderait sur les lieux maritimes 16 livres la charge (équivalant au prix de 26 fr. 50 l'hectolitre) ».

Cette singulière supplique n'eut aucun succès.

L'autorité royale se préoccupait presque exclusivement de prevenir les effets de la cherté excessive résultant parfois d'une mauvaise récolte, et surtout des obstacles que les douanes intérieures, les règlements locaux et l'insuffisance des moyens de transport apportaient à la circulation des grains. C'est contre l'exportation que des mesures étaient prises fréquemment avant 1789.

Au début même de la Restauration, quelques années seulement avant l'établissement de l'échelle mobile, la hausse des prix avait si bien rassuré les producteurs ou les propriétaires qu'aucune restriction ne fut apportée à la liberté d'importation. La loi du 13 septembre 1814 ne réglementa que l'exportation.

En 1818, les premiers effets de la baisse prochaine se font sentir. En 1819, le blé tombe à 18 fr. 42, tandis qu'il s'était vendu 36 francs en 1817. La loi de l'échelle mobile est votée le 15 juin. La France est divisée en trois classes ; le froment étranger doit acquitter à l'entrée un droit d'autant plus élevé que la baisse des cours intérieurs est plus marquée. L'interdiction d'importer est même stipulée toutes les fois que les prix tomberont sur les marchés régulateurs à 20, 18 ou 16 francs, selon les classes.

La baisse que l'on attribuait à la concurrence étrangère fut encore plus marquée en 1820 et au début de l'année 1821. Les importations étaient en réalité insignifiantes, mais il fallait céder aux réclamations pressantes qui s'étaient produites. Dès le mois de juin 1821, la loi de 1819 était modifiée ; le prix à partir duquel des droits à l'importation devraient être perçus fut relevé de façon à agir plus efficacement sur les cours intérieurs.

Examinons maintenant la marche simultanée des importations et des prix pendant la Restauration. Le tableau suivant résume ces indications :

ANNÉES	PRIX (par hectol.)	IMPORTATIONS (milliers d'hectol.)
	fr. c.	
1810-1819	24 73	»
1820	19 13	495
1821	17 79	442
1822	15 59	0
1823	17 52	0
1824	16 22	0
1825	15 74	0
1826	15 85	0
1827	18 21	44
1828	22 03	850
1829	22 59	1.207

Toutes les fois que les importations augmentent, les prix s'élèvent, et ceux-ci s'abaissent, au contraire, quand les importations diminuent. Les variations des nombres que le lecteur a sous les yeux nous paraissent indiquer cette règle qui les résume et les explique.

Pour rendre plus frappante la relation si étroite qui existe entre les prix et les importations, nous avons tracé les courbes du graphique de la page 241. Voici, en outre, les chiffres qui indiquent les fluctuations des importations et des prix par périodes quinquennales depuis 1831 jusqu'en 1860.

	PRIX par hectol.	IMPORTATIONS (milliers d'hectol.)
	fr. c.	
1831-1835	18 21	1.121
1836-1840	19 86	804
1841-1845	19 61	1.193
1846-1850	19 87	3.252
1851-1855	22 92	2.879
1856-1860	21 76	3.323

Depuis 1831 jusqu'en 1845, les prix sont fort bas et

les importations insignifiantes. La disette de 1847 fait monter les cours à 30 francs l'hectolitre et provoque une importation de près de 19 millions d'hectolitres. Cette circonstance explique le chiffre considérable des importations moyennes depuis 1846 jusqu'à 1850 ; mais le niveau moyen des prix reste fort peu élevé. A partir de 1851, au contraire, on voit monter en même temps le chiffre des importations et celui des cours.

Le graphique retrace avec une singulière précision la dépendance des importations et des prix. Les deux courbes qui les concernent ne sont pas sans doute parallèles, mais il est visible qu'elles s'abaissent ou se relèvent au même moment. La règle que nous indiquions plus haut est donc absolument confirmée.

En présence de ces faits, et en s'appuyant sur une expérience de quarante ans, il est possible d'affirmer que ce ne sont pas les importations qui ont fait baisser les prix depuis 1820 jusqu'à 1850, et que ce n'est pas davantage la diminution des entrées qui a pu amener le relèvement des cours entre 1850 et 1860.

Quand on observe ces faits, on se rend compte de l'impuissance évidente de l'échelle mobile à relever les prix du froment jusqu'au niveau précédemment atteint. Il est pourtant vraisemblable que le régime protecteur appliqué aux céréales eut déjà pour effet d'opérer une hausse relative, c'est-à-dire d'arrêter la baisse ou de la limiter.

En Angleterre, où la législation des grains avait pour but avoué de conserver les prix de 34 à 35 francs par hectolitre, le niveau moyen resta toujours plus élevé qu'en France jusqu'à l'abolition des Lois-Céréales (1849).

Il est facile de constater l'effet d'une législation plus restrictive sur le cours du froment en comparant, pour

Variations simultanées du prix et des importations de froment en France (1831-1894).

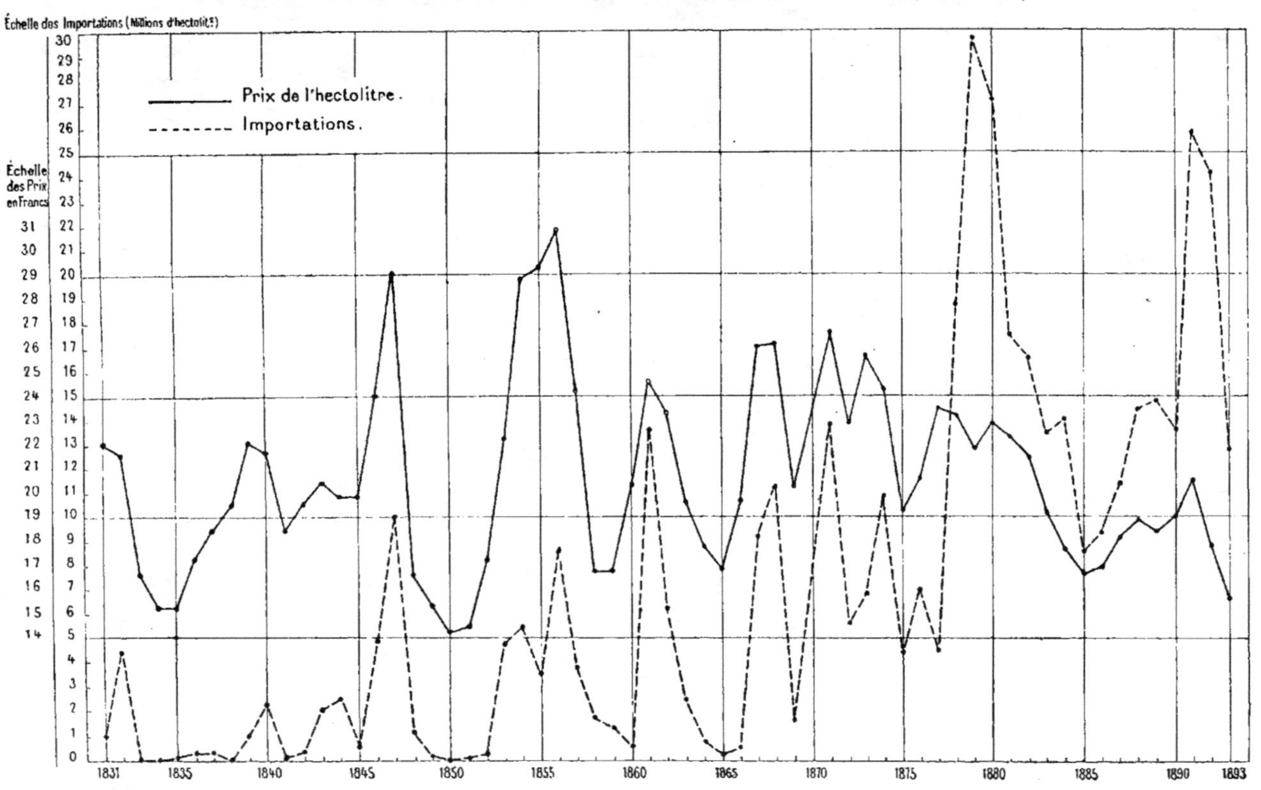

une même époque, les mercuriales anglaises et françaises.

	PRIX DE L'HECTOLITRE DE BLÉ	
	En France.	En Angleterre.
	fr. c.	fr. c.
1800-1810	20 03	36 41
1810-1820	24 67	39 27
1820-1830	18 »	25 70
1830-1840	19 11	24 44
1840-1850	20 49	24 »

Dans l'un et l'autre pays nous observons sans doute une baisse significative et accentuée à partir de 1820, mais il est visible que le niveau moyen des cours reste plus élevé en Angleterre qu'en France. Cette différence nous paraît due presque entièrement à la différence des législations douanières.

« Sans doute, auraient pu dire en 1830 les propriétaires et les fermiers anglais, nos lois protectrices sont nécessaires pour nous préserver d'une baisse ruineuse ; mais ces lois n'ont pas eu pour effet de nuire au consommateur puisque, loin de s'élever depuis dix ans, les prix se sont au contraire abaissés. »

D'une façon absolue les cours avaient fléchi, cela est vrai ; et le langage que nous prêtons aux représentants de l'aristocratie foncière ou agricole de l'Angleterre pouvait faire impression sur les esprits. Le raisonnement auquel nous faisons allusion ne saurait, cependant, être considéré comme juste. Il ne s'agit point, en effet, de savoir si le froment valait un moindre prix durant la période de 1830-1840 comparée à la période 1810-1820. L'essentiel est de constater que les lois destinées à satisfaire des intérêts menacés ont eu pour conséquence d'élever les cours au-dessus du niveau qu'ils auraient atteint sans l'intervention du législateur.

Forcer le consommateur à débourser 24 francs pour acheter 1 hectolitre de blé qu'il pourrait se procurer ailleurs au prix de 19 francs, c'est lui imposer un sacrifice. En comparant les cours du froment en Angleterre et en France nous voyons ainsi, qu'au commencement de ce siècle et durant une période de baisse, la législation douanière anglaise très nettement protectrice pouvait déterminer une hausse relative que venait seulement masquer la diminution absolue subie par les cours. Nous aurons bientôt à signaler des faits analogues et une situation comparable.

Une nouvelle période commence en 1861, au point de vue du régime douanier. En jetant les yeux sur le graphique joint à ce chapitre, on peut voir immédiatement que les importations se sont accrues en même temps que disparaissaient les obstacles apportés par l'échelle mobile au commerce extérieur du froment. Les prix se sont-ils abaissés comme on serait tenté de l'admettre? En aucune façon. La courbe tracée par nous le montre clairement. Voici, d'ailleurs, pour résumer ces indications, les moyennes quinquennales comparables à celles déjà citées pour les périodes antérieures.

	PRIX par hectol.	IMPORTATIONS
	fr. c.	milliers d'hectol.
1861-1865	20.40	4.721
1866-1870	22.40	5.752
1871-1875	23.70	8.431
1876-1880	22.30	17.479

Depuis 1861 jusqu'à 1875, les importations ont presque doublé, et pourtant les prix se sont élevés. Durant cette période, les deux courbes tracées sur le graphique restent presque toujours parallèles ou, du moins, s'abaissent tour à tour et se relèvent au même moment.

Il en est de même en Angleterre. Les chiffres suivants

nous prouvent clairement que l'accroissement des importations et l'abolition des droits sur les grains n'ont pas déterminé une baisse progressive.

	IMPORTATIONS	PRIX par quarters. eu shillings
	millions de cwts.	
1856-1860............................	18.6	53
1861-1865............................	27.8	47
1866-1870............................	31.7	54
1871-1875............................	43.7	54

La fixité des prix est aussi remarquable que l'acroissement rapide des importations.

A partir de 1875, en France comme en Angleterre, et on peut le dire, comme dans le monde entier, le prix du blé diminue. Cependant, la législation douanière ne change pas avant 1885 dans notre pays. Le déficit énorme des années 1878, 1879 et 1880, suspend un moment la baisse des cours. Mais, dès 1881, elle s'accentue, et comme toujours, les importations diminuent en même temps que les prix. Il suffit de jeter les yeux sur le graphique dont nous avons déjà parlé pour le constater. Un droit de 3 francs par quintal est voté en 1885, au printemps; deux ans après, le droit est porté à 5 francs.

Néanmoins les prix diminuent de même qu'ils s'abaissaient après 1820 sous le régime de l'échelle mobile. En voici la preuve :

	PRIX par hectol.	IMPORTATIONS
	fr. c.	milliers d'hectol.
1876-1880....................	22 30	17.479
1881-1885....................	19 40	14.091
1886-1890....................	18 20	12.826
1891.................	20 58	25.826
1892.......................	17 87	24.312
1893.......................	15 70	12.822

De même qu'en 1820 ou 1830, la législation douanière très nettement protectrice appliquée aujourd'hui en France, comme elle l'était autrefois en Angleterre, a déterminé une hausse relative qui masque simplement la baisse absolue constatée par tout le monde. Il s'est produit un écart entre les cours pratiqués en France et ceux que l'on peut noter au même moment sur des marchés francs tels que ceux de l'Angleterre, de la Belgique ou de la Hollande. Depuis 1887, cet écart a été presque toujours égal et souvent supé-rieur au droit de douane que l'importateur étranger devait acquitter à l'entrée. Cette hausse qu'a déterminée la pro-tection douanière n'a donc nullement nui aux producteurs étrangers, elle n'a apporté aucun obstacle sérieux aux importations qui n'ont pas diminué. Seuls les acheteurs de froment ont dû subir le sacrifice représenté par la différence entre leur prix d'achat et le cours, auquel ils se seraient pro-curé la même marchandise, si les droits protecteurs appli-qués en France n'avaient pas déterminé une hausse relative.

Parmi les producteurs de blé, ceux qui vendent une partie de leur récolte ont seuls, également, profité de ce régime. Le gain qu'ils ont réalisé est égal à la perte subie par les acheteurs. Il s'agit, dans l'espèce, d'une subvention accordée par une catégorie de citoyens à une autre classe de la nation.

Si nous avons réussi à exposer clairement les faits récents qui se sont produits, le lecteur doit comprendre et admettre avec nous que les droits de douane n'ont pas eu pour effet de limiter ou de suspendre les importations. Le tarif douanier a simplement déterminé une hausse suffisante pour en annuler les effets à l'égard des impor-tateurs étrangers. Cette hausse étant égale au montant des droits, il est devenu indifférent au négociant de por-ter son blé à Londres pour le vendre 15 francs, sans payer de taxes, ou de l'amener au Havre et de le vendre

20 francs après avoir acquitté un droit de 5 francs.

Dans les deux cas, la recette nette a été pour lui de 15 francs.

D'un autre côté, l'accroissement des quantités importées depuis 1875 peut-il justifier la baisse des cours ? Les entrées ont diminué et non augmenté depuis cette époque en même temps que les prix ; c'est un fait certain mais que nous tenons à signaler une fois de plus.

	PRIX par hectol.	IMPORTATIONS (milliers d'hectol).
	fr. c.	
1876–1880	22 30	17.479
1881–1885	19 40	14.091
1886–1890	18 20	12.826
1891	20 58	25.826
1892	17 87	24.312
1893	15 70	12.822

De la première de ces périodes à la troisième, c'est-à-dire de 1876-1880 à 1886-1890, les cours passent de 22 fr. 30 à 18.28, mais les importations ont diminué de 4,653,000 hectolitres, ou de 36 p. 100 environ. L'année 1891 a été marquée par une mauvaise récolte ; les achats de blés étrangers s'élèvent à 25 millions d'hectolitres et dépassent de 101 p. 100 la moyenne quinquennale précédente, mais les cours augmentent de 13 p. 100, malgré la réduction à 3 francs du droit de 5 francs appliqué depuis 1817. Cet abaissement brusque des droits et les nécessités de la consommation justifient tout à la fois le chiffre considérable des importations en 1892 et la baisse des cours qui tombent à 17 fr. 87. En 1893, la taxe de 5 francs est de nouveau appliquée, mais la baisse générale sur les marchés du monde exerce son influence, et le prix du froment ne dépasse pas 15 fr. 70, tandis que les importations se réduisent à 12,840,000 hectolitres, quantité qui eût été moins forte si l'annonce d'un relèvement prochain des droits de douane n'avait pas provoqué des achats considérables.

Les causes générales de la baisse des prix.

1° *Diminution des frais de transport*. — La transformation des moyens de transport, et, en particulier, l'accroissement du tonnage des navires aussi bien que la susbtitution rapide des steamers aux bateaux à voiles, exerça certainement une influence marquée sur le coût de transport des blés venus de l'Amérique ou des autres pays extra-européens.

Un rapport anglais (1) publié récemment nous fournit à cet égard de curieuses indications. On voit, par exemple, que le fret d'une tonne de blé de San Francisco à Liverpool ou au Havre s'est abaissé de 78 fr. 10 à 46 fr. 85 depuis 1880 jusqu'à 1890. C'est une réduction de *3 fr. 13 par quintal*. Calculée de la même façon, la diminution ressort à 1 fr. 85 pour le transport de l'Inde en Angleterre ou en France, et de 0 fr. 26 pour les blés de la mer Noire pris à Odessa.

Il est également très certain que les frais de transport à l'intérieur des grands pays producteurs comme les États-Unis et l'Inde se sont notablement abaissés. Cette réduction ne peut pas être calculée d'une façon absolue en francs et centimes par quintal de froment, pour l'excellente raison que la situation des terres cultivées étant variable, les frais de transport le sont également.

Ce qu'il importe le plus de rechercher, c'est l'influence exercée par les modifications des conditions de transport sur les importations des pays d'Europe.

(1) Report to the board of trade on the relation of wages in certain industries to the cost of production.

L'abaissement des frets a-t-il eu notamment pour conséquence de faciliter les expéditions des pays favorisés par ces réductions, et de les augmenter ? Examinons, à ce point de vue, les importations de froment en Angleterre et suivons en même temps la marche des cours, durant les deux périodes quinquennales 1881-1885 et 1886-1890.

Importations de froment (grains) en Angleterre.

	1881-1885	1886-1890
Quantité de froment (États-Unis (Pacifique)	5.5	5.0
(millions de quin-) États-Unis (Atlantique).....	8.0	5.0
(taux venant de... (Indes....................	4.5	4.5
TOTAL DES IMPORTATIONS............	29.0	27.5
Prix par quintal en francs......................	22.4	17.2

Les exportations des États-Unis par les ports du Pacifique ont donc diminué, et cette diminution est encore plus sensible pour les ports de l'Atlantique. Quant aux Indes, leurs envois sont absolument stationnaires. Enfin, chose bien remarquable, le total des importations s'est abaissé également. Néanmoins, les prix ont passé de 22 fr. 40 à 17.20 par quintal.

C'est là une diminution absolue de 5 fr. 20 par quintal ou de 23 p. 100 ! Cette baisse peut être due en partie à la réduction des frets ; cela nous paraît difficile à contester. La transformation des moyens de transport a eu certainement cette conséquence heureuse, selon nous, d'abaisser d'une façon définitive le cours d'une denrée de première nécessité dont la cherté et les brusques oscillations de prix avaient causé pendant une longue série de siècles les plus cruelles souffrances.

Nous voyons, cependant, que les importations libres dans un pays comme l'Angleterre ne sont pas développées durant la décade 1880-1890 ; en particulier, bien loin de s'accroître, les envois des États-Unis ont diminué d'une façon fort sensible. Ce n'est donc pas la quantité même des blés étrangers amenés sur les marchés anglais qui a déterminé la baisse ; celle-ci doit être, en partie, attribuée à la diminution des frets. Nous disons qu'elle ne peut être *qu'en partie* attribuée à cette circonstance, parce qu'il existe évidemment un écart entre les cours de 1880 et ceux de 1890, que l'abaissement des prix de transport ne suffit pas à expliquer.

2° *La dépréciation de l'argent.* — C'est au point de vue de nos relations commerciales avec les pays d'Orient, et avec les Indes anglaises en particulier, qu'il convient d'étudier, tout d'abord, cette question de la dépréciation de l'argent par rapport à l'or.

On assure, de nos jours, que la dépréciation de l'argent dans les pays d'Orient, peut avoir pour effet de faciliter les importations de blés étrangers et d'en amener la dépréciation sur les marchés européens.

Voici comment on explique cette double influence :

La « roupie » indienne, qui valait, *en or*, 2 fr. 25 vers 1870, ne vaut plus aujourd'hui que 1 fr. 67. La baisse de cette unité monétaire *d'argent* s'élève donc à 0 fr. 58, ou à 25 p. 100 en chiffres ronds.

Si l'on suppose que, dans l'Inde, la roupie a conservé le même pouvoir d'achat à l'égard du blé, c'est-à-dire si l'on admet que le prix du blé indien, évalué en roupies, n'a pas changé, il est clair qu'avec 75 francs nous pouvons acheter une quantité de blé qu'on devait, auparavant, payer 100 francs.

En achetant le blé de l'Inde avec une baisse réelle de prix s'élevant à 25 p. 100, on peut le revendre en France avec une réduction de prix équivalente sans diminuer les profits réalisés. La concurrence faite au blé français par le blé indien est donc très sérieuse, et elle résulte de la dépréciation de la roupie, qui se rattache elle-même à la dépréciation récente de l'argent par rapport à l'or.

Sans nier l'influence qu'a pu, en effet, exercer la baisse de l'argent sur la baisse de la roupie, il convient de remarquer et de signaler deux faits. En premier lieu, il est certain que la dépréciation de la roupie n'est pas égale à celle de l'argent. La baisse de l'unité monétaire indienne ne dépasse pas 25 p. 100, et celle de l'argent métal atteint 55 p. 100. En second lieu, il n'est pas démontré, croyons-nous, que le pouvoir d'achat de la roupie indienne par rapport au blé soit resté le même.

Or, si l'acheteur doit donner aujourd'hui plus de roupies qu'il n'en donnait autrefois pour acheter la même quantité de froment, il est clair que la dépréciation de l'argent n'a plus qu'une influence fort atténuée sur les cours du froment indien évalué en or. Il est très difficile malheureusement d'apprécier les variations du pouvoir d'achat de la roupie indienne, parce que l'influence des récoltes bonnes ou mauvaises et l'action aussi puissante des demandes faites par l'Europe déterminent des variations de prix, et masquent, par conséquent, le phénomène particulier qu'il s'agit d'observer. On peut, cependant, noter une tendance très remarquable à la diminution du pouvoir d'achat de la roupie indienne à l'égard du blé. Les documents statistiques publiés par le gouvernement de l'Inde sont très précis. Voici, par exemple, les quantités de froment qu'on pouvait acheter dans la province de Bombay pour le prix d'une roupie, depuis 1881 jusqu'à 1892. Pour plus de simplicité, nous avons ramené à 100 le premier chiffre, et nous donnons, de la même façon, la valeur en or de la roupie indienne.

	VALEUR en or de la roupie.	QUANTITÉ de froment achetée par une roupie.
1881.	100	100
1882.	98	99
1883.	88	108
1884.	97	109
1885.	95	100
1886.	87	95
1887.	84	92
1888.	82	95
1889.	83	101
1890.	90	93
1891.	84	81

Il est certain que la diminution de la valeur en or de la roupie est plus rapide que la réduction des quantités de froment achetées par une roupie. On voit, cependant, que l'écart constaté entre ces deux réductions simultanées reste assez faible. En 1891, notamment, cet écart tombe à 3 p. 100 ! Il y a loin de ce chiffre à cette prime de 40 p. 100 dont on parle volontiers en faisant allusion au bénéfice qu'assure à l'exportateur de blé indien la baisse de la roupie.

D'ailleurs, les exportations totales de froment indien n'ont pas pris le développement qui pourrait correspondre à ces bénéfices extraordinaires. En voici la preuve :

Exportations de froment indien (grains) (1).

ANNÉES	Milliers de quintaux.
1881-1882.	9.931
1882-1883.	7.072
1883-1884.	10.478
1884-1885.	7.915
1885-1886.	10.530
1886-1887.	11.131
1887-1888.	6.769
1888-1889.	8.805
1889-1890.	6.899
1890-1891.	7.160
1891-1892.	15.151

(1) Voir le document officiel : *Review of the Trade of India,* by W. O'Conor.

Il est visible que les exportations sont restées stationnaires. Les grandes demandes, faites par l'Europe à la suite du déficit de la récolte de 1891, ont seules provoqué une augmentation considérable pendant la dernière année que nous indiquons plus haut (1891-1892).

3° *La baisse générale des prix et la crise monétaire universelle.* — Nous avons montré, dans le cours de cette étude, qu'il s'était produit à plusieurs reprises, depuis le commencement du XVIIIe siècle, des baisses générales de prix, ou que l'on pouvait observer de longues stagnations des cours. Au XIXe siècle, la période 1820-1850 est fort remarquable à ce point de vue.

A l'inverse, l'historien peut étudier des périodes de hausse durant lesquelles les cours de la plupart des marchandises, et ceux des produits agricoles, en particulier, se sont élevés d'une façon soudaine et persistante. A la fin du XVIIIe siècle, et depuis 1850 jusqu'à 1873, on peut observer ce phénomène si curieux.

Depuis 1873, nous sommes entrés dans une période de baisse, et celle-ci, contrairement aux préjugés du public, ne s'applique pas seulement aux denrées agricoles. Nous l'avons déjà montré à propos des variations des prix du bétail, mais il n'est pas inutile de reproduire les chiffres si probants qu'a publiés dernièrement M. Sauerbeck dans un article du *Statist* anglais. Il s'agit des variations moyennes des prix de 45 marchandises principales représentées à la fois par des produits agricoles et des denrées industrielles. Cette méthode d'appréciation du mouvement des prix est appelée méthode des *Index Numbers*. Ce n'est qu'un procédé empirique ; mais en général, les résultats obtenus de cette façon ne diffèrent pas sensiblement de ceux que donnerait un mode de calcul plus scientifique et plus précis. Voici ce tableau dans lequel le niveau moyen des prix durant la période 1867-1877 est représenté par 100.

Variations des prix en Angleterre d'après M. Sauerbeck.

ANNÉES	COEFFICIENTS	ANNÉES	COEFFICIENTS
1867-1877	100	1885	72
1877	111	1886	69
1878	87	1887	68
1879	83	1888	70
1880	88	1889	72
1881	85	1890	72
1882	84	1891	72
1883	82	1892	68
1884	76		

La baisse si condérable et si rapide que révèlent ces coefficients pouvait être observée ailleurs qu'en Angleterre.

Quelle est la cause principale de ce phénomène inattendu ? C'est ce qu'il importe de rechercher. Pour les périodes antérieures à celles que nous traversons, il paraît établi que les oscillations des prix étaient dues soit à l'augmentation, soit à la diminution du pouvoir d'achat des métaux précieux. Durant la première moitié du XVIIIe siècle, c'est leur rareté relative qui vient accroître leur valeur. Les prix baissent, en conséquence, puisqu'il faut un moindre poids d'or ou d'argent pour acquérir la même quantité de marchandises.

A partir de 1760, un phénomène inverse se produit. On constate que les métaux précieux deviennent plus abondants. Des mines nouvelles sont découvertes et exploitées qui jettent sur le marché européen une masse plus considérable de lingots bientôt monnayés.

Production totale de l'or et de l'argent dans le monde.

PÉRIODES	OR	ARGENT
	kilogr.	kilogr.
1701–1720	256.000	7.111.000
1721–1740	381.000	8.622.000
1741–1760	492.000	10.881.000
1761–1780	414.000	13.053.000
1781–1800	355.000	17.578.000
1801–1810	177.000	8.940.000
1811–1820	114.000	5.406.000

On voit que la production totale des métaux précieux s'accroît lentement depuis 1701 jusqu'à 1740. Pendant ces quarante années, malgré le développement des échanges et l'accroissement de la population, les métaux monétaires n'augmentent que faiblement. De 1741 à 1760, la production s'élève, et il en est de même durant les périodes suivantes jusqu'à 1800.

Comme trait caractéristique, nous pouvons noter que l'affluence des métaux précieux précède d'assez longtemps la hausse des prix.

C'est de 1741 à 1760 que nous observons un accroissement de la production des métaux monétaires, et c'est seulement après 1760, c'est-à-dire lorsque les métaux précieux monnayés se sont répandus en Europe, qu'une élévation générale des prix peut être observée. Il en est ainsi pour la baisse des prix correspondant à une diminution de la production à partir de 1800. Durant la période 1801–1820, l'afflux de l'or et de l'argent cesse brusquement, et cependant, grâce aux événements politiques qui interdisent les échanges et limitent la production industrielle ou agricole, grâce à une série de mauvaises récoltes qui élèvent le cours du blé, on n'observe pas encore une baisse des prix. Celle-ci se déclare brusquement à partir de 1820.

Examinons la statistique des métaux monétaires dans les trois premiers quarts du XIXe siècle.

Production totale de l'or et de l'argent dans le monde.

PÉRIODES	OR	ARGENT
	kilogr.	kilogr.
1821-1830.	142.000	4.604.000
1831-1840.	202.000	5.963.000
1841-1850.	547.000	7.803.000
1851-1855.	996.000	4.429.000
1856-1860.	1.008.000	4.524.000
1861-1865.	925.160	4.505.000
1866-1870.	974.000	6.694.000
1871-1875.	869.000	9.845.000

L'abaissement de la production de 1800 à 1820 était déjà très notable ; cette décroissance est encore plus remarquable jusqu'en 1840.

La période de la baisse des prix correspond à cette longue série d'années.

La décade 1841-1850 est marquée par un relèvement extraordinaire de la production de l'or. C'est là une période intermédiaire. Soudain, vers 1850, l'or de Californie fait son apparition sur les marchés de l'Europe avec une abondance prodigieuse. De 1851 à 1855, on extrait 996,000 kilog. d'or valant plus de 3 milliards 400 millions de francs, et il en est ainsi jusqu'en 1875 ! La production de l'argent s'abaisse, il est vrai, à la même époque, mais cette diminution se trouve largement compensée par l'abondance de l'or.

La hausse des prix est la conséquence des faits que nous signalons.

A partir de 1873, nous sommes entrés dans une période nouvelle toute différente à certains points de vue des périodes précédentes. L'Allemagne a démonétisé l'argent ; bientôt, la Suède, la Norvège et le Danemark suivent son exemple. En 1876, la frappe de l'argent est interdite en France. D'autre part, l'augmentation de la production de l'argent accélère la dépréciation de ce métal par rapport à l'or. Nous sommes en présence d'une révolution monétaire. Pour la bien comprendre, et pour en bien saisir les conséquences, quelques explications sont nécessaires.

Avant 1873, et surtout avant 1876, alors que la France admettait la frappe libre de l'argent sur le pied du rapport légal de 1 à 15.5, l'or et l'argent servaient *réellement*, et universellement, à éteindre des dettes même internationales, et à régler le niveau des prix. Attachés l'un à l'autre par le rapport $\frac{1}{15,5}$ l'or et l'argent formaient une même masse monétaire. Grâce, surtout, au bimétallisme français qui permettait d'échanger toujours de l'argent contre de l'or, ou de se procurer des traites payables en or, le métal blanc n'était pas seulement une *marchandise* ; il avait le caractère de *monnaie* et de *monnaie internationale*. Les pays d'Asie, par exemple, qui sont monométallistes-argent, avaient un trait d'union avec l'Europe, grâce à l'existence d'une monnaie commune.

Aujourd'hui, la politique monétaire de l'Allemagne a bouleversé le monde en modifiant cette situation séculaire ; l'or est resté seul comme monnaie internationale ; l'argent, devenu marchandise, a baissé de valeur par rapport à l'or dans les vieux pays d'Europe comme l'Angleterre, la France, l'Allemagne, c'est lui seul qui doit servir à balancer les dettes des nations les unes envers les autres, et à régler dans la plus large mesure le niveau moyen des prix.

Nous devinons sans peine les objections du lecteur. « L'argent, dira-t-il, n'a pas disparu de la circulation ? Ne pouvons-nous payer avec des pièces de 5 francs toutes les dettes contractées en France ? N'existe-t-il pas en Angleterre même des pièces d'argent de même qu'il en existe en Allemagne, en Belgique, en Italie, en Suisse et en Espagne ? » Cela est vrai ; il existe à l'intérieur de tous ces pays une circulation monétaire de métal blanc. Mais c'est

là une circulation intérieure ; la pièce de 5 francs ne *vaut*
plus en *or* que 2 fr. 75, et elle ne circule encore, dans
les pays de l'Union latine, avec sa valeur *nominale* que
par suite d'une entente pleine de périls, et d'une tradition
dont le public ignore les conséquences prochaines.

En fait, la pièce de 5 francs n'a de puissance libératoire
au point de vue international que si la France comme les
autres nations de l'Union latine peuvent régler définitivement *en or*, ou au moyen de traites payables en or,
leur solde débiteur. Cela est si vrai que la pièce d'argent
espagnole ayant même titre et même poids que la pièce
française ne *vaut* plus, dans notre pays même, que
2 fr. 50 centimes.

L'encaisse métallique argent de la Banque de France
est, en réalité, dépréciée de 55 p. 100 ! Dans les banques
européennes la masse d'argent ainsi frappé d'une baisse
de moitié de sa valeur antérieure par rapport à l'or, est
de 2 milliards 484 millions ! « L'encaisse utilisable pour
les paiements internationaux est diminuée de 29 p. 100 »,
dit M. Théry, dans son intéressant ouvrage sur la *Crise
des Changes*.

Il existe, en outre, dans les Banques d'État : de France,
d'Allemagne, etc., etc., des quantités énormes d'or que
l'on retient avec un soin jaloux et patriotique. Ce n'est
pas là, comme on l'a soutenu, une preuve de son abondance. Cette encaisse montre quelle importance on attache partout à la possession de la *seule monnaie internationale* qui subsiste désormais ; et, en même temps,
on voit que la circulation effective se trouve diminuée dans
une notable proportion par suite de ce retrait qui immo-
bilise précisément le seul métal monétaire pouvant
servir à balancer les dettes des pays commerçants dont
les affaires comme la population s'accroissent, cependant,
chaque année.

Il résulte, croyons-nous, de ces faits une rareté relative de *l'or*, une contraction monétaire universelle qui a pour effets de jeter le trouble dans les relations commerciales, et d'entraîner avec une étrange rapidité aussi bien qu'avec une irrésistible puissance la baisse générale des prix.

La diminution du cours du blé est une conséquence de ce phénomène dont la portée économique nous paraît extrêmement grave.

Sans doute, les causes déjà signalées, c'est-à-dire la diminution des frais de transport à l'extérieur des pays producteurs, et la baisse des frets, expliquent en partie la marche des prix du froment, mais la crise monétaire a eu des effets plus généraux et plus puissants encore. C'est la concurrence étrangère que l'on a accusée comme toujours en pareilles circonstances. C'est contre la baisse des prix que l'on a voulu lutter par le vote des tarifs douaniers, établis aux frontières de presque tous les pays d'Europe. La résurrection soudaine du protectionnisme comme doctrine économique passant de la théorie à l'application est une conséquence et non la moins périlleuse de la crise monétaire universelle.

L'impuissance aujourd'hui reconnue et avouée des droits de douane appliqués aux blés n'est donc pas extraordinaire. Elle ne saurait nous étonner puisque l'on ne peut supprimer de cette façon la cause générale qui fait fléchir au même moment les cours sur les marchés du monde.

Résulte-t-il de ces faits que le relèvement des tarifs constitue un moyen, empirique, mais, en définitive, nécessaire et avantageux de lutter contre la baisse qui compromet une foule d'intérêts ? Il nous importerait peu d'en convenir, si nous pensions que la solution proposée fût, en effet, la meilleure. Mais il nous paraît impossible de l'admettre. Entre les pays qui n'admettent que l'or pour régler

les dettes internationales, et qui en même temps possèdent une quantité d'or suffisante la lutte économique reste
égale. La crise monétaire ne modifie pas leurs rapports et
les arguments de fait invoqués en faveur de la liberté
des échanges conservent toute leur valeur.

La question est tout autre en ce qui concerne les relations commerciales existant entre des pays à circulation
d'or et des pays où circule soit uniquement de la monnaie
d'argent (Inde), soit une monnaie dépréciée et du papier-
monnaie.

Il nous paraît démontré par l'étude impartiale des
faits que la hausse des changes et la dépréciation de
l'argent ont, en effet, pour conséquence de faciliter
temporairement l'exportation des pays à changes suré-
levés dans les pays au pair de l'or. Ce n'est là, toutefois,
à notre avis, qu'une conséquence momentanée. La concurrence des acheteurs tend à relever les cours, c'est-à-dire
à annuler l'effet du change.

En arrêtant les exportations des pays à circulation
dépréciée comme l'Espagne, par exemple, les tarifs
douaniers aggravent une situation déjà difficile et accélèrent la dépréciation des produits dont ils redoutent la
concurrence.

Il ne faut pas oublier non plus que la plupart des pays
à circulation dépréciée ont, à cette heure, des intérêts
considérables à payer *en or* aux nations riches, à circulation d'or comme la France, l'Angletere, etc., etc. Les
tarifs protectionnistes exagèrent et accélèrent la hausse
des changes en empêchant les nations débitrices de
s'acquitter en nature, c'est-à-dire, de payer avec des
produits les intérêts des emprunts contractés. Ils aggravent
la situation financière de ces nations débitrices, compro-
mettent leur crédit, et, en résumé, font fléchir le prix des
valeurs négociées. La baisse de la rente espagnole, ou des

obligations de chemins de fer de ce pays a causé aux porteurs français une perte énorme. La réduction des importations de vins espagnols n'a pourtant pas eu le résultat qu'on en attendait, et la crise de la viticulture méridionale le prouve surabondamment.

En ce qui concerne l'Inde et la concurrence de ses blés, nous avons montré que la dépréciation déjà ancienne de la « roupie » avait été atténuée par la réduction de son pouvoir d'achat. Les exportations indiennes sont, d'ailleurs, restées stationnaires.

Ces conséquences si graves que nous attribuons à la rareté relative de l'or sont niées par ceux qui se bornent à constater que la production du métal jaune n'a pas diminué depuis 1873. Voici, en effet, quelle a été la statistique de l'extraction des métaux précieux depuis 1871, par *année moyenne*.

	OR	ARGENT
	kilogr.	kilogr.
1871-1875	173.000	1.969.000
1876-1880	172.000	2.449.000
1881-1885	149.000	2.861.000
1886	159.000	2.900.000
1887	158.000	2.991.000
1888	165.000	3.418.000
1889	178.000	3.913.000
1890	170.000	4.142.000
1891	181.000	4.491.000
1892	211.000	4.729.000

Sans doute, la production de l'or n'a pas diminué, mais la rareté relative du métal jaune ne résulte pas d'une diminution des quantités extraites. C'est la suppression de l'argent comme instrument monétaire international qui a diminué réellement la masse des métaux servant à faciliter les échanges ou à les solder. Les conclusions que nous avons tirées de ces faits nous paraissent donc exactes.

L'objection tirée de l'existence et de la circulation des nombreux instruments de crédit qui s'appellent billets de banque, lettres de change, etc., etc., ne nous paraît pas mieux fondée. « La monnaie, dit-on, n'est plus nécessaire ; son usage n'est plus, tout au moins, aussi utile qu'autrefois. Les chambres de compensation, les virements de compte, les chèques, et les traites commerciales la remplacent en partie. La contraction monétaire n'est donc qu'un vain mot. »

Il est certain que les opérations de banque dispensent de l'emploi des espèces métalliques dans une foule de cas. Mais tous les instruments de crédit supposent néanmoins l'existence d'une monnaie internationnale qui sert à en balancer *définitivement* et *réellement* le solde. Nulle part plus qu'en Angleterre on ne fait usage des procédés ingénieux auxquels nous venons de faire allusion. N'est-ce pas en Angleterre, cependant, que la Banque est obligée constamment de défendre son encaisse et par des élévations brusques du taux de l'escompte, à tel point que depuis 1883 jusqu'en 1893 on peut enregistrer 89 de ces variations ? La même Banque n'a-t-elle pas été forcée en 1891 d'emprunter 75 millions d'or à la Banque de France ? En réalité, dès qu'une crise survient, les paiements en *or* et les réalisations monétaires se produisent. Les emprunts des États débiteurs sont payables en or. L'or est à cette heure le roi du monde commercial et financier.

Résumé.

En résumé, au début de cet article, nous avons montré quelles ont été les fluctuations des prix du blé depuis un peu plus d'un siècle. Il ressort de cette courte revue historique que la baisse actuelle n'est pas un phénomène nouveau.

L'étude des variations simultanées des importations étrangères et des cours nous a prouvé également que les périodes de baisse ne coïncidaient pas avec une augmentation des entrées de blés étrangers. On constate, au contraire, que les périodes de prix élevés peuvent correspondre à un accroissement marqué des importations. L'application des tarifs protecteurs n'a déterminé, en Angleterre comme en France, qu'une hausse relative créant au profit des producteurs nationaux une situation privilégiée, et leur assurant une subvention égale à la perte subie par les acheteurs de froment.

Depuis dix ans, la marche des importations en France ne peut expliquer l'affaissement si rapide des cours ; la même observation s'applique à l'Angleterre.

La réduction des frais de transport à l'intérieur des pays producteurs et exportateurs, et la baisse des frets, peuvent expliquer en partie les oscillations des prix du blé, et leur abaissement graduel. Cette cause permanente continuera, sans doute, à exercer son influence. Elle représente une conquête scientifique du plus haut intérêt, analogue à celle qui a été obtenue en industrie par l'application de l'outillage mécanique moderne à la production de certains produits industriels.

Il en est autrement de la dépréciation de l'argent, qui constitue un phénomène passager dont l'importance a été exagérée mais qui peut, cependant, exercer une action particulière sur les exportations des blés de l'Inde. On constate toutefois dès aujourd'hui une tendance marquée à la diminution du pouvoir d'achat de la monnaie indienne par rapport au blé, et la dépréciation de l'argent n'a pas sur les cours de cette céréale dans son pays de production, l'influence qu'on lui attribue. D'ailleurs, les exportations de blés indiens restent stationnaires depuis 10 ans.

La baisse des prix est un phénomène général qui caractérise l'histoire économique du dernier quart de notre siècle. Cette baisse n'affecte pas seulement les produits agricoles et le blé en particulier ; elle s'étend à une foule d'autres produits industriels ou à un grand nombre de matières premières. Ce phénomène a tous les caractères de généralité qui caractérisent la crise actuelle.

La démonétisation de l'argent à partir de 1873, et la suspension de la frappe libre de ce métal en France à partir de 1876, ont probablement provoqué une crise monétaire universelle. C'est l'or qui est devenu la seule monnaie internationale ayant une puissance libératoire illimitée, et il a dû suffire seul aux besoins d'une circulation croissante, alors qu'avant 1873 l'argent pouvait rendre les mêmes services. La masse des métaux monétaires servant à balancer les échanges internationaux a donc diminué, et il est résulté de ce fait une rareté relative de l'or ou une contraction monétaire universelle. Ainsi que cela est toujours arrivé quand les métaux monétaires sont devenus moins abondants par suite d'une moindre production, le niveau général des prix s'est abaissé, et le cours du blé a subi l'influence de cette dépression générale.

L'élévation des droits de douane ne peut suffire à enrayer ce mouvement. Il se produit sous nos yeux avec une irrésistible puissance, et déconcerte tous ceux qui croient pouvoir attribuer uniquement à la concurrence étrangère l'affaissement des cours.

Telle est l'explication de cette anomalie singulière qui a été observée à d'autres époques :

La baisse des prix coïncide précisément avec l'élévation des tarifs de douane qui a pour objet de la prévenir ou de l'arrêter.

ÉTUDE

SUR LA DIMINUTION DU NOMBRE DES OVIDÉS

EN FRANCE ET EN EUROPE

En 1812, les statistiques constatent qu'il y avait en France 35,000,000 de moutons. On comptait :

En 1840... 32.150.000 têtes.
— 1866... 30.386.000 —
— 1872... 24.787.000 —
— 1879... 22.993.000 —

De 1866 à 1879 il y aurait donc eu une diminution de 7,000,000 de têtes, diminution à coup sûr considérable et dont nous allons chercher à déterminer les causes.

« Si nous possédons moins de moutons sur notre territoire, a-t-on dit, c'est que la production en est peu lucrative, et l'abaissement de cette production n'est pas autre chose que le signe trop manifeste de la mauvaise situation de notre agriculture.

On ne s'est pas tenu heureusement à cette explication sommaire et douloureuse, on a voulu chercher dans les variations des prix de la viande de mouton, dans le chiffre de nos importations et de notre consommation, dans l'influence des systèmes de culture et dans le perfectionnement des méthodes zootechniques des raisons plus sérieuses, plus détaillées, plus en rapport enfin avec la réalité des faits agricoles et économiques.

I

Si l'on se reporte aux mercuriales officielles, on voit que le prix de la viande de mouton a été sans cesse croissant. De 1840 à 1862 le prix du kilogramme de viande de mouton augmente de 58 p. 100, de 1862 à 1883 il augmente de 34 p. 100 (1).

Il n'est pas nécessaire d'être économiste pour prévoir que cette augmentation était la conséquence d'un accroissement correspondant dans la *demande*, c'est-à dire dans la *consommation* de la viande de mouton. Aussi la statistique ne nous apporte-t-elle pas des résultats qui puissent nous étonner, quand elle indique que de 1840 à 1862 la consommation s'est accrue dans la proportion de 40 p. 100. Les prix se sont même, nous le voyons, élevés plus rapidement et dans une plus grande proportion que la consommation.

Ce n'est pas sans intention que nous avons commencé par mettre en évidence ces deux faits : 1° augmentation des prix ; 2° accroissement de la consommation.

Ils vont nous permettre, en effet, d'aborder avec plus de sécurité d'esprit la question délicate des importations de moutons étrangers.

Importations. — Elles ont augmenté depuis trente ans d'une façon sensible (2). Faut-il s'en effrayer ? Faut-il au contraire considérer ce phénomène économique comme très naturel et même inévitable, en présence des demandes croissantes, se manifestant par l'élévation croissante des prix ? Nous n'hésitons pas à adopter cette dernière opinion.

---

(1) Se reporter pour ces chiffres aux statistiques officielles, et aux tableaux des récoltes publiées par la direction de l'agriculture.

(2) Il entrait en France en 1857, 400,000 têtes de moutons étrangers ; il en entre aujourd'hui 1 million et demi.

Nous savons que certaines personnes admettent un principe tout opposé, et, constatant qu'à des prix élevés correspondent presque toujours des importations considérables, affirment en s'appuyant sur ces faits que les importations ne font jamais baisser les prix.

Cette théorie ne conduirait à rien moins qu'à considérer l'abondance comme une cause de la cherté, et la rareté des produits comme la condition nécessaire du bon marché.

Il nous paraît plus logique et plus en rapport avec la réalité d'admettre que les prix élevés ont provoqué les importations, et ce que la statistique nous indique pour la viande de mouton en particulier, ne saurait que nous confirmer dans cette opinion.

Cette relation entre l'élévation du prix et le chiffre de l'importation a été mise en lumière par M. Dubost dans une étude très intéressante qu'il a publiée dans la *Revue scientifique* du mois de novembre 1884 (1). Voici le tableau que nous empruntons à ce travail.

Années	Prix du kil.	Importation. Nombre de têtes.
1878	1.81	2.343.288
1879	1.71	2.023.349
1880	1.66	2.078.685
1881	1.68	2.711.964
1882	1.88	2.156.016
1883	1.93	2.277.695

« C'est toujours dans les années de haut prix, ajoute M. Dubost, que l'importation est la plus forte ; c'est toujours dans les années de prix faible que l'importation se réduit au minimum. » Il suffit de jeter les yeux sur le tableau ci-dessous, pour vérifier l'exactitude de cette affir-

---

(1) *Revue scientifique*, 1ᵉʳ novembre : *Le bétail et les droits de douane*, par P.-C. DUBOST.

mation. Ce qui guide toujours le commerçant dans ses opérations, c'est en effet la considération des profits qu'il pourra réaliser par des prix de vente avantageux. Cette réflexion suffit à faire comprendre que les produits doivent affluer sur le marché où ils se vendent à un prix plus élevé que partout ailleurs.

Avant de poursuivre notre étude, il faut insister sur une série de faits très certains, très clairs et qui jettent beaucoup de lumière sur la question des importations étrangères.

Nous voulons parler des opérations du marché de la Villette à Paris.

Ce marché a, en France, pour ce qui concerne les ovidés, une importance exceptionnelle. Pour nous en convaincre, il suffit de remarquer que sur 2,280,000 têtes de moutons importées en 1883, 1,152,000 ont été apportées et vendues sur le marché de La Villette; de ce fait, il faut chercher à déterminer la conséquence et la raison d'être.

La conséquence tout indiquée il nous semble, c'est que l'importation des moutons ne saurait nuire en général aux éleveurs français puisque 50 p. 100 des animaux importés sont destinés à approvisionner un marché tout spécial, à assurer l'alimentation d'une ville de 2,000,000 d'habitants, tandis qu'il reste encore dans la France entière 36,000,000 (1) de consommateurs à pourvoir.

Il y a plus encore, et il ne faut pas oublier que sur le total des animaux importés une fraction variable mais importante est destinée à utiliser les productions fourragères de la ferme et constitue ainsi un élément sérieux de profits.

Bien que le prix élevé de la viande de mouton en fasse

(1) Nous disons ici 36,000,000 avec intention, la population de la France étant aujourd'hui de près de 38 millions d'habitants.

un aliment de luxe, plus de la moitié des moutons importés en France arrive au marché de La Villette. Paris,
en effet, n'est pas seulement un centre important par sa
population, c'est aussi, c'est surtout un centre exception-
nellement important par sa richesse. Il peut consommer
beaucoup d'aliments d'un prix élevé parce qu'il peut
aisément payer ce prix, mais il serait anormal, illogique,
contraire à toutes les lois économiques que, là où les prix
sont élevés, la demande active, les arrivages ne fussent
pas abondants. Il est donc naturel que la majeure partie
des animaux importés viennent se vendre à Paris où ils
valent un prix plus élevé que partout ailleurs.

Le tableau ci-dessous nous servira à démontrer l'exactitude de cette assertion : la viande de mouton est
aujourd'hui un aliment de luxe. Non seulement en effet,
dans la première comme dans la dernière qualité, la viande
de mouton est toujours la plus chère, mais l'écart entre le
minimum et le maximum en est plus faible que pour les
autres viandes, c'est-à-dire que le consommateur peu
fortuné ne peut même pas, en se contentant de la troisième qualité, avoir un aliment bon marché.

| | PRIX MOYEN DU KIL. DE VIANDE NETTE | | | | |
| | 1re QUALITÉ | | 2e QUALITÉ | | 3e QUALITÉ | |
	1881	1882	1881	1882	1881	1882
	fr.	fr.	fr.	fr.	fr.	fr.
Bœuf............	1.64	1.70	1.43	1.52	1.13	1.28
Vache..........	1.53	1.58	1.30	1.36	0.97	1.14
Mouton........	1.97	2.00	1.79	1.92	1.52	1.75

Considérons maintenant les importations non plus dans
leur ensemble, mais dans leur détail.

En ce qui concerne l'origine des animaux importés, nous constatons que, en 1883, 559,000 moutons sont venus d'Algérie, terre française où nous ne pouvons voir qu'avec satisfaction le développement de l'élevage.

Ce qui est important aussi à noter, c'est que sur un total de 2,280,000 ovidés importés en France, 144,000 sont destinés à l'engraissement et 21,000 à l'élevage.

Il y a donc 7 p. 100 et même plus des animaux importés qui constituent pour l'agriculteur français devenu successivement acheteur puis vendeur après l'engraissement, une matière première d'une utilité incontestable comme source de profits.

Revenons après cette courte digression au marché de la Villette dont l'étude attentive explique nettement le mécanisme de nos importations.

La période de 1881 à 1883 est, à ce point de vue, du plus haut intérêt.

La France fournit au marché :

En 1881	822.456	têtes de moutons.
— 1882	675.239	—
— 1883	588.804	—

Cette diminution considérable de 1881 à 1883 dans les arrivages des provinces françaises devait avoir une conséquence naturelle, à savoir : l'élévation du prix. En effet, le kilogramme de mouton se paie :

	Francs.
En 1881	1.79
— 1882	1.92
— 1883	1.97

Cette conséquence ne nous étonne guère, mais elle est du plus grand intérêt parce qu'elle nous permet d'en prévoir une autre : l'augmentation des importations étrangères sur le marché.

Nous trouvons en effet :

Années.	Importations. Nombre de têtes.
En 1881	936.322
— 1882	1.120.585
— 1883	1.152.590

Un seul fait économique demeure presque constant au milieu de ces variations, c'est la consommation de Paris et de ses environs, consommation dont les exigences expliquent tous les faits qui précèdent.

On a vendu pour Paris :

En 1881	1.396.000 têtes de moutons.
— 1882	1.373.000 —
— 1883	1.300.000 —

Une augmentation de 16 centimes par kilogramme correspond, en 1882, à une diminution de 23,000 têtes dans les achats. En 1883, une augmentation de 21 centimes provoque une diminution de 93,000 têtes par rapport à 1881.

En résumé, ce qui ressort avec la plus vive clarté de ces faits, c'est qu'à une diminution dans les arrivages des départements français correspond une élévation dans les prix et qu'à une augmentation de prix correspond une augmentation dans les importations étrangères.

Bien loin de s'effrayer des arrivages étrangers, il faut, croyons-nous, s'en applaudir ; le consommateur y gagne de voir ses besoins satisfaits, et l'agriculteur français trouve néanmoins dans l'élévation des prix un accroissement de ses profits.

Nous arrivons maintenant au point le plus intéressant

de la question, à l'étude de ces diminutions qui se produisent dans les arrivages français.

Quand on examine pour une période suffisamment prolongée, la part proportionnelle des différents départements ou de ces groupes de départements qu'on a appelés provinces, dans l'approvisionnement du marché de Paris, on s'aperçoit que certaines régions concourent pour une plus forte part que les autres dans cet approvisionnement.

C'est ainsi que l'Ile-de-France comprenant tous les départements qui entourent Paris, fournit à elle seule 40 à 45 p. 100 des ovidés français qui s'y consomment.

Après l'Ile-de-France, viennent la Champagne, l'Orléanais, la Bourgogne, le Berry, dans des proportions qui varient de 4 à 8 p. 100 du total des arrivages.

En 1882, l'année où nous avons constaté une notable baisse dans le chiffre des arrivages français, nous trouvons précisément que cette diminution se produit dans les envois de ces départements ou groupes de départements que nous considérons comme les fournisseurs habituels du marché de la Villette.

C'est ce que le tableau ci-dessous met en évidence :

	1881	1882
Provinces.	Nombre de têtes.	Nombre de têtes.
Ile-de-France	421.000	363.000
Champagne	76.000	20.000
Lorraine	15.900	7.000
Berry	41.000	26.000
Orléannais	47.000	29.000
Bourgogne	55.000	16.000
Nivernais	20.000	12.000
	675.000	473.000

Entre l'année 1881 et l'année 1882, il existe un écart considérable, une différence de 200,000 têtes dans les envois faits par les provinces qui approvisionnent habituellement Paris en viande de mouton.

Faisons remarquer que c'est surtout pour les départements qui sont voisins de Paris que ce déficit s'accuse plus nettement ; c'est dans l'Aisne, dans Seine-et-Marne, dans l'Aube et dans la Marne, dans la Côte-d'Or et le Loiret, que la dîme prélevée par Paris décroît tout à coup dans des proportions considérables.

Nous avons déjà indiqué une conséquence de ces faits ; mais il en existe une autre du plus grand intérêt au point de vue économique, nous voulons parler de l'élévation subite et considérable des arrivages provenant des départements plus éloignés, de ceux qui sont en quelque sorte dans une deuxième zone, où, seuls, des prix très élevés peuvent déterminer un courant d'exportation vers le marché qui offre ces prix amplement rémunérateurs.

Le tableau ci-dessous indique d'une façon générale l'intensité de ce mouvement.

PROVINCES D'OÙ VIENNENT LES ANIMAUX	ARRIVAGES, NOMBRE DE TÊTES		
	1881	1882	1883
1er groupe. Ile de France	421.000	363.000	308.000
Champagne	76.000	20.000	17.000
Lorraine	15.000	7.000	6.000
Berry	41.000	26.000	33.000
Orléanais	47.000	29.000	17.000
Bourgogne	55.000	16.000	50.000
Nivernais	20.000	12.000	18.000
2e groupe. Auvergne	80.000	100.000	86.000
Limousin	21.000	24.000	17.000
Bourbonnais	41.000	51.000	50.000
Guyenne	92.000	85.000	118.000
Prix du kil. de viande	1 fr. 76	1 fr. 92	1 fr. 97

Nous mettons en regard le tableau précédent, pour mieux faire saisir le sens et la portée de ce phénomène économique.

Il est à remarquer que l'augmentation dans les envois est d'autant plus forte pour les départements éloignés de Paris que leur distance à cette ville est elle-même plus grande.

Il faut noter aussi que la diminution des envois est surtout sensible dans les départements frontières et dans les départements voisins qui servent de passage aux nombreuses bandes de moutons importées.

Le Nord et la Meurthe-et-Moselle, qui ont vu passer en 1882 par leurs bureaux de douanes plus de 1,300,000 têtes de moutons, subissent une diminution de 52 p. 100 dans leurs envois à la Villette ; la diminution est encore plus considérable pour les trois départements voisins, la Marne, l'Aube et les Ardennes. Ce fait doit être attribué à la difficulté que les agriculteurs trouvaient à se procurer des moutons maigres à engraisser avec un bénéfice suffisant.

Les moutons importés allaient alors directement sur le marché de Paris, où ils devaient être vendus avec plus de profits.

Maintenant que nous avons mis en évidence cette curieuse influence de la diminution des arrivages, provenant des départements voisins de Paris, sur l'élévation des prix et l'augmentation des envois des départements éloignés, rien ne saurait être plus logique que d'étendre à l'étranger ce que nous venons de dire pour la France.

Sans avoir besoin de consulter une statistique, nous pouvons prévoir à l'avance que, dans les années où la France ne peut apporter son contingent habituel sur le marché de Paris, l'étranger comblera le déficit, et qu'en raison des prix croissants, c'est à des pays de plus en plus éloignés qu'on aura recours pour fournir à notre consommation (1).

Les faits confirment pleinement cette prévision.

Si l'Allemagne, qui est à nos portes, ne nous envoie pas plus de moutons en 1882 et 1883, années de hauts prix, qu'en 1880 et 1881, années de prix faibles ; en revanche, l'Italie, la Hongrie, la Russie même, augmentent ou doublent parfois le chiffre de leurs envois.

Le tableau ci-joint ne peut laisser aucun doute à cet égard :

PAYS DE PROVENANCE	IMPORTATIONS ÉTRANGÈRES		
	1881	1882	1883
Russie..............	65.000	152.000	112.000
Hongrie........	208.000	.343.000	409.000
Italie..............	23.000	31.000	44.000
Allemagne...........	432.000	339.000	375.000

Ce que nous venons de dire du marché de la Villette, s'applique à la France entière considérée comme un marché unique. A mesure que les prix s'élèvent par suite du déficit de la production nationale, les arrivages étrangers augmentent de nombre. Nous avons insisté sur ce fait, nous n'y reviendrons pas.

Ce qui est intéressant à noter, c'est qu'on a recours, dans les périodes de hauts prix, à des pays de plus en plus éloignés ; le phénomène est donc général, il n'est pas le moins du monde restreint au marché de Paris.

Les chiffres suivants serviront à le prouver.

(1) Il ne faut pas oublier, en effet, que des prix de vente élevés peuvent seuls permettre de payer les frais de transport et de réaliser un bénéfice.

PAYS DE PROVENANCE	NOMBRE DE TÊTES (IMPORTATIONS TOTALES)		
	1881	1882	1883
Algérie.............	440.000	488.000	559.000
Autriche............	243.000	450.000	607.000
Allemagne..........	685.000	828.000	646.000
Belgique............	81.000	83.000	125.000
Italie.........	164.000	224.000	254.000
Prix du kil. de viande	1 fr. 68	1 fr. 88	1 fr. 93

Fermons ici cette longue parenthèse ; elle était motivée par l'importance des faits qu'il fallait analyser et expliquer.

II

Nous allons, dans d'autres phénomènes agricoles et économiques d'une portée et d'une nature différentes, chercher la raison de cette diminution dans le nombre des moutons que nous n'avons pas encore pu réussir à expliquer.

Un fait s'impose de suite à notre attention ; nous voulons parler de la modification qui s'est produite depuis trente ans dans les *systèmes de culture*.

Nul n'ignore, en effet, que la partie cultivable du sol français consacrée aux céréales, prairies artificielles, aux plantes fourragères annuelles et industrielles s'est notablement accrue. A l'heure actuelle, par exemple, malgré la perte de l'Alsace et de la Lorraine, la superficie consacrée au *froment* est la même que celle qui existait en 1866. En revanche, depuis cette époque, jusqu'en 1881, la surface consacrée aux landes, pâtis et pâtures, a passé du chiffre de 7,160,000 hectares (1852) à celui de 6,910,000 en 1862. Depuis cette époque, sous l'influence constante de l'extension des cultures céréales industrielles et fourragères, sous l'action de la loi du 28 juillet 1860 sur les défrichements, il est évident que la superficie des landes et pâtis a encore diminué ; la nouvelle statistique générale de 1882 nous donne à ce sujet des chiffres précis.

D'un autre côté, le mouton se nourrit facilement sur les pâtis, les landes, les jachères : il est même, dans la plupart des cas, le seul animal qui permette d'utiliser ces pâturages.

Le territoire sur lequel on l'élevait avec profit ayant diminué pour faire place aux céréales et aux plantes industrielles, il est donc naturel que le nombre des moutons élevés sur cette surface ait diminué dans la même proportion.

L'extension de la culture des végétaux à racines charnues (betteraves, carottes, navets), extension qui est considérable, a plutôt favorisé la production et l'engraissement des bovidés mieux aptes à utiliser ces aliments avec profit.

Pour mettre en évidence l'influence des modifications survenues dans les systèmes de culture, et en particulier celle de la diminution de la surface occupée par les pâtis, landes et pâturages non fauchables, nous avons pris un exemple approprié, nous voulons parler du département de la Creuse.

La Creuse est un département cité par la statistique de 1862 comme le plus riche en représentants de la race ovine, proportionnellement à sa surface (168 au kilomètre carré). La race des moutons qu'on y exploite est celle d'Auvergne (O. A. Avernensis) (1) ; la taille en est fort

(1). *Traité de Zootechnie* de M. A. Sauson, t. V.

exiguë, la toison d'un poids très faible (de 600 grammes à 1 kilogramme, chiffre officiel) ; mais ces animaux sont rustiques, leur chair est délicate, et ils permettent d'utiliser les pâtis et landes qui couvrent encore dans la région plus de 80,000 hectares.

Malgré l'éloignement de Paris, le département de la Creuse envoie chaque année à La Villette de 15 à 20,000 têtes de moutons et contribue ainsi à l'alimentation de la population de Paris en viande de mouton, dans la même proportion que le Nivernais, la Champagne et la Bourgogne.

En 1840, la Creuse avait une population ovine de 709,000 têtes, la surface cultivable comprenait :

Prairies naturelles...................	52.000 hectares.
— artificielles..................	714 —
Pâtis, landes et jachères..............	185.133 —

En 1866, ce même département avait : population ovine 764,000 têtes.

Prairies naturelles...................	119.383 hectares.
— artificielles..................	3.596 —
Pâtis, landes et jachères	86.663 —

En 1881 il y avait : population ovine 587,580 têtes.

Prairies naturelles	78.414 hectares.
— artificielles..................	9.073 —
Pâtis, landes et jachères.............	81.496 —

Il suffit de considérer ces derniers chiffres et de les comparer avec ceux qui précèdent pour voir que le nombre des moutons a diminué en même temps que la surface consacrée aux pâtis et aux prairies naturelles, territoires qui étaient particulièrement aptes à leur production ; par contre, le nombre des représentants des variétés améliorées, qui était à peu près nul en 1840, se trouve indiqué en 1881 par le chiffre de 19,828.

Nous voyons donc dans ce département se manifester les deux phénomènes que nous avons indiqués plus haut :

1° La diminution du nombre des moutons correspondant avec la diminution des pâtis, landes jachères et prairies naturelles ;

2° Sous l'influence des modifications apportées dans le système de culture, les races du pays remplacées par ces variétés améliorées dont le développement comme l'introduction est nécessairement lié à ces modifications dans les procédés de culture.

Il ne faut pas oublier non plus que dans la Creuse comme ailleurs, la diminution du nombre des têtes est compensée par l'augmentation du poids, et surtout par la diminution de l'âge moyen.

Sans courir le risque de paraître soutenir un paradoxe, il nous est bien permis aussi d'affirmer que la réduction de la surface consacrée aux landes, pâtis et jachères, n'est pas un fait qui puisse témoigner de la décadence agricole de cette région ; nous croyons qu'en restant simplement impartial, il est légitime de penser que ces modifications, comme leurs conséquences, ont été justifiées par l'intérêt bien entendu de ceux qui les ont entreprises.

III

Le perfectionnement des méthodes zootechniques a conduit à un résultat qui a été depuis longtemps mis en lumière, celui d'augmenter la production annuelle, tout en restreignant le nombre des animaux exploités. Dans beaucoup de fermes, en effet, on livre à la consommation des moutons de ving-quatre à trente mois, dont le poids est au moins équivalent et très souvent supérieur à celui des moutons qui étaient tués autrefois après avoir passé trois et quatre ans dans l'exploitation agricole. Ces résultats ont été obtenus par l'introduction de races améliorées, par des méthodes de sélection bien entendues parmi les représentants de la race primitive, par une nourriture plus abondante correspondant elle-même à cette modification dans les systèmes de culture dont nous avons parlé plus haut.

Il est bien entendu que cette diminution de l'âge auquel on livre les moutons à la boucherie permet de prélever, dans un troupeau moins nombreux, une *dîme annuelle* aussi considérable que celle dont on pouvait autrefois disposer avec des variétés qui n'étaient pas modifiées à la fcis par une sélection attentive dans le sens de la préco-cité, et par la qualité et l'abondance de l'alimentation.

Même dans les régions agricoles où l'introduction des variétés améliorées n'a pas été faite, le poids moyen de chaque animal s'est accru et la conséquence naturelle en a été de pouvoir livrer sur le marché une même quantité de viande avec un nombre moins considérable de têtes.

Le fait que nous indiquons ici est général ; il était même déjà assez sensible en 1862 pour être noté avec soin : « Les progrès dans l'élève du bétail, lisons-nous dans l'enquête de 1862, ont amené, dans les poids, des aug-mentations dont nous allons faire connaître la quotité. »

De 1840 à 1862 les moutons ou brebis ont augmenté de 33 p. 100 pour le poids brut, et de 29 p. 100 pour le poids net. — Nous avons indiqué plus haut les consé-quences que nous croyons pouvoir tirer de ces *faits*. — Le résultat de la demande croissante de la viande de mouton sur le marché, demande plus active qui se mani-festait par l'élévation des prix, s'est également traduit dans les régions dont nous venons de parler plus haut, par une réduction de l'âge auquel on livrait les animaux à la consommation. On n'a plus conservé les brebis mères aussi longtemps, le renouvellement du troupeau a été plus rapide et son nombre a pu décroître sans que son produit diminuât.

Le résultat de ces modifications a été évidemment d'augmenter les proportions des jeunes animaux dans le total du troupeau. Jusqu'à présent les statistiques agricoles ne nous avaient fourni aucun renseignement sur l'âge des ovidés et leur division en catégories formées à ce point de vue.

La statistique agricole de 1882, en comblant cette lacune, permet de vérifier l'hypothèse parfaitement justifiée que nous faisions plus haut à propos de l'augmentation relative du nombre des jeunes animaux (1).

IV

Dans l'étude sommaire que nous venons de faire des faits économiques ou agricoles qui ont pu amener logiquement et nécessairement la diminution du nombre des moutons, nous avons vu agir différentes causes, nous ne

---

(1) Nous n'abordons pas ici la question des laines qui a son importance dans le sujet qui nous occupe; nous ne croyons pas qu'il faille attribuer la diminution du nombre des Ovidés en France à des écarts en réalité assez notables dans le prix de la laine. Nous donnons à titre de renseignement les chiffres qui représentent ce prix dans l'arrondissement de Saint-Quentin depuis 1837 :

	Fr.	
1837 — 40	1.86	le kilo.
1840 — 50	1.90	—
1850 — 60	2.06	—
1860 — 66	2.11	—
1874 — 76	2.16	—
1876 — 79	1.83	—
1880	1.95	—

Ces chiffres sont extraits de la statistique agricole de 1886 et des statistiques annuelles.

leur avons pas attribué à dessein une valeur particulière
et en quelque sorte proportionnelle, parce qu'en présence
de la variété infinie des lieux et des situations, ces causes
ont dû agir avec une intensité extrêmement variable. Pour
résumer notre pensée sur l'ensemble de ces faits,
pourrions-nous *affirmer* qu'il se produit en France autant
de viande de mouton qu'il y a quarante ans ?

A cette question très nette, nous répondons *oui* sans
hésiter.

Pour défendre cette opinion, nous aurons recours aux
chiffres dont M. Dubost s'est lui-même servi dans le travail
cité plus haut :

« Sur nos 22 millions de têtes de moutons, dit-il, nous
en prélevons annuellement pour la consommation 6 millions, qui fournissent bien près de 150 millions de kilogrammes de viande. Avant la diminution du nombre des
existences, nos 30 millions de moutons fournissaient à
peine 5 millions de têtes à l'abatage et le poids total de
la viande qui en provenait ne dépassait pas 100 millions
de kilogrammes (1). »

En tous cas, ce que nous croyons avoir réussi à établir,
c'est que cette diminution de production, en ce qui concerne la viande, est bien moins considérable qu'on ne
l'imagine, et surtout, en présence des prix croissants
c'est que la diminution dans les profits, dans la somme
des valeurs annuellement créées, n'est en aucune façon
proportionnelle à l'écart qui s'est fait observer dans le
nombre des ovidés pendant ces trente dernières années.

Si nous nous en tenions là, notre étude n'aurait qu'un
caractère, un intérêt restreint, spécial, et ne s'applique-
rait qu'à la France ; et il serait toujours permis de se
demander si avec une autre politique économique, des

---

(1) Voyez *Statistique officielle* de 1852.

droits de douane plus élevés, on n'aurait pas pu prévenir la diminution qui est signalée. Aussi ce que nous tenons très vivement à ajouter, c'est que cette diminution n'est pas spéciale à la France, c'est qu'elle est générale dans tous les pays de l'Europe dont nous connaissons les statistiques précises, remontant à quarante ou cinquante ans. Quel qu'ait été le régime économique de ces nations, à partir de la même époque, le nombre des moutons a constamment décrû chez elles ; ce fait s'est évidemment produit sous l'influence des causes que nous avons signalées pour la France et avec toutes les nuances que pouvait comporter le régime agricole de ces différents pays.

Ainsi, en Allemagne et dans tous les différents États qui la composent, dans la Prusse comme dans la Bavière, dans le royaume de Saxe comme dans le duché de Bade, les ovidés ont diminué de nombre. L'Autriche, la Hongrie, l'Angleterre, la Suisse présentent le même phénomène ; avec cette particularité très remarquable que la diminution du nombre des moutons est, partout, accompagnée d'une augmentation dans les prix, et se produit en même temps qu'un accroissement notable dans le nombre des bovidés (1).

Le tableau ci-joint nous dispense au reste de tout commentaire à ce sujet.

(1) (Extrait du *Jahrbücher für Nationalækonomie,* dirigé par le docteur CONRAD. Janvier 1885.)

	ANNÉES	BŒUFS	VACHES	MOUTONS
Prusse (territoire avant 1866)	1817	4.013.912	2.154.645	8.260.396
	1849	5.371.744	3.078.000	16.236.328
	1867	5.953.000	3.653.000	18.806.000
	1873	6.530.000	3.821.000	16.763.000
	1883	6.620.000	3.894.000	12.362.000
Bavière	1810	1.828.000	825.720	1.014.720
	1854	2.616.000	1.341.000	1.223.000
	1863	3.162.000	1.521.000	2.040.000
	1873	3.066.000	1.557.000	1.343.000
	1883	3.037.000	1.584.000	1.178.000
Saxe	1834	546.000	343.000	604.000
	1853	610.000	397.000	485.000
	1867	625.000	413.000	304.000
	1873	647.000	»	206.000
	1883	651.000	442.000	14 9.000
Bade	1868	603.000	346.000	174.000
	1873	621.000	»	156.000
	1883	593.000	323.000	131.000
Autriche	1857	8.013.000	»	5.284.000
	1861	8.610.000	4.185.000	5.682.000
	1868	7.425.000	3.831.000	5.026.000
	1880	8.564.000	4.138.000	3.841.009
Hongrie	1863	5.095.000	2.167.000	11.281.000
	1870	5.279.000	2.052.000	15.076.000
	1880	5.311.000	»	9.839.000
Grande-Bretagne	1867	8.731.000	»	33.877.000
	1870	9.235.000	»	32.756.000
	1875	10.162.000	»	33.491.000
	1881	9.913.000	»	27.896.000
Suisse	1866	»	»	447.000
	1876	»	»	367.000

Ainsi partout nous observons une diminution dans le nombre des ovidés, et, chose intéressante aussi, cette diminution est presque partout simultanée. C'est de 1860 à 1870 qu'elle s'accuse nettement en France, en Prusse, en Bavière, en Saxe et en Autriche.

Depuis 1867 jusqu'à l'heure actuelle nous relevons une diminution dans les existences de :

Prusse	36 p. 100
Autriche	33 —
Suisse	24 —
France	23 —
Angleterre	18 —

Les droits à l'importation ont-ils eu une influence sur cette dépression? Il nous paraît impossible de l'admettre.

Le tableau ci-dessous va du reste nous permettre de discuter cette question.

	PÉRIODES	DROITS à l'importation par tête	DIMINUTION P. 100 du nombre des existences depuis 1867, jusqu'au dernier recensement.
		fr. cent.	p. 100
	1867–1870	1.87	
Prusse	1870–1880	Exemption complète.	36
	1880–1883	1.25	
Autriche	1883–1884	0.67	33
Angleterre	1867–1881	Exemption complète.	18
France	1867–1881	0.30	23

Le seul pays chez lequel l'importation n'ait jamais été entravée par des droits, l'Angleterre, se fait remarquer par une plus *faible* diminution de la population ovine.

La Prusse, qui dans une période de seize années, s'est protégée pendant six ans par des droits variant de 1 fr. 87 à 1 fr. 25, et l'Autriche qui a conservé un droit de 0 fr. 67, subissent une dépression singulièrement plus accentuée : 33 et 36 p. 100 au lieu de 18 p. 100.

Dira-t-on que la Prusse a subi l'influence du régime libéral inauguré en 1870 ? Les faits donnent à cette explication un évident démenti.

Il suffit de jeter les yeux sur le tableau général donné plus haut pour s'en rendre compte. Le mouvement de diminution se produit bien avant que le régime de 1870 ait pu exercer son influence ; et le même fait se produit plus manifestement encore dans des pays soumis au régime douanier de la Prusse. En Bavière, de 1863 à 1873, nous observons une diminution de 5 p. 100, dans le royaume de Saxe, de 1853 à 1867, une dépression de 25 p. 100.

Pendant cette période de 1853 à 1880, un droit de 1 fr. 87 existait pourtant à l'importation.

Ce que nous sommes au contraire parfaitement en droit de signaler, c'est que la diminution des existences est proportionnelle à l'élévation des droits à l'importation.

Le tableau suivant met ce fait en évidence :

	PÉRIODES	DROITS à l'importation	DIMINUTION P. 100 des existences dans toute la période
		fr. cent.	p. 100
	1867-70	1.87	
Prusse	1870-79	Exemption	36
	1879-83	1.25	
Autriche............	1863-80	0.67	33
France	1867-81	0.31	23
Grande-Bretagne.....	1867-81	Exemption	18

Nous n'avons pas l'intention d'établir par là que les droits à l'importation ont pour effet de décourager l'élevage et de provoquer une diminution dans les chiffres des troupeaux. Nous indiquons simplement des faits tels que le statistique les enregistre, et la seule leçon que nous ayons la prétention d'en tirer, c'est que les *droits à l'importation n'ont pas eu pour conséquence d'empêcher la diminution du nombre des ovidés*. Les faits parlent assez clairement pour qu'il soit superflu d'insister sur ce point.

Avant d'abandonner ce sujet, indiquons encore que la décroissance la plus rapide dans le nombre des moutons se fait observer dans les pays exportateurs d'ovidés; c'est en Allemagne, en Autriche qu'elle est surtout sensible depuis vingt ans, et ces deux pays exportent en France annuellement plus d'un million de moutons !

V

Ce que nous voudrions faire ressortir comme un résumé et une conclusion des faits qui précèdent, c'est que l'on constate de grands phénomènes économiques dont les effets sont généraux, nécessaires, et contre lesquels les décrets et les tarifs ont peu d'action. Ces grands faits économiques, ce sont les systèmes de culture, l'extension des voies de communication qui crée de nouveaux débouchés, le bon marché et la rapidité des transports; au-dessous, il y a des faits secondaires qu'il ne faut pas négliger, mais voir à leur place et avec leur valeur : ce sont les tarifs plus ou moins élevés et protecteurs, et surtout les variations dans les prix résultant de causes diverses; les prix sont une des données les plus utiles et les plus intéressantes des problèmes d'économie rurale, et, dans la question qui nous a occupé, nous en avons montré l'importance.

En résumé, nous attribuons la *diminution du nombre des ovidés* aux causes suivantes :

1° Le nombre des moutons diminue en France avec la surface consacrée aux pâtis, landes et jachères; il diminue en même temps que s'accroît la partie du sol cultivée en plantes fourragères annuelles, tubercules et racines.

2° La diminution dans le nombre des existences n'implique pas une diminution correspondante dans la production annuelle en viande de boucherie. L'augmentation du poids vif et du poids net, la diminution de l'âge moyen, sont des faits bien constatés, dont il faut tenir compte, et qui permettent d'affirmer sans erreur qu'il se produit aujourd'hui en France autant de viande de mouton qu'il y a trente ans.

L'extension des importations n'est pas due à une dépression dans le chiffre de la production nationale, mais à un accroissement ininterrompu dans la consommation.

3° La diminution du nombre des ovidés est un phénomène économique général qui est constaté dans l'Europe entière, sous l'influence des causes que nous avons signalées pour la France. Il faut bien remarquer à ce propos que les pays exportateurs d'ovidés sont ceux chez lesquels la diminution est surtout sensible.

4° De l'examen des faits il résulte que les droits à l'importation ont été impuissants à prévenir la diminution du nombre des moutons.

C'est dans le pays où les droits sont élevés que s'observe la dépression la plus forte ; la diminution la plus faible s'est produite, au contraire, dans le pays où il n'existe aucun droit à l'importation.

LE COMMERCE DES PRODUITS AGRICOLES

EN FRANCE ET A L'ÉTRANGER

PREMIÈRE PARTIE

Nous voudrions, dans les pages qui vont suivre, étudier le commerce extérieur de la France et de quelques autres nations, au point de vue des intérêts agricoles.

Au moment où notre régime commercial est l'objet de si ardentes discussions, il nous paraît utile de rechercher et d'établir quelques vérités incontestables, d'exposer avec impartialité les faits tels qu'ils nous sont révélés par la statistique et de les commenter pour leur donner leur véritable physionomie ou leur valeur relative.

I

On attache communément dans le public une importance extrême au commerce *extérieur* des produits agricoles, c'est-à-dire à nos échanges avec l'étranger, et l'on passe sous silence le commerce *intérieur* qui est pourtant bien plus considérable, intéresse beaucoup plus de personnes et porte sur des valeurs singulièrement plus fortes. Cette anomalie assez bizarre s'explique par l'opinion très répandue, et souvent justifiée, que la concurrence étrangère exerce sur les prix de vente des produits une influence marquée, et par cette croyance non moins générale, mais bien plus difficile à admettre, qu'une nation s'enrichit surtout par son commerce avec les nations étrangères, en particulier quand elle exporte plus qu'elle n'importe. L'étude des faits nous apprend en réalité que le commerce intérieur des produits de l'agriculture a en France une importance beaucoup plus grande que celle du commerce extérieur de ces mêmes denrées. Quelques chiffres suffisent pour le prouver. — Le produit brut d'origine animale et végétale de l'agriculture française pouvait en effet être évalué, en 1882, à 10 *milliards de francs* (1), et cette valeur déjà énorme correspond à un mouvement d'affaires se chiffrant par un nombre double ou triple, en raison des transactions nombreuses dont les substances alimentaires ou les matières premières sont constamment l'objet. Le commerce *intérieur* des produits agricoles porte donc très vraisemblablement sur 20 ou 25 milliards de francs. En regard de ces chiffres on ne peut indiquer que ceux de 2 *milliards* 500 *millions* (2), et de 1,050 *millions* qui représentent à l'*importation* et à l'*exportation* la valeur de nos échanges internationaux au point de vue des intérêts agricoles. Même en doublant le chiffre des *importations*, pour tenir compte des transactions ultérieures, on voit que le commerce extérieur ne représente guère que le quart des échanges intérieurs au point de vue qui nous occupe. Ce serait d'ailleurs une erreur de croire que cette proportion est restée la même depuis trente ans. Léonce de Lavergne évaluait en effet, vers 1850, à 5 milliards le produit brut de l'agriculture en France, et le montant des importations agricoles s'élevait, dans la période décennale 1846-1856, à 540 millions

(1) Voir à ce sujet notre étude sur l'enquête agricole de 1882, publiée dans les *Annales agronomiques*, t. XIV, p. 433.

(2) Ces chiffres se rapportent à la période décennale 1877-1886 et représentent une moyenne exagérée, en ce qui concerne le premier, par les importations extraordinaires de *vins* et de *céréales*.

en chiffres ronds. Le rapport dont nous parlions tout à l'heure était donc à cette époque beaucoup plus faible, 1/9 au lieu de 1/4, et nous aurons soin d'indiquer plus loin comment s'expliquent ces variations considérables qui ne correspondent pas, comme on pourrait le croire, à une *invasion* des produits agricoles étrangers, mais bien à des nécessités nouvelles de l'industrie contemporaine. Ces réflexions faites, nous abordons immédiatement l'étude du commerce extérieur en commençant par les exportations.

II

Les exportations de produits agricoles en France.

Autant l'on s'inquiète habituellement du chiffre élevé de nos importations, autant on semble tenir peu de compte de nos exportations agricoles. C'est en même temps une injustice et une erreur. Une injustice, parce que l'accroissement très notable et très régulier de nos ventes à l'étranger témoigne hautement en faveur de l'habileté et du travail de nos agriculteurs ; une erreur aussi, car c'est se tromper que de considérer nos importations comme représentant l'écart entre le montant de notre production agricole et la somme des valeurs que celle-ci devrait fournir à l'industrie ou à la consommation nationale, pour que nous nous suffisions à nous-mêmes. Chez toutes les nations, et en France comme ailleurs, il se produit des courants d'importation et d'exportation en sens inverse, courants dont la direction, comme l'importance, est du reste très variable, mais qui n'en existe pas moins. C'est une erreur de croire que la France n'exporte pas de bétail parce qu'elle importe des animaux étrangers, ou qu'elle n'exporte pas de laines parce qu'elle en achète beaucoup au dehors. Des différences dans les qualités et les usages, des variations dans les prix, ou dans les frais de transport, déterminent en mille endroits, ou dans mille occasions, ces courants opposés dont nous parlons, et les expliquent aisément pour l'observateur attentif. Il est en tout cas certain que nous exportons une grande quantité de produits agricoles représentant une valeur considérable. Pendant la dernière période décennale 1877-1886, le montant de ces ventes s'élève en moyenne à un milliard cinquante millions de francs.

Voici du reste quels sont les éléments de cette exportation dont le chiffre élevé surprendra quelques lecteurs. Pour plus de clarté, nous distinguerons deux catégories :

1° Les produits agricoles d'origine végétale ; 2° les produits agricoles d'origine animale (voy. tableau I).

Cette énumération n'est pas entièrement satisfaisante, parce que les documents statistiques (1) auxquels nous l'avons empruntée ne distinguent pas nettement les produits agricoles proprement dits de ceux qui ont déjà reçu une façon ou une transformation industrielle. Il en est ainsi, notamment, pour les *esprits, laines teintes et peignées, pelleteries, graisses, viandes salées*, etc. Nous avons cependant maintenu ces produits dans le tableau précédent, parce qu'ils ont comme contre-partie au chapitre des *Importations* beaucoup de marchandises analogues, et que leur suppression eût conduit à une réduction inexacte des exportations agricoles.

Envisagées dans leur ensemble, ces dernières présentent une augmentation sensible à partir de la période 1847-1856. Les progrès si remarquables qui se manifes-

---

(1) Nous voulons parler des tableaux décennaux du commerce de la France qui donnent dans l'Introduction, des résumés de nos échanges par périodes décennales depuis 1827.

**TABLEAU I. — Exportations agricoles (commerce spécial)
en millions de francs.**

	MOYENNES DÉCENNALES PENDANT LES ANNÉES					
	1827-36	1837-46	1847-56	1857-66	1867-76	1877-86
1° *Produits d'origine végétale.*						
Vins..................	46.8	49.1	109.0	218.7	244.0	241.4
Eaux-de-vie et esprits.......	19.3	13.5	46.9	62.0	75.8	76.1
Céréales	5.4	10.8	37.5	89.0	119.6	67.1
Pommes de terre, légumes secs et leurs farines...........	0.1	0.5	3.0	4.1	16.2	22.0
Bois communs............	2.7	4.2	6.3	25.1	36.5	30.3
Fruits de table...........	3.4	5.1	7.6	15.4	34.1	38.9
Graines à ensemencer.......	2.7	4.3	7.3	15.6	23.1	20.0
Lin de chanvre...........	1.8	1.9	1.2	8.3	17.6	13.7
Huile d'olive............	2.2	1.8	1.7	7.3	3.9	6.2
Totaux............	84.4	91.2	220.5	445.5	570.8	515.7
2° *Produits d'origine animale.*						
Soies..................	2.3	5.3	16.1	69	134.2	153.8
Laines en masse, teintes, peignées, etc...............	0.5	0.4	1.5	27.6	74.1	103.1
Fromages et beurres........	1.9	4.0	6.9	38.3	75.7	97.1
Peaux brutes et pelleteries..	0.5	0.8	0.9	7.6	32.6	61.4
Œufs de volaille et gibier....	3.6	4.9	7.0	21.5	36.4	31.1
Bestiaux..................	3.1	3.5	10.0	22.1	32.7	30.9
Chevaux, mules et mulets....	5.0	7.4	11.3	20.9	21.7	25.6
Graisses de toute sorte......	0.2	0.3	1.1	5.0	14.8	20.7
Viandes fraîches et salées....	1.5	2.9	4.8	8.4	10.0	11.9
Totaux............	18.6	29.5	59.6	220.4	432.2	535.6
Totaux généraux.....	103.0	120.7	280.1	665.9	1003.0	1051.3

tent depuis cette époque ne se sont pas ralentis dans les deux périodes suivantes, qui correspondent cependant à l'inauguration d'un régime commercial plus libéral. Parvenue à 279 millions de 1847 à 1856, la valeur de nos exportations agricoles passe à 665 millions de 1857 à 1866, et à *un milliard* de 1867 à 1876. En trente années, nos ventes à l'étranger avaient donc triplé de valeur. Cet accroissement prodigieux n'est pas dû seulement à une augmentation dans la quantité des produits exportés ; les prix s'étaient notablement et rapidement élevés à partir de 1855, et l'influence de ces variations se manifeste clairement dans les relevés de la douane. C'est également à de pareilles variations qu'est due pour une large part la diminution relative qui se produit dans le total des exportations à partir de 1876. Pendant la période qui commence à cette date pour se terminer en 1886, nous ne constatons qu'une augmentation de 50 millions environ, écart très faible si on le compare à celui que présentent les deux périodes précédentes. Il suffit de se reporter aux chiffres inscrits dans le tableau précédent, pour voir en outre que c'est sans doute à un déficit dans la production des vins et des céréales qu'il convient d'attribuer le phénomène que nous signalons.

Les ravages du phylloxera, et la série des mauvaises récoltes qui a si durement éprouvé nos agriculteurs de 1878 à 1881 expliquent les faits que la statistique nous révèle.

Nous devons remarquer aussi que l'importance relative des deux catégories de produits a beaucoup varié depuis 1827. Pendant la Restauration et le gouvernement de Juillet, ce sont les produits d'origine végétale qui sont surtout exportés. Leur valeur est quadruple ou triple de celle des produits d'origine animale. Ces différences s'atténuent dans les périodes suivantes, et durant la dernière, de 1877 à 1886, on peut remarquer au contraire que le phénomème inverse s'est produit.

La France exporte aujourd'hui plus de produits agricoles d'origine animale que de denrées végétales.

Enfin, notre tâche ne serait pas remplie si nous n'insistions pas sur un fait très important qu'il est indispensable de bien mettre en lumière.

On croit généralement que la France tend de plus en plus à devenir une nation industrielle et à exporter des produits fabriqués ; on dit également volontiers que nos exportations agricoles ne représentent qu'une part très faible de nos exportations totales. Ce sont là deux affirmations également inexactes et contredites par les faits. *Bien au contraire, il est certain que la France vend aujourd'hui à l'étranger beaucoup des produits de son sol* (1), ET QUE LE RAPPORT DE LA VALEUR DES EXPORTATIONS AGRICOLES AUX EXPORTATIONS TOTALES S'EST CONSTAMMENT ÉLEVÉ DEPUIS 1827 JUSQU'A 1886. Pour s'en convaincre, il suffit de jeter les yeux sur les chiffres suivants, que nous empruntons aux documents officiels (2) :

(1) On voudra bien remarquer que nous ne considérons pas cependant toutes nos exportations comme représentant des produits du sol français. On voit figurer au commerce spécial, des marchandises comme le riz qui sont, *non pas françaises, mais francisées*. Ce sont en réalité des denrées étrangères réexportées, *mais il faut en tenir compte aux exportations puisqu'elles figurent aux importations*.

(2) Voir notamment les tableaux décennaux du commerce de la France.

TABLEAU II

	PÉRIODES					
	1827-36	1837-46	1847-56	1857-66	1867-76	1877-86
EXPORTATIONS AGRI-COLES (valeur en millions de francs).	103	120.7	280.1	665.9	1003	1051.3
EXPORTATIONS TOTA-LES* (valeur en millions de francs)...	521	713	1224	2430	3307	3347
RAPPORT DES EXPOR-TATIONS AGRICOLES AUX EXPORTATIONS TOTALES	0.19	0.16	0.22	0.27	0.30	0.31

* Il s'agit ici, comme pour tous les autres chiffres, du commerce *spécial* dont nous donnons plus loin la définition à propos des importations.

Le rapport des exportations agricoles aux exportations totales était inférieur à 20 p. 100 dans les deux périodes 1827-1836 et 1837-1846 ; il s'élève graduellement à partir de 1858 et dépasse 31 p. 100 en moyenne de 1877 à 1886. *On peut donc affirmer qu'aujourd'hui près du* TIERS *de nos exportations est constitué par des produits agricoles à l'état naturel ou ayant subi quelques préparations industrielles. Il est non moins certain que l'importance relative de nos ventes à l'étranger en ce qui concerne ces produits n'a pas cessé de s'accroître depuis quarante ans.* C'est là évidemment un fait important qu'il était intéressant de signaler. Nous passerons maintenant à l'étude de nos importations dont les variations et en particulier l'accroissement ont si vivement préoccupé depuis quelques années le monde agricole.

III

Les importations de produits agricoles en France.

Il importe de définir tout d'abord avec précision ce que nous entendons ici par *importations*. Le commerce extérieur de la France, comme celui des autres nations, comprend en effet trois catégories de marchandises : 1° celles qui entrent pour être réexportées et ne font que traverser notre territoire en empruntant nos voies ferrées, nos canaux, nos rivières, etc. ; 2° celles qui entrent pour être *consommées* en France ou tout au moins qui doivent y être transformées par l'industrie et acquittent, lors de leur arrivée sur notre territoire, les droits de douane auxquels elles sont soumises, ou celles qui, produites et nées en quelque sorte sur le territoire, sont ensuite exportées ; 3° les marchandises qui sont admises temporairement en franchise de droits, à la condition d'être réexportées après préparation dans un délai déterminé.

Les deux premières catégories appartiennent à ce que l'administration des douanes appelle le *commerce général*, et l'on comprend sous ce nom *tout ce qui entre en France venant de l'étranger ou des colonies, et tout ce qui sort de France à destination des colonies ou de l'étranger*.

La deuxième catégorie que nous avons distinguée relève au contraire du *commerce spécial*, terme moins général s'appliquant seulement à ce qui entre dans le *marché français* ou ce qui en sort. L'importation est donc *spéciale* quand les produits venant du dehors acquittent les droits de douane et sont ou *paraissent* destinés à la consommation française. L'exportation est dite *spéciale* quand il s'agit de la vente à l'extérieur de marchandises *françaises* ou *francisées* par des transformations et l'acquittement des droits à l'entrée.

Enfin les produits que la douane permet d'introduire en franchise, à la condition de les réexporter dans un délai déterminé, jouissent d'un privilège qu'on nomme *admission temporaire*, et ne figurent qu'au *commerce général*.

Il est maintenant facile de comprendre que nous n'avons à nous préoccuper ici que du *commerce spécial*, tant au point de vue des exportations qu'à celui des importations. Les marchandises qui ne font que traverser la France ou qui n'y entrent que pour en sortir sans y être consommées, n'ont en effet d'action ni sur les prix, ni sur la production nationale.

Dans les pages qui précèdent, ce sont les exportations *spéciales* que nous avons étudiées ; dans les pages qui vont suivre, c'est aux importations *spéciales* également que nous ferons allusion.

IV

Si nous nous reportons maintenant aux documents statistiques contenus dans l'introduction du dernier tableau décennal relatif au commerce extérieur de la France, voici les chiffres que nous y trouvons, chiffres qui sont comparables à ceux déjà cités à propos des exportations agricoles, puisqu'ils sont empruntés aux mêmes sources :

TABLEAU III

	PÉRIODES					
	1827-36	1837-46	1847-56	1857-66	1867-76	1877-86
COMMERCE SPÉCIAL Total des importations *agricoles* (millions de francs).	189.1	309.1	539.6	1081.3	1790.2	2524.8
Importations *totales* (millions de francs)........	450	776	1077	2260	2408	4460

La première ligne horizontale de ce tableau indique clairement l'accroissement continu et rapide des valeurs importées. Comme pour les exportations correspondantes, c'est à partir de 1847 et surtout de 1857 que ce mouvement s'est prononcé avec une grande puissance. La moyenne de la période 1877-1886 accuse au contraire une diminution relative très marquée dans la marche ascendante des importations agricoles. Les écarts proportionnels des six périodes indiquées sont en effet les suivants :

	Importations agricoles.
	Écarts de chaque période avec la précédente.
1837-46	63 p. 100
1847-56	74 —
1857-66	100 —
1867-76	65 —
1877-86	41 —

Ce tableau est fort instructif à plus d'un point de vue. *Il montre tout d'abord que l'accroissement des importations n'est pas un phénomène récent.* Les deux périodes 1837-1846 et 1847-1856, pendant lesquelles des droits élevés frappaient les produits agricoles à leur entrée en France, présentent des écarts considérables par rapport à celles qui les précèdent immédiatement. Non seulement ces différences accusent une augmentation notable des importations, mais l'on voit que d'une décade à l'autre cette augmentation est considérable. Ainsi de 1827-1836 à 1837-1846 nous constatons un accroissement de 63 p. 100, tandis que de 1837-1846 à 1847-1856, la progressisn s'élève jusqu'à 74 p. 100 ; soit une différence de 21 p. 100 dans le taux des plus-values à l'entrée. Durant la période 1857-1866 le mouvement ascensionnel continue, mais *malgré la hausse considérable des prix et le régime libéral inauguré en* 1860 nous voyons que l'écart proportionnel avec la décade précédente n'est que de 100 p. 100, accusant une différence de 24 p. 100 seulement avec l'écart antérieur de 74 p. 100 correspondant à la période 1847-1856. Il est donc prouvé de cette façon que la prétendue « invasion » des produits agricoles due au régime des traités de commerce s'est bornée à une plus-value sur les importations qui ne dépasse que de 3 p. 100 celle précédemment constatée en comparant les trois périodes 1827-1836, 1837-1846 et 1847-1856. A partir de 1866, le prix des principaux produits agricoles cesse de s'élever, ou n'augmente plus tout au moins avec la même rapidité; et nous constatons immédiatement que malgré la liberté du commerce, dont les effets auraient dû pourtant se faire mieux sentir encore, l'augmentation des valeurs importées est plus faible que pour les deux périodes précédentes. Elle tombe en effet à 65 p. 100. *Enfin le chiffre s'abaisse à* **41** *p.* **100** *pour les dix dernières années 1877-1886, malgré les excédents d'importation énormes et imprévus nécessités par les déficits de nos récoltes des céréales et les ravages du phylloxera.*

Jamais, depuis quarante ans, on n'avait eu à relever une plus-value moins considérable, et cependant le tarif général des douanes n'a été remanié qu'en 1881, sans qu'aucune majoration très notable de droits sur les produits agricoles y ait été introduite.

Il est vrai de dire que depuis 1873 une baisse sensible de prix s'est manifestée sur le marché des denrées agricoles en France comme dans l'Europe entière. Ce phénomène, dont les conséquences ont été extrêmement graves, et qui constitue à nos yeux une des principales causes de la crise actuelle, a évidemment contribué à diminuer la valeur des importations, et il était nécessaire de le signaler ici. Nous verrons cependant qu'il n'est pas permis de considérer la période 1877-1886 comme une

époque d'excédents normaux d'importations, et la baisse
générale des prix n'a eu pour effet que de masquer en
partie une augmentation de *quantités* importées, au moment où la nécessité de combler le déficit de nos récoltes
en céréales et en vins s'imposait impérieusement.

Pour savoir maintenant quelle est l'importance réelle
de nos importations au point de vue qui nous occupe, il
faut trouver un terme de comparaison. On ne saurait
évidemment mieux faire que de rapprocher les chiffres
relatifs au commerce des *produits agricoles* de ceux qui
concernent l'ensemble de nos échanges internationaux.
Nous allons donc examiner maintenant le rapport des
importations agricoles aux importations totales de notre
commerce spécial, chercher si ce rapport a changé, et
quelle peut être la signification des variations qu'il a
subies pendant les périodes décennales prises par nous
comme exemples.

Les chiffres suivants vont fournir à cet égard les indications désirées :

TABLEAU IV

PÉRIODES	RAPPORTS DES IMPORTATIONS AGRICOLES aux importations totales (moyennes décennales)
1827-36	0.39
1837-46	0.39
1847-56	0.50
1857-66	0.49
1867-76	0.52
1877-86	0.56

Ce tableau n'est, sous une autre forme, que la reproduction de celui que nous avons déjà commenté. Il est
également intéressant à analyser. On voit en premier lieu

qu'au commencement de ce siècle aussi bien qu'à la fin l'importation des produits agricoles a représenté une part très importante de nos importations totales. Les denrées alimentaires et les matières premières si diverses qu'emploient et transforment nos industriels représentaient déjà, pendant la décade 1827-1836, 39 p. 100 de nos importations totales. Il y a soixante ans comme aujourd'hui, la France ne pouvait donc se suffire à elle-même et trouvait avantageux d'échanger les produits de son sol, de son industrie, en un mot, de son activité productrice si ingénieuse et si variée, contre les produits du monde entier. Combien dès lors doit nous paraître chimérique le rêve de ceux qui voudraient voir notre pays renoncer à ces échanges fructueux et s'isoler des autres nations en repoussant les autres marchandises qu'elles pourraient nous envoyer ! Peut-on invoquer du moins en faveur des idées restrictives un développement rapide et en quelque sorte effrayant des importations agricoles comparées au montant général de nos achats à l'extérieur ? Au premier abord il semble que oui, et nous voyons en effet que le rapport correspondant à la période 1847-1856 s'élève à 50 p. 100, dépassant ainsi de 11 p. 100 celui qui se rapporte aux périodes antérieures. Ce résultat ne prouve rien en réalité contre les avantages de la liberté commerciale, puisque durant les dernières années du règne de Louis-Philippe et celles qui s'écoulèrent de 1848 à 1856 le régime commercial de la France au point de vue des produits agricoles resta très restrictif (1). Que voyonsnous au contraire pendant la décade suivante, c'est-à-dire

---

(1) Il serait en revanche parfaitement légitime d'affirmer que le régime restrictif n'a pas nui aux intérêts généraux puisqu'il n'a pas entravé les importations. Mais s'il en est ainsi, qui ne voit que les mesures protectrices sont en réalité inefficaces ? La légende de l'invasion croissante du marché français par les produits agricoles étrangers, à la suite des traités de 1860, n'en est pas moins détruite par les faits exposés dans ce chapitre.

après la transformation de notre tarif douanier ? Nous constatons que le rapport des importations agricoles aux importations totales tombe à **49** p. 100 et ne s'élève qu'à **52** p. 100 en moyenne de 1857 à 1876 !

Il est vrai que pendant la période 1877-1886 cette proportion atteint brusquement **56** p. 100, mais cette différence s'explique aisément quand on se souvient des masses énormes de grains que la France a dû se procurer à l'étranger pour éviter une des famines les plus terribles qui se soient jamais vues. Cette augmentation coïncide également avec des importations de vins qui ont passé de **16** millions, moyenne de la période 1867-1876, à **282** millions pendant les dix années suivantes. *En réalité, si l'on ramène nos importations de blé au chiffre moyen des années de récoltes normales, on trouve comme rapport* **50** p. 100, *chiffre inférieur par conséquent au précédent ; et si l'on tient compte des énormes quantités de vins étrangers qui cesseront de pénétrer en France où nos vignobles auront été entièrement reconstitués, il est certain que la proportion des importations agricoles aux importations totales est plus faible aujourd'hui qu'elle ne l'a jamais été depuis quarante ans.*

Il est donc à nos yeux démontré que si la valeur absolue des importations agricoles n'a pas cessé d'augmenter depuis le commencement du siècle, la valeur relative n'en est pas moins restée très variable, s'accroissant rapidement jusqu'en 1856, puis tombant de nos jours au-dessous de celles que nous avons constatées durant les périodes précédentes.

Il nous reste maintenant à indiquer sur quels produits ont porté nos recherches et à suivre pour chacun d'eux le mouvement des importations depuis 1827. Le tableau suivant va nous renseigner à cet égard :

TABLEAU V. — Importations agricoles (commerce spécial)
en millions de francs.

	MOYENNES DÉCENNALES PENDANT LES PÉRIODES					
	1827-36	1837-46	1847-56	1857-66	1867-76	1877-86
1° *Produits d'origine végétale.*						
Céréales	23	30.6	94.6	91.4	244.6	466.6
Vins	0.3	0 6	7.3	10.9	16.5	232.9
Bois communs	23.2	39.2	57.2	125.3	161	207.7
Graines et fruits oléagin.	9.8	39.2	23.3	57.9	102.7	153.5
Totaux du 1er groupe.	56.3	109.6	182.4	285.5	524.8	1110.7
Fruits de table	4.7	6.5	8.3	16.8	25.4	82.6
Légumes secs	0.1	0.1	2.5	4.8	12	27
Lin et chanvre	0.4	4.7	22.7	46.6	80.2	67.9
Huile d'olive.	29.6	26.3	26.6	26.6	26.8	34.4
Huiles de graines grasses et de fruits oléagineux .	0.1	0.5	5	12.3	15.4	25.9
Graines à ensemencer	1.2	2.3	4.4	16.4	20.9	8.6
Eaux-de-vie et esprits	0.3	0.4	9.9	9.9	7.8	21.2
Riz	4.0	5.4	13.7	14	15.9	24.4
Totaux	96.7	155.8	275.5	432.9	729.2	1402.7
2° *Produits d'origine animale.*						
Soies	40	60	142.3	255	386.7	297.4
Laines	16.2	37.6	52.5	178.8	270.8	324.2
Peaux brutes, pelleteries.	16.3	26.7	38.1	88	143.6	171.2
Bestiaux	9.4	8.7	21.1	65.4	137.3	169.8
Chevaux	4.2	8.7	11.4	10.7	16.9	25.3
Graisses de toute sorte	1.7	5.2	6.2	20.8	45.5	48.1
Viandes fraîches et salées.	0.2	0.3	1.8	6.7	20.2	43.8
Fromages et beurres	4.4	5.8	7.7	14.3	30	41
Œufs de vers à soie	»	0.3	3	8.7	10	1.3
Totaux	92.4	153.3	264.1	648.4	1061	1122.1
Totaux des importations agricoles	189.1	309.1	539.6	1081.3	1790.2	2524.8

V

En ce qui concerne les produits végétaux, on voit à la simple inspection des chiffres ainsi groupés que pour les dernières périodes décennales quatre marchandises principales représentent à elles seules la plus forte part des importations. Ces marchandises sont : 1° *les céréales*, 2° *les vins*, 3° *les bois communs*, 4° *les graines et fruits oléagineux*. En totalisant les valeurs correspondant à ce groupe pour les décades 1867-76 et 1877-86, on trouve les sommes de **525** et de **1,110** millions de francs, représentant à elles seules **72** et **79** p. 100 des importations spéciales aux produits d'origine végétale. Ces chiffres ne peuvent avoir une signification précise et intéressante qu'à la condition de les comparer à ceux qui se rapportent aux périodes antérieures. Nous résumons donc en une ligne les calculs portant sur les moyennes de soixante années :

	1827-36	1837-46	1847-56	1857-66	1867-76	1877-86
Rapport du 1er groupe de marchandises aux importations d'origine végétale	p. 100 **58**	p. 100 **70**	p. 100 **66**	p. 100 **65**	p. 100 **72**	p. 100 **79**

A toutes les époques et *sous tous les régimes commerciaux,* le groupe que nous avons isolé a constitué une fraction très considérable des importations d'origine végétale. De **58** p. 100 (1827-36) le rapport que nous venons de calculer passe à **70** p. 100 pendant le règne de Louis-Philippe ; il s'abaisse au contraire à **66** et **65** p. 100 durant les vingt années qui suivent, dépasse seulement de **2** p. 100, après 1867, la proportion constatée de 1887 à 1846, et n'atteint dans ces dernières années le chiffre de **79** p. 100, que grâce à ce concours défavorable de circonstances qui nous a forcés en même temps à chercher au dehors des céréales et des vins. Si l'on fait abstraction de ces conditions évidemment anormales, on voit que le régime libéral de 1860 n'avait pas eu pour conséquence de modifier sensiblement dans son ensemble l'économie de nos échanges internationaux en ce qui concerne les marchandises dont il est question ici.

Si nous examinons maintenant les produits d'origine animale, nous sommes tout d'abord frappés des valeurs énormes représentées par les *soies* et *laines*. Ces deux matières premières de nos plus florissantes industries d'exportation ont représenté successivement les fractions suivantes des importations de la seconde catégorie :

1827–36...	60 p. 100
1837-46...	63 —
1847-56...	65 —
1857-66...	67 —
1867-76...	61 —
1877-86...	55 —

On remarquera sans doute avec intérêt le caractère très curieux de fixité que présentent les rapports calculés dans ce tableau. Malgré le développement considérable de nos achats à l'étranger pour les laines et les soies, ces deux produits représentent une fraction fort peu variable des importations totales. Toutefois, pendant les deux dernières périodes décennales il s'est produit une diminution appréciable de la valeur relative des laines et des soies dans notre commerce international.

Les peaux brutes et pelleteries qui viennent ensuite par ordre de valeurs ne présentent pas au point de vue agricole un intérêt suffisant pour que nous en parlions longuement.

Il en est autrement pour le bétail, terme général qui correspond ici aux trois espèces bovine, ovine et porcine. Les valeurs importées se sont visiblement accrues. La moyenne 1857-1866 est triple de la moyenne 1847-1856. — Cet accroissement si brusque est dû surtout à l'élévation rapide des prix à partir de 1855. De 1867 à 1876 au contraire nous constatons une plus-value moins considérable, l'augmentation des valeurs à l'importation n'est plus que de **110** p. 100 au lieu de 209 p. 100, et. cette proportion tombe à **23** p. 100, pour la dernière période 1877-1886. L'invasion du marché français par le bétail étranger, loin de devenir plus menaçante, s'est donc naturellement et en quelque sorte spontanément ralentie. Nous pourrions en dire autant *des viandes fraîches et salées*. Nos achats au dehors avaient triplé depuis la période de 1857-1866 jusqu'à la décade 1867-1876. — L'accroissement relatif n'est au contraire que de **115** p. 100 au lieu de **233** p. 100 si nous comparons les deux dernières moyennes du tableau V (1).

Quant aux importations de chevaux, elles sont aujourd'hui moins considérables que jamais. Les valeurs qui y correspondent, tout en augmentant de quelques millions d'une façon absolue, ont diminué d'une manière relative. Ainsi de 1827 à 1836 elles représentaient **4** p. 100 des importations totales de ce groupe de produits ; le rapport n'est plus aujourd'hui que de **2** p. 100, c'est-à-dire deux fois moins considérable. — Pour les fromages et les beurres, nous avons à signaler encore ce phénomène dont nous parlions plus haut à propos des viandes et du bétail. Les accroissements inévitables et en quelque sorte normaux de nos importations, bien loin de devenir plus notables dans ces dernières années, sont au contraire plus faibles. Il suffit de jeter les yeux sur les chiffres que nous avons reproduits d'après les statistiques officielles pour s'en convaincre.

---

(1) Voyez sur les importations du bétail, un important mémoire de M. P.-C. Dubost, La baisse des prix du bétail sur pied (*Ann. agron.*, t. XIV, p. 137).

VI

Avant de poursuivre cette étude, en examinant avec
soin le rapport des importations aux exportations agricoles aussi bien que leurs différences absolues, il est
indispensable d'insister sur un phénomène dont on
méconnaît trop la généralité et la portée considérable.
Nous voulons parler de l'accroissement graduel et inévitable de l'ensemble des échanges internationaux pour tous
les pays civilisés. L'augmentation des valeurs échangées
tant à l'importation qu'à l'exportation est un fait certain, et
tout le monde peut vérifier sur ce point l'exactitude de notre
affirmation. Qu'il s'agisse de l'Allemagne ou de l'Autriche, de la Hollande ou de l'Italie, de l'Angleterre ou
des États-Unis, partout où il existe des statistiques douanières régulièrement dressées, on constate de période en
période un accroissement des valeurs importées ou
exportées. La France ne fait pas exception à cette règle,
et voici par exemple pour les six dernières périodes
décennales qui se sont écoulées depuis 1827 les chiffres
de notre commerce spécial à l'entrée comme à la sortie :

Périodes.	Importations.	Exportations.	Total.
1827-36	480	521	1.001
1837-46	776	713	1.489
1847-56	1.077	1.224	2.301
1857-66	2.200	2.430	4.630
1867-76	3.408	3.307	6.715
1877-86	4.460	3.347	7.807

En présence de ces faits, il est naturel de penser que
le commerce extérieur des produits agricoles n'a pu manquer de subir également des modifications profondes et
que le montant des valeurs sur lesquelles il porte s'est
accru, lui aussi, comme s'accroissait l'ensemble de nos
échanges avec l'étranger. Nous avons vu que ce mouve-

ment ascensionnel s'était en effet produit, et nous l'avons étudié, en montrant que les excédents absolus constatés d'une décade à l'autre ne constituaient pas des phénomènes anormaux, mais qu'ils étaient la conséquence de ces courants généraux qui attiraient à l'intérieur ou portaient au déhors de nos frontières des masses de plus en plus considérables de marchandises représentant des valeurs de plus en plus fortes. On ne peut pas arrêter, supprimer le commerce extérieur d'une nation ; on ne peut que l'entraver, en modifier la constitution intime et changer l'importance relative des différents éléments qui y figurent.

L'expérience du passé, l'exemple de toutes les nations qui ont vécu sous des régimes douaniers divers, prouvent surabondamment la vérité de cette assertion. Mais il importe toutefois de se mettre en garde contre des idées *a priori* acceptées sans examen suffisant et s'imposant à la longue comme des vérités indiscutables. Ainsi l'on admet volontiers à l'époque actuelle que le régime commercial inauguré sous le second Empire a eu pour conséquence immédiate le développement brusque de nos importations agricoles et l'envahissement du marché français par les matières premières étrangères. Si ces conséquences de l'abaissement des tarifs douaniers s'étaient en réalité produites avec la soudaineté et la gravité exceptionnelle qu'on leur prête, la constitution de notre commerce spécial en eût été évidemment affectée. Les produits fabriqués, arrêtés à la frontière par des droits plus élevés que ceux dont étaient frappées les matières premières ou les denrées alimentaires, auraient diminué l'importance relative dans le total des importations, et réciproquement, on aurait vu s'accroître la fraction représentée par les importations agricoles. Or, nous l'avons montré, rien de pareil ne s'est produit. Nos achats à

l'étranger ont à peu près conservé la même valeur relative
depuis 1847 jusqu'en 1877, et c'est seulement à des fléaux
impossibles à prévoir, comme les ravages du phylloxera,
ou à une série extraordinaire de mauvaises récoltes de
céréales, que peut être imputée, depuis, l'augmentation
momentanée des importations de produits agricoles. En
résumé, il résulte pour nous de l'étude attentive du commerce extérieur que l'économie générale aussi bien que
la constitution intime des importations spéciales n'ont pas
été profondément troublées par le régime libéral inauguré
en 1860. Les matières premières étrangères et les denrées
alimentaires n'ont pas *envahi* notre marché, comme on
l'affirme, croyons-nous, sans preuves suffisantes.

VII

Cette question de l'accroissement des importations
n'est pas d'ailleurs celle qui préoccupe le plus vivement
les esprits. En réalité, si l'on croit que les achats faits à
l'étranger exercent une influence fâcheuse sur le développement de la richesse publique, c'est qu'on leur attribue une action décisive sur les prix. Tant que le cours des
céréales est resté élevé et que celui des autres produits
agricoles a constamment et en quelque sorte régulièrement augmenté, comme cela s'est produit en général de
1855 à 1873, le public agricole s'est fort peu préoccupé
du mouvement des importations.

La baisse qui s'est manifestée à partir de 1873, particulièrement en ce qui concerne les céréales, a provoqué au
contraire les plaintes les plus vives et appelé de nouveau
l'attention sur notre commerce extérieur. Les augmentations absolues des importations agricoles ont alors très
vivement frappé les esprits ; et comme il fallait trouver

une explication simple de la diminution des prix, on n'a pas hésité à accuser hautement notre régime douanier, trop libéral, d'avoir provoqué l'invasion des produits étrangers en même temps que la réduction de leur valeur d'échange.

Ainsi présentée et exprimée, cette opinion nous paraît inexacte parce qu'elle est trop absolue. Il est possible, et suivant nous certain, que la concurrence des pays neufs a fait baisser le prix de certains produits comme les laines et les céréales, mais il ne faut pas oublier que la baisse des prix est un phénomène général dans l'Europe entière et qu'elle atteint les produits industriels aussi bien que les denrées agricoles, les matières minérales comme les matières animales.

Le tableau suivant, que nous empruntons à un travail du docteur Sœtbeer, dont le nom fait autorité en Allemagne, montre bien ces fluctuations des prix.

L'auteur a fait porter ses calculs sur 114 marchandises réparties en 8 groupes. La moyenne des prix correspondant pour chaque groupe à la période de 1847-1850 a été prise comme unité et ramenée à 100, de façon à montrer les variations postérieures. Le même calcul a été fait en prenant pour unité les moyennes de la période 1871-1875. Voici les résultats de ces intéressantes recherches.

TABLEAU VI. — **Variation des prix en Allemagne.**

GROUPES	1847-50	1871-75	1881-85	1887	1888
I. Produits agricoles.....	100	144	130	96	98
		100	90	66	68
II. Matières animales.....	100	154	150	130	129
		100	96	84	83
III. Produits du Midi......	100	131	134	121	118
		100	102	92	90
IV. Produits coloniaux (non compris le coton)....	100	130	119	116	115
		100	91	89	88
V. Produits minéraux....	100	116	74	72	75
		100	63	62	64
VI. Matières textiles......	100	117	96	81	80
		100	79	67	64
VII. Divers...............	100	114	91	77	74
		100	79	67	64
VIII. Exportations* d'Angleterre (cotonnades, lainages, etc., etc.)....	100	126	103	95	94
		100	81	75	75
Les 114 articles..........	100	133	117	102	101
		100	88	76	76

* Ces prix ont été cotés au moment de la sortie des ports anglais. — Les autres sont ceux du marché de Hambourg.

On voit que pour 6 de ces groupes de marchandises il s'est produit le même phénomène.

Les prix se sont élevés brusquement jusqu'à la période 1871-1875 et ont sensiblement décliné depuis ; de telle

sorte que le niveau moyen, pour l'année 1888, est inférieur à celui de 1847-1850.

. Si l'on prend pour terme fixe de comparaison les prix
des années comprises entre 1876 et 1875, on constate au
contraire une baisse notable qui se produit pour *toutes
les marchandises sans exception* pendant les années suivantes et *persiste* jusqu'en 1888. — Ces faits ne sont pas
spéciaux à l'Allemagne. En Angleterre, Stanley Jevons,
le statisticien bien connu, faisant porter ses calculs sur
les *prix de gros* de 22 marchandises prises comme types,
indiquait les nombres suivants pour marquer les variations des prix. Les valeurs de la période 1845-1850 sont
prises comme termes de comparaison et ramenées à 100 :

Années.	Nombres indicateurs.
1845-50	**100**
1861	**123**
1871	**117**
1876	**123**
1881	108
1885	95
1886	92
1887	94
1888	101
1889	99

La baisse des prix est donc un phénomène très
général ; elle s'est produite en Angleterre comme en
Allemagne, en Autriche comme en France. *Les produits
agricoles, exposés directement à la concurrence des
« pays neufs », subissent cette loi comme les autres
marchandises, mais non pas plus que celles-ci.* On ne
saurait évidemment accuser les États-Unis ou les jeunes
républiques de l'Amérique du Sud d'avoir fait baisser le
prix des 114 articles si divers sur lesquels ont porté les
calculs du docteur Sœtbeer.

La conclusion naturelle à tirer de ces faits nous paraît

donc être la suivante : *Les importations étrangères ont pu dans quelques cas, et pour quelques produits agricoles déterminés, provoquer une diminution des prix ; mais, indépendamment de la concurrence internationale, une cause plus générale, ou mieux, une série de causes plus puissantes encore ont provoqué, à partir de 1873, un mouvement général de baisse qui a certainement agi sur les cours des produits de toute nature sans que l'influence des importations puisse en expliquer la dépression* (1).

VIII

Les importations et les droits de douane.

Sous l'influence des opinions auxquelles nous avons fait allusion plus haut, à propos du développement de nos importations agricoles, le Parlement français a élevé les droits de douane qui frappent à leur entrée certains produits comme le blé et le bétail. Les effets de ces taxes, votées en 1885 et 1887, se sont fait déjà sentir, et il est intéressant de les étudier. Pour ne pas donner à ce chapitre des développements exagérés, nous nous bornerons du reste à chercher quelle a été sur le commerce extérieur du froment l'action des surtaxes douanières, au double point de vue des prix et des quantités importées.

Nous avons déjà dit qu'une diminution sensible du prix du blé s'était produite en France à partir de 1873. Cette baisse n'était pas spéciale à la France ; elle s'est produite avec une égale intensité sur tous les marchés européens, et à New-York comme à Paris. Le tableau synoptique

____

(1) Il serait facile, en outre, de prouver que les importations de produits agricoles ont toujours diminué en France quand les prix venaient à baisser, pour se relever quand les prix montaient. Voir à ce sujet les deux chapitres de ce volume : *La question du blé*, et *Les variations du prix du bétail.*

TABLEAU VII. — **Prix moyen de quintal de froment** *évalué en or*
sur les marchés suivants.

(Unité monétaire : le franc.)

ANNÉES	FRANCE[1]	BERLIN	ITALIE[2]	BRUXELLES	AMSTERDAM	LONDRES	VIENNE	NEW-YORK
1870	26.6	24.8	26.4	29.7	29.7	28		23.3
1871	33.1	26.9	29.7	37.4	33	32		30
1872	30.4	29.7	30.1	33.5	32.1	31.8		20.2
1873	**33.4**	**31.3**	**32.6**	**35.8**	**35.1**	**33.2**	**29.9**	**31.6**
1874	31.8	29.1	33.4	34.5	28.9	32.2	25.7	28.4
1875 ·	23.9	24	26	27.8	27.2	26.2	19.1	24.3
1876	26.7	25.7	27.1	28.6	30.4	27.3	19.8	24.8
1877	30	28.3	31.3	32.9	35.2	31.5	22.1	29
1878	29.9	24.2	29.3	28.8	29.1	30.7	20	23
1879	28.2	23.9	28.8	27.5	26.4	28.8	21.15	23.2
1880	29.9	27	30.1	28.9	26.5	30.7	22.8	24.9
1881	28.8	26.7	26.6	28.9	26.9	27.2	22.9	25.5
1882	27.6	25.4	25.5	26.6	24	26.5	20.3	22
1883	24.8	21.9	23.7	24.7	23.5	25.1	18.5	22.6
1884	23.1	21.8	22.2	22.1	20	22.6	16.2	18.7

(1) Prix moyens publiés par le Ministère de l'agriculture.
(2) Prix moyens calculés sur les cours de vingt-trois marchés.

suivant, que nous empruntons à un document officiel
publié par le ministère de l'agriculture en Italie, le
démontrera suffisamment. (Voyez tableau VII.)

On remarquera tout de suite la diminution graduelle
qui s'est manifestée dans les prix du blé sur les huit marchés principaux que nous citons ici. Cette baisse est
d'autant plus accentuée qu'on s'éloigne davantage de
l'année 1873, où les prix ont en général atteint un
maximum.

A partir de 1885 (1), un droit de 3 francs par 100 kilogr. est imposé en France aux blés étrangers, et en 1887 une loi nouvelle porte ce droit à 5 francs. Le prix du froment s'est élevé sous l'influence de ces surtaxes, qui représentaient de **20** à **25** p. 100 de la valeur du quintal à son arrivée en France avant le paiement des droits. Voici, du reste, les cours officiels depuis cette époque :

		Fr.	
1884	....	23.10	par quintal.
1885	....	21.71	—
1886	....	22.84	—
1887	....	23.41	—
1888	....	24.79	—

Il semble au premier abord que l'influence des droits de douane ait été nulle ou très faible, puisque les prix des années 1885 et 1886 sont inférieurs à ceux de l'année 1884 pendant laquelle les blés étrangers entraient en franchise.

Ce n'est là qu'une apparence, et pour mesurer l'effet de l'augmentation des tarifs à l'entrée, il est indispensable de savoir ce que valait à la même époque le quintal de blé dans les ports où ils n'étaient frappés d'aucun droit. Or, sur le marché de Londres les prix tombaient à **20** fr. **8** en 1885, à **19** fr. **5** en 1886, et à **18** fr. **5** en 1887. Les cours de Bruxelles (2), d'Anvers et d'Amsterdam variaient également de **20** francs à **18** fr. **50**.

Pendant les années 1888 et 1889, la valeur du quintal de blé n'a guère dépassé **19,50** sur les trois marchés que nous venons de citer, et elle est fréquemment tombée au-dessous. L'écart entre les prix du blé en France et sur ce que nous appellerons des *marchés francs* a donc été

---

(1) Loi de mars 1885.

(2) D'après *l'Annuaire statistique de la Belgique*, le prix du quintal de froment a été de 19 fr. 89 en 1885, 19 fr. 16 en 1887, et 19 fr. 47 en 1888. Ce sont les moyennes générales officielles.

toujours sensible ; *depuis les surtaxes de* 1887 *il a même fréquemment dépassé* 5 francs.

Les importations étrangères devaient évidemment être affectées par ces variations et par l'élévation des cours, qui rendait inutiles les droits de douane considérés comme une entrave au développement de nos achats à l'extérieur. Il devenait en effet indifférent d'apporter en France ou en Angleterre des blés exotiques, du moment que les différences des cours compensaient les droits à acquitter.

Les importations dans les ports français sont même devenues avantageuses le jour où l'écart entre le prix du blé à Paris, d'une part, à Londres ou à Amsterdam, d'autre part, a dépassé 5 francs, et ce fait s'est fréquemment produit, notamment pendant les années 1887, 1888 et 1889.

Aussi voyons-nous les quantités de froment importées augmenter à mesure que les prix s'élèvent en France et qu'ils baissent à Londres, à Anvers, à Bruxelles et à Amsterdam.

Les chiffres suivants, empruntés aux « documents statistiques réunis par l'administration des douanes sur le commerce de la France », ne laissent aucun doute à cet égard.

Années.	Prix du quintal de froment. Fr.	FROMENT, ÉPAUTRE et MÉTEIL Importations de grains. quintaux.
1884	23.10	10.549.000
1885	21.71	6.457.000
1886	22.84	7.097.000
1887	23.41	8.967.000
1888	24.79	11.357.000
1889	25	11.457.000

Ainsi pendant les années 1888 et 1889 les importations s'élèvent à 11 millions de quintaux. Pour trouver des chiffres aussi considérables, il faut remonter aux années

1883 et 1882. En 1884, alors que les blés entraient encore en franchise, nous ne recevions au contraire du dehors que 10 millions de quintaux.

On comprend aisément ces faits, et on s'explique de pareilles anomalies, quand on se reporte aux tableaux qui nous indiquent les cours du froment (voir tableaux VII et suivants). Nos importations ont été très considérables et ont dépassé 12 millions de quintaux en 1881, 1882, 1883, parce que le prix du blé en France était très élevé, *et surtout parce qu'il était, durant ces années, plus élevé que celui des autres marchés d'Europe*. Tandis qu'on cotait, par exemple, en 1881, 28 fr. 80 le quintal de froment sur le marché français, il ne valait à Londres que 27 fr. 20, en Italie que 26 fr. 60, à Vienne que 22 fr. 90, à Amsterdam que 26 fr. 90. En 1882 l'écart est aussi sensible ; en 1883 les cours français ont fléchi déjà de 3 francs, mais ils restent plus élevés encore qu'à Berlin, à Milan, à Amsterdam, etc. Le marché de Londres est le seul qui cote le froment à un prix plus élevé, mais de 0 fr. 30 seulement ! En 1884 la valeur du quintal tombe en France à 23 fr. 10 ; mais comme elle a également diminué notablement sur les autres places et notamment à Vienne et à New-York, nos importations s'élèvent encore à 10 millions de quintaux.

Avec les surtaxes de 1885 la situation se trouve modifiée, les prix ont encore diminué sur nos marchés et oscillent autour de 21 fr. 71, moyenne de l'année. A Londres ils sont de 20 fr. 80 environ. L'écart n'est que de 0 fr. 91, somme insuffisante pour compenser le droit de 3 francs, les importations s'abaissent immédiatement au chiffre de 6,457,000 quintaux ; elles avaient ainsi diminué de *4 millions de quintaux* par rapport à l'année précédente. En 1888, les cours remontent à 22 fr. 84 sur le marché français, tandis qu'ils tombaient souvent au-dessous de 20 francs à Londres, Amsterdam (1), etc. En 1887, l'écart est plus sensible encore, et il dépasse enfin 5 francs pendant les années 1888 et 1889. Nos importations s'accroissent en même temps, et en quelque sorte parallèlement, arrivent à 7 millions de quintaux en 1886, puis successivement à **8,967,000**, à **11,357,000**, et enfin à **11,457,000** en 1889.

Conclusion. — La conclusion à tirer des faits que nous venons d'exposer et d'analyser doit être double comme la question dont nous nous sonmes proposé l'étude dans ce chapitre.

Au point de vue des prix, il nous paraît incontestable que les surtaxes de 1885 et 1887 ont exercé une influence et ont fait hausser les cours. Cette opinion, ou mieux, cette conviction, résulte pour nous de *l'examen comparatif des prix du froment en France et sur les marchés où l'importation n'est frappée d'aucune taxe.* Si nous n'avions craint de donner à notre travail de trop grands développements, nous aurions pu montrer encore que l'écart constaté entre la France et l'Angleterre, la Belgique, la Hollande, au point de vue du prix du blé, existe également entre ces dernières places, ou *marchés francs*, et des pays comme l'Allemagne et l'Italie, où il a été établi un droit d'entrée sur les froments étrangers. Il y a là un phénomène général dont la signification n'est pas douteuse. Si les droits de douane perçus en France, en Allemagne et en Italie n'existaient pas, il est certain que les prix du blé seraient moins élevés. La protection douanière a-t-elle eu pour effet d'élever les cours de toute la valeur des surtaxes ? Nous l'ignorons, et personne ne saurait se prononcer avec certitude à ce sujet, parce que

---

(1) Voir pour ces chiffres les bulletins commerciaux publiés par le *Journal d'agriculture pratique*, années 1885, 1886, 1887, 1888 et 1889. Pour la France, nous prenons les chiffres du Bulletin du ministère de l'agriculture.

l'expérience du passé prouve nettement qu'il existe toujours des différences de marchés à marchés, alors même que les tarifs douaniers sont identiques. Il suffit de comparer notamment les cours de Paris, de Londres, etc., etc. (voir tableau VII), depuis 1890 jusqu'à 1884 pour s'en convaincre.

Néanmoins, l'action des droits protecteurs est à nos yeux certaine : elle a eu pour conséquence une hausse des prix du froment en France. *Cette hausse n'est pas absolue, en ce sens que la moyenne des prix de 1885 est inférieure à la moyenne calculée pour les cinq années qui ont précédé 1885, mais elle est bien réelle, quoique relative, puisque nos cours sont supérieurs à ceux des pays où il n'existe pas de droits. C'est donc une erreur de prétendre que la protection accordée à la culture du blé ne coûte rien aux consommateurs. Ceux-ci, il est vrai, ne payent pas plus cher le quintal de blé qu'il y a dix ans, ils le payent même moins cher, mais ils pourraient,* ET C'EST LE POINT ESSENTIEL, *acheter du froment pour une somme bien moins élevée encore.*

Quant à l'action des droits de douane sur le mouvement des importations, nous avons vu qu'elle était intimement liée aux variations des prix. On ne peut pas séparer ces deux questions. Dès que les surtaxes ont fait hausser les cours de façon à atténuer ou à supprimer les différences entre *les prix nets de vente* sur les différents marchés, les importations ont, en France comme ailleurs (et nous le montrerons plus tard), repris leur marche habituelle, se réglant sur les oscillations des cotes, diminuant quand les cours venaient à fléchir, augmentant quand ils se relevaient.

Aujourd'hui, nous importons, en somme, les mêmes quantités de blés étrangers que dans les années de récoltes normales avant l'établissement des surtaxes ; la concurrence étrangère n'est ni moins active ni moins puissante par la masse des stocks qu'elle verse sur notre marché, mais les prix se sont élevés pour l'ensemble des froments consommés à l'intérieur de nos frontières ; les *détenteurs* de blé, nous ne disons pas les *producteurs*, bénéficient d'un écart qui est aujourd'hui de 5 francs, mais qui demain s'élèvera à 7 francs. Cette augmentation factice des prix est-elle un bien ; est-elle un mal ? Nous ne répondrons pas à cette question parce qu'elle ne peut pas être résolue en une ligne. *Pour nous, il s'agit en cette occasion d'intérêts complexes, de problèmes que la politique doit s'attacher à résoudre, et sur lesquels la science économique ne peut que jeter de vives clartés sans avoir la prétention d'en étudier toutes les faces.*

La protection accordée à la culture des céréales et à celle du blé en particulier représente pour les consommateurs un sacrifice annuel de 250 ou 300 millions de francs environ. Voilà le résultat à peu près certain que l'étude des faits nous révèle.

On a toutefois prétendu que le prix de la farine n'était pas immédiatement affecté par les variations du cours du froment, et que la valeur du pain pouvait, elle aussi, ne pas s'en ressentir. C'est là, en ce qui concerne tout au moins le prix des farines, une assertion inexacte.

Les chiffres suivants, que nous empruntons aux sources officielles américaines ou françaises, le prouveront aisément.

TABLEAU VIII.

ANNÉES	ÉTATS-UNIS		FRANCE	
	Prix du bushel de froment en dollars	Prix du baril de farine de froment	Prix du quintal de froment	Prix du quintal de farine de froment
			fr.	fr.
1870	1.2	6.1	26.6	39.5
1871	1.4	7.1	33.1	47.3
1872	1.3	7.5	30.4	45.3
1873	1.4	7.1	33.4	47.3
1874	1.1	5.9	31.8	45.5
1875	1.2	6.2	23.9	35.7
1876	1.1	6.4	26.7	37.3
1877	1.3	6.3	30.0	42.2
1878	1.0	5.2	29.9	42.6
1879	1.2	5.8	28.2	40.6
1880	1.2	5.6	29.9	42.6
1881	1.1	5.6	28.8	41.2
1882	1.1	6.1	27.6	40.3
1883	1.1	5.9	24.8	37.1
1884	1.0	5.5	23.1	33.9
1885	0.8	4.8	21.7	31.8
1886	0.8	4.6	22.8	32.6
1887	0.8	4.5	23.4	34.4
1888	0.8	4.5	24.7	35.3

On voit qu'aux États-Unis comme en France le cours de la farine suit les variations de celui du froment. Il est particulièrement intéressant de constater qu'à partir de 1885 l'influence de la baisse générale des prix s'est fait sentir sans interruption de l'autre côté de l'Atlantique, tandis qu'en France les prix du blé et de la farine se sont relevés durant les années 1887 et 1888 grâce à l'action des droits de douane.

Qu'il s'agisse du grain ou de sa première préparation industrielle, on voit que le consommateur français a, comme nous le disions plus haut, payé les frais de la protection agricole.

IX

Après avoir examiné et analysé successivement nos exportations et nos importations agricoles, il est utile de chercher quelles ont été, à des époques différentes, les différences de ces deux catégories de valeurs. Ce sont les *excédents d'importation* que nous allons étudier mainte-

TABLEAU IX (1). — Excédents d'importation.

	1827-36	1837-46	1847-56	1857-66	1867-76	1877-86
Produits d'origine végétale	12.3	64.6	55	— 12.6	158.4	887
Produits d'origine animale	73.8	123.8	204.5	428	628.8	586.5
Excédents généraux	86.1	188.4	259.5	415.4	787.2	1473.5
Rapport des excédents aux importations AGRICOLES TOTALES	45°/₀	60°/₀	48°/₀	38°/₀	43°/₀	58°/₀
Céréales	17.6	19.8	57.1	17.6	125	399.5
Vins	—46.5	— 48.5	—101.7	—207.8	— 227.5	41.5
Eaux-de-vie et esprits	—19	— 13.1	— 37	— 52.1	— 68	—54.9
Bois communs	20.5	35	50.9	100.2	124.5	177.4
Fruits de table	1.3	1.4	0.9	1.4	— 8.7	43.7
Soies	37.7	54.7	106.2	186	252.5	143.6
Laines	15.7	37.2	51	151.2	196.7	221.1
Peaux brutes et pelleteries	15.8	25.9	37.2	80.4	111	108.4
Bestiaux	6.3	5.2	11.1	43.3	104.6	138.9
Chevaux, ânes et mulets	— 0.8	1.3	0.1	— 10.2	— 4.8	— 0.3
Fromages et beurres	2.5	1.8	0.8	—241	— 45.7	—56.1
Viandes fraîches et salées	— 1.3	—2.6	— 3	— 1.7	10.2	31.9
Graisses	1.5	4.9	5.1	15.8	30.7	27.4

(1) Les chiffres précédés d'un signe négatif (—) représentent des excédents d'*exportations*.

nant, parce que les valeurs importées ont toujours été supérieures en bloc aux valeurs exportées. — Le tableau IX résume les résultats de nos recherches.

En conservant la distinction déjà établie précédemment entre les produits d'origine végétale et ceux d'origine animale, on voit tout d'abord que les excédents à l'importation n'ont pas été les mêmes, et surtout n'ont pas suivi la même marche. D'une façon générale, nous avons importé depuis 1827 beaucoup plus de produits d'origine animale que de denrées d'origine végétale. Les excédents croissent également plus rapidement pour les premiers que pour les seconds. La période 1877-1886 nous offre seule une exception curieuse à cette règle ; cette exception est très facile à expliquer par les achats considérables de vins et de céréales qui caractérisent ces années douloureuses pour notre agriculture. Si nos excédents d'importation de produits végétaux passent brusquement de 851 à 887 millions, pour les deux dernières décades 1867-1876 et 1877-1886, on peut constater en revanche une diminution des valeurs importées d'origine animale, qui tombent de 628 à 586 millions de francs.

Quant aux excédents généraux, nous voyons qu'ils se sont accrus notablement depuis la première période jusqu'à la dernière, passant de 86 millions (1827-1836) à 1,473 millions (1877-1886). Ces augmentations absolues ne présentent d'ailleurs qu'une importance relative. Un pays riche et industrieux comme la France ne peut trouver à l'intérieur de ses frontières tous les produits et matières premières dont il a besoin pour ses manufactures, et l'exemple des autres nations nous prouve que les exportations de produits fabriqués supposent des importations considérables de produits bruts. Il est en revanche fort intéressant de savoir quelle a été la progression des excédents constatés, et de rechercher si de période en période ils se sont accrus avec une inquiétante rapidité. Voici quels ont été les écarts p. 100 durant les six périodes considérées.

	Augmentation des excédents d'importation de chaque période comparée à la précédente
1837-46	118 p. 100
1847-56	37 —
1857-66	60 —
1867-76	89 —
1877-86	87 —

Ainsi les excédents d'importation n'ont jamais augmenté aussi rapidement que de 1827-1836 à 1837-1846 ; — l'écart est de 118 p. 100. — Il tombe ensuite à 37 p. 100, pour se relever à 60 p. 100 après 1857, et à 89 p. 100 après 1867. La dernière série d'années, 1877-1886, accuse une *décroissance* malgré les énormes importations de blés et de vins étrangers. *Cette période est donc caractérisée par un temps d'arrêt plutôt que par une aggravation de l'envahissement du marché français.* C'est le contraire de ce qui est généralement admis dans le public.

Enfin, comme nous le disions, les importations considérées en elles-mêmes avec leur valeur absolue nous apprennent peu de chose. Il en est de même pour les excédents d'importation. Cent millions d'écart sur un chiffre d'affaires de deux milliards représentent en réalité une somme insignifiante, tandis qu'ils constituent une différence extraordinaire par rapport à un commerce de 500 millions. Il est donc indispensable de comparer maintenant, pour chaque période, la valeur des *excédents d'importations aux importations totales des produits agricoles de toute origine tels que nous les avons énumérés, et de chercher le rapport de ces deux valeurs.* Le tableau IX présente les résultats de ces calculs.

Pendant la première période 1827-1836, l'excédent des importations agricoles s'élevait à 86 millions, alors que le total des valeurs importées ne se montait qu'à 189 millions ; c'était une proportion de 45 p. 100 ; ce rapport considérable atteignait 60 p. 100 et 48 p. 100 durant les deux décades suivantes. De 1857 à 1866 il s'abaisse, au contraire, à 38 p. 100, puis à 43 p. 100 (1867-1876), et remonte à 58 p. 100 dans ces dernières années (1877-1886), restant néanmoins au-dessous de la proportion constatée pour la période 1837-1846, c'est-à-dire à une époque où le régime douanier était nettement protecteur. Constatons donc une fois de plus que la liberté commerciale n'a pas troublé aussi profondément qu'on l'a prétendu l'économie du commerce extérieur des produits agricoles.

Comparés au produit brut de l'agriculture française, nos excédents d'importation ne présentent pas du reste une progression inquiétante. En 1840, Léonce de Lavergne admettait que les denrées de ferme de toute origine représentaient une somme de 5 milliards. Or, durant la période de 1847-1859, nos excédents d'importation s'élèvent à 259 millions en moyenne, soit : 5.18 p. 100 du produit brut de l'agriculture française. En 1876, le même auteur portait à 7 milliards ce produit brut général, et nos excédents d'importations agricoles atteignaient à la même époque (1867-1876) 787 millions ; le rapport précédent était élevé à 11.2 p. 100, accusant une différence de 6 p. 100 avec le précédent. L'enquête de 1883 nous apprend enfin que le chiffre de 7 milliards indiqué par M. Lavergne doit être porté à 10 milliards 500 millions. Le rapport de nos excédents d'importation (1,473 millions) à ce chiffre s'élève donc à 14 p. 100 environ. En réalité, ce rapport est trop élevé et ne donne pas une idée exacte de la situation du commerce extérieur des denrées agricoles et des effets de la concurrence étrangère. Nous exportions en moyenne il y a vingt-cinq ans pour 227 millions de vins, *déduction faite de nos importations;* de 1877 à 1886 nous avons au contraire importé pour 41 millions, *déduction faite des exportations*, soit une différence de 268 millions qui vient modifier étrangement le montant de nos importations.

Sans les ravages du phylloxéra, que la concurrence étrangère n'a pas provoqués, on ne constaterait *aucune augmentation* dans le rapport des excédents d'importation au produit brut agricole pour la période 1877-1886. Toute augmentation résulterait en tout cas d'une diminution dans le montant de ce produit général, qui n'a pas très sensiblement varié de 1882 à 1886.

X

Nous nous sommes borné dans cette première partie à étudier le commerce extérieur de la France à un point de vue très général. Ce sont en quelque sorte les grandes lignes de notre étude que nous avons tracées rapidement. Pour porter plus de lumière dans une question si complexe et parfois si délicate, il nous faudra maintenant examiner nos échanges internationaux, au point de vue de la provenance et de la destination des denrées agricoles, c'est-à-dire faire sommairement l'histoire des relations commerciales de la France avec les principales nations du monde. Il nous restera ensuite à étudier pour d'autres pays la constitution intime du commerce extérieur des produits de l'agriculture, en conservant le même cadre à nos recherches, et en faisant avec la France de fréquentes comparaisons.

Quand notre tâche sera remplie, nous pourrons porter définitivement sur notre situation économique un jugement plus éclairé et plus impartial à la fois.

DEUXIÈME PARTIE

Nous venons d'étudier le commerce extérieur de la France au point de vue des intérêts agricoles. Cet examen sommaire n'a porté que sur les importations et les exportations, considérées dans leur ensemble, et nous n'avons pas recherché notamment quelles étaient nos relations commerciales avec les principales nations de l'Europe, de l'Amérique ou de l'Asie. L'intérêt que présente cette étude est cependant manifeste, et nous comptons l'aborder maintenant.

Pour compléter ce travail, pour montrer quelle est la situation de la France au point de vue qui nous occupe, il est également indispensable de comparer le mouvement de nos échanges à celui des principales nations qui nous entourent, et d'examiner dans quelle mesure ou de quelle manière l'économie de leur commerce extérieur diffère de la nôtre. A cette condition seulement nous pourrons savoir si la France paraît avoir suivi dans le passé une politique économique anormale, dangereuse pour ses intérêts, ou bien conforme, au contraire, aux nécessités comme aux habitudes générales.

I

Nous constaterons tout d'abord qu'il n'est guère de nations avec lesquelles la France n'entretienne pas depuis de longues années un commerce de produits agricoles. Qu'il s'agisse des pays les plus voisins de nos frontières comme de ceux qui en sont le plus éloignés, partout où il existe des échanges fréquents et réguliers de marchandises, les produits alimentaires ou les matières premières figurent à la fois aux exportations comme aux importations françaises. Partout, on remarque des courants opposés, de puissance ou de composition variables, qui amènent ou emportent des denrées agricoles. Le plus souvent même ces courants sont composés d'éléments semblables, bien qu'ils ne soient pas identiques, et plus on examine avec attention les relations commerciales de la France, plus on demeure persuadé de l'indispensable nécessité, partout reconnue, de ces échanges provoqués par des causes que peuvent seuls discerner ceux qui ont fait de chaque branche du commerce une étude particulière.

Si nous prenons comme exemple l'Italie, nous voyons que cette nation exporte chez nous une énorme quantité de soies brutes en cocons, ou ayant subi déjà quelques préparations. La soie figure dans le total de nos importations d'origine italienne pour une somme de 100 millions de francs durant la dernière période décennale 1877-1886. Il semblerait peu logique et parfaitement inadmissible au premier abord que la France pût à son tour exporter des soies brutes en Italie. Eh bien, il n'en est rien, et nous voyons inscrite au tableau de nos exportations à destination de l'Italie une somme de 43 millions de francs représentant la valeur des soies et bourres de soie achetées par les manufactures italiennes aux négociants français. La même nation nous vend des laines et nous en achète néanmoins pour une somme six fois plus considérable. Elle nous envoie des vins, mais en reçoit également.

Les États-Unis eux-mêmes exportent dans notre pays des peaux brutes, des pelleteries ou des viandes salées, et parmi nos exportations figurent cependant des viandes salées ou des peaux à destination des États-Unis.

L'Allemagne, qui est à nos portes, nous a vendu en moyenne, de 1877 à 1886, pour 44 millions de francs de bestiaux, mais nous lui en avons envoyé pour 5 millions environ ; ses exportations de laines représentent 6 millions de francs et nos exportations chez elle s'élèvent à 11 millions. La valeur des graines oléagineuses exportées par l'Allemagne est à peu près égale à celle des mêmes produits que nous lui cédons. Pour l'Angleterre, la Belgique, la Suisse, l'Espagne, il en serait de même.

On peut donc affirmer qu'il existe entre tous les pays de l'Europe, et même du monde, des solidarités étroites, des dépendances réciproques ; c'est une erreur matérielle et grossière, prouvée jusqu'à l'évidence, que de supposer une nation capable de se suffire à elle-même. En admettant qu'il fût possible d'accroître pour l'ensemble des produits agricoles et des matières premières la masse disponible dans l'intérieur du pays, il ne serait pas prouvé que l'industrie ou l'alimentation n'eût pas besoin de demander aux nations étrangères des produits similaires ayant des qualités et des usages différents.

La plupart du temps, les productions sont en quelque sorte spéciales à certaines régions, et il peut être fort avantageux d'acheter au delà des frontières les denrées dont on a besoin plutôt que de les faire venir à grands frais des centres plus éloignés où elles sont produites dans l'intérieur du pays. De là ces courants d'importation et d'exportation composés des mêmes éléments dont nous avons déjà signalé la singularité.

Il ressort enfin de ces faits que pour se rendre compte de la situation d'une nation comme la France au point de vue du commerce des produits agricoles, on doit toujours étudier simultanément le mouvement des exportations et celui des importations.

Ces dernières ne représentent pas en général le déficit de la production nationale, parce que des quantités considérables de produits nationaux, ou considérés

comme tels, sortent des frontières, et viennent compen-
ser les importations correspondantes.

Nous avons déjà insisté sur l'importance de cette observation, dans notre précédent article ; il nous suffira
aujourd'hui de rappeler à nos lecteurs que durant la
période décennale 1876-1886 l'excédent moyen de nos
importations agricoles s'élevait à 1,473 millions de
francs.

Quelles sont les nations qui nous fournissent la prodigieuse quantité de produits alimentaires ou de matières
premières correspondant à cette somme énorme ?

La réponse semble tout indiquée d'avance ; et s'il fallait en croire l'opinion publique, nous citerions tout de
suite et en première ligne les États-Unis, puis l'Allemagne
qui passe pour nous avoir imposé par le traité de Francfort
une politique économique désastreuse au point de vue
des intérêts agricoles. En réalité, il n'en est rien. Contrairement au sentiment, ou mieux au préjugé populaire,
les États-Unis ne sont pas, des nations du monde, celle
qui bénéficie des excédents d'exportation les plus considérables dans ses relations avec la France. Avant eux il
faut citer : 1° la Russie, 2° l'Italie, 3° l'Espagne. Quant à
l'Allemagne, nos excédents d'importation en ce qui la
concerne sont bien loin d'être aussi importants qu'on
l'imagine communément. L'Allemagne à cet égard vient
après les quatre nations déjà citées, après l'Autriche,
après la Turquie, après la République Argentine, après
la Chine, après les Indes anglaises. Nos excédents d'importations agricoles s'élevaient, comme nous le disions
plus haut, à 1,473 millions pendant la décade 1877-1886 ;
dans ce total l'Allemagne ne figurait que pour 49 millions
de francs, soit pour 3.3 p. 100. Voici du reste quels sont
pour les principales nations agricoles avec lesquelles

nous entretenons des relations commerciales étendues,
nos excédents d'importation (voir tableau I).

TABLEAU I.

PAYS DE PROVENANCE	MONTANT DES EXCÉDENTS d'importations agricoles. (période 1877-86).
	millions de francs.
Russie	231
Italie	227
Espagne	201
États-Unis	198
République Argentine	160
Indes anglaises	130
Turquie	106
Chine	77
Autriche	71
Allemagne	49
Total	1450
Montant des excédents généraux	1473

Trois pays d'Europe, la Russie, l'Italie et l'Espagne,
présentent à eux seuls des excédents d'importation s'élevant en bloc à la somme considérable de 659 millions de
francs. Les États-Unis viennent bien après, avec le chiffre
de 198 millions, et l'Allemage n'est classée qu'au
dixième rang.

Dans ce tableau ne figurent ni l'Angleterre, ni la
Belgique, ni la Suisse. L'explication de cette omission
toute volontaire est fort simple. Ces trois nations, en effet,
bien loin d'avoir, durant cette période, vendu à la France
plus de produits agricoles que cette dernière ne leur en
avait cédé, présentent au contraire des excédents d'importation correspondant pour nous à des excédents d'exporta-

tions agricoles qui s'élèvent à 126 millions pour la Grande-Bretagne, à 17 millions pour la Belgique et à 57 millions pour la Suisse. Ces trois sommes représentent en bloc 200 millions de francs. Enfin il ne faut pas oublier que, dans le total de nos excédents généraux d'importations agricoles, la douane range aussi bien ceux qui proviennent de *nos colonies* que des nations étrangères. Ainsi de 1877 à 1886 l'Algérie a figuré pour 76 millions dans le chiffre de 1,473 millions rappelé plus haut. Cette observation trouve naturellement sa place ici, et son importance ne saurait échapper à personne, puisque nos excédents d'importations, considérés comme une dette de la France vis-à-vis de l'étranger, se trouvent diminués du montant de ces importations provenant d'une terre française.

En admettant même, ce qui est fort voisin de la vérité, que les excédents d'importations agricoles (1) provenant des colonies françaises viennent diminuer de 100 millions de francs le chiffre énorme de 1,473 millions indiqué plus haut, il n'est pas sans intérêt de rechercher comment on peut expliquer cet écart considérable entre les importations et les exportations et comment il a varié d'importance durant les périodes qui ont précédé la décade 1877-1886.

Le tableau suivant va répondre à ces deux questions :

(1) Sous le nom d'importations agricoles des colonies françaises nous n'avons pas compté la vanille, le café et autres denrées n'ayant pas de similaires en France. Nous faisons donc figurer seulement les céréales, graines oléagineuses, vins, rhums, etc.

TABLEAU II.

ÉCARTS D'IMPORTATIONS pendant la période 1877-1886 comparée à la précédente (1867-76) (millions de francs)			EXCÉDENTS D'IMPORTATIONS agricoles pendant les périodes (millions de francs)		
VINS	CÉRÉALES		1877-86	1867-76	1857-66
»	54	Russie...............	231	141	62
48	»	Italie.	227	215	92
185	»	Espagne.............	201	34	35
»	169	États-Unis...........	198	10	— 8
»	9	Allemagne.	49	9	42
233	**232**	Total (A)........	**906**	**409**	**223**
465		Excédents généraux...	**1473**	**787**	**415**
Rapport du total (A) aux excédents généraux.			**62** %	**52** %	**53** %

Les excédents généraux d'importations agricoles ont
donc passé de 415 millions à 787, puis à 1,473 millions
durant les trois périodes décennales qui se sont écoulées
depuis 1857 jusqu'à 1886. Les cinq nations que nous
citons ont, en outre, fourni à elles seules une part très
considérable de ces excédents : soit 53 p. 100, 52 p. 100
et enfin 62 p. 100, selon les périodes, en commençant par
la plus éloignée de nous. Il suffit enfin de jeter les yeux
sur les chiffres inscrits dans le tableau II pour voir que
si la Russie et l'Italie ont toujours importé en France des
valeurs considérables sans que nos exportations fussent
à beaucoup près équivalentes, l'Espagne, les États-Unis et
l'Allemagne ne nous présentent pas les mêmes excédents.
Pendant les dix années qui se sont écoulées de 1857 à
1866, nos exportations agricoles aux États-Unis dépassaient de 8 millions les importations correspondantes, et
de 1867 à 1876, les excédents d'origine américaine n'ont
pas dépassé le chiffre insignifiant de 10 millions de
francs.

Pour l'Allemagne, les faits relevés par les statistiques officielles sont plus remarquables encore. Les excédents d'importation sont, en effet, tombés de 42 millions (1857-1866) à 9 millions seulement pendant les années qui ont suivi la période de liberté commerciale très large inaugurée par le gouvernement impérial en 1861.

Les chiffres relatifs à l'Espagne nous montrent que les courants opposés d'importation et d'exportation ont conservé à peu près la même puissance relative depuis 1857 jusqu'à 1877, et l'augmentation énorme que nous constatons à partir de 1877 présente, on le voit, comme celle qui se rapporte au commerce américain et allemand, un caractère anormal dont nous devons maintenant chercher l'explication.

Celle-ci nous est immédiatement fournie par les chiffres inscrits dans la colonne de gauche du même tableau II.

En regard du nom de chaque nation, nous avons fait figurer, en effet, les différences d'importation relatives aux céréales et aux vins pendant la période de 1877-1886 comparée à la précédente.

Pris en bloc, ces écarts sont très élevés ; ils se montent à 465 millions, soit 232 millions pour les céréales et 233 millions pour les vins. Les nombres les plus forts se rapportent à l'Espagne, qui nous a fourni un excédent de vins représentant 185 millions, et aux États-Unis, qui ont jeté sur nos marchés 169 millions de francs de céréales au delà des importations moyennes de la décade précédente.

Nous savons que les importations de vins qui ont commencé à se produire vers 1879 sont dues, sans discussion possible, au déficit de la production nationale ; la concurrence étrangère n'a pas provoqué la ruine de nos vignobles et tout le monde sait que les ravages du phylloxéra nous ont seuls forcés à acheter au dehors ce que nous ne pouvions plus produire dans les limites de nos frontières.

L'excédent d'importation de 233 millions concernant les vins étrangers représente une perte pour notre pays, une diminution de revenu et de richesse qu'on ne saurait trop déplorer, mais ce n'est là que la conséquence d'un fléau, et non l'effet d'une politique économique blâmable. Pour se rendre compte de ce qu'eût été la marche de nos excédents normaux d'importation sans l'apparition du phylloxéra, il est donc logique autant que légitime de retrancher 233 millions relatifs aux importations de vins du total de nos excédents généraux.

L'augmentation extraordinaire de nos importations de céréales est également imputable pour une large part aux quatre années de mauvaises récoltes qui se sont si malheureusement succédé de 1878 à 1881. Il est donc nécessaire de retrancher les importations relatives à ces années de la moyenne calculée pour la période de 1878-1886, qui se trouve surélevée dans une forte proportion.

En opérant ces rectifications, on trouve que l'écart moyen entre les deux périodes 1877-1886 et 1867-1876 serait tombé, en ce qui concerne les céréales, à 22 millions pour la Russie, à 77 millions pour les États-Unis, tandis que pour l'Allemagne nous constaterions, non plus seulement une diminution dans les différences des valeurs importées, mais une baisse absolue, le chiffre des exportations allemandes tombant, de 1877 à 1886, audessous de celui que nous trouvons indiqué de 1867 à 1877.

Sans même tenir compte de l'Allemagne, voici donc les réductions successives qu'il conviendrait de faire subir au total de nos excédents généraux d'importations agricoles de 1877 à 1886.

1º Pour les vins, une somme de 233 millions de francs,

correspondant aux achats nécessités par les ravages du phylloxéra ;

2º Une somme de 124 millions, représentant le déficit de nos récoltes de céréales pendant les années exceptionnelles de 1878, 1879, 1880 et 1881 ;

3º Une somme de 100 millions représentant les excédents d'importations agricoles de nos colonies, en ce qui concerne les matières premières ou produits alimentaires, tels que les soies, laines, peaux, céréales, bestiaux, vins et liqueurs.

Le total des sommes dont la soustraction doit être faite pour se rendre compte de l'accroissement normal des excédents d'importations étrangères s'élève à **457** *millions de francs*. En retranchant ce nombre de 1,473 millions, il reste 1 milliard 16 millions, représentant très vraisemblablement le total de nos excédents d'importations agricoles, si l'on tient compte des circonstances extraordinaires et particulièrement douloureuses que nous avons traversées depuis 1877. Ce chiffre n'est, du reste, important qu'à la condition de le rapprocher de ceux qui lui sont comparables pour les périodes antérieures. En y ajoutant 100 millions de francs relatifs aux importations des colonies françaises, on trouve les résultats suivants :

	Excédents d'importations agricoles. En millions de francs.
1877-86	1.116
1867-76	787
1857-66	415

L'écart entre les deux premiers est de 329 millions, et entre les deux derniers de 372. On voit donc que malgré le développement incontestable de nos relations avec les pays neufs, malgré le régime libéral sous lequel nous avons vécu depuis 1860 au point de vue du commerce des denrées agricoles, nos excédents d'importation ne se sont pas accrus d'une façon plus rapide, s'ils ont augmenté d'une façon absolue durant la dernière période décennale. On peut même prouver aisément qu'ils se sont accrus moins rapidement dans ces dernières années que durant les périodes antérieures.

Il nous suffira pour le montrer de rappeler les calculs déjà indiqués dans notre précédent article en les modifiant seulement pour tenir compte des réductions que nous venons de faire subir aux excédents de la dernière période.

	Augmentation des excédents d'importation de chaque période comparée à la précédente.
1837-46	118 p. 100.
1847-56	37 —
1857-66	60 —
1867-76	89 —
1877-86	41 —

Jamais depuis quarante ans la marche ascensionnelle des excédents d'importation n'a été aussi lente que durant la période de 1877-1886. L'accroissement relatif s'est élevé à 41 p. 100, tandis qu'il atteignait 89 et 60 p. 100 pendant les séries d'années précédentes. C'est là un fait certain, d'une importance capitale, et qu'il nous paraît utile de signaler à toute l'attention de l'observateur impartial.

II

Si intéressante que puisse être une étude d'ensemble portant sur les résultats généraux du commerce en France, il nous semble utile de la compléter en examinant maintenant avec quelques détails les importations et les exportations agricoles des principales nations qui sont en relation avec nous.

Au premier rang l'on doit, avons-nous dit déjà, citer la Russie. Le tableau suivant, qui résume l'histoire de notre commerce avec elle, en montrera bien l'importance et l'économie générale :

TABLEAU III. — Commerce de la France avec la Russie.

(Commerce spécial, valeur en millions de francs.)

	PÉRIODES		
	1877-86	1867-76	1857-66
1° Importations en France.			
Produits d'origine végétale	206.5	137.8	57.2
Produits d'origine animale	29	13.6	14.2
TOTAL	**235.5**	**151.4**	**71.4**
Importations totales	**246.6**	**159.4**	**77.7**
2° Exportations de France.			
Produits d'origine végétale	4	9.8	9.2
TOTAL	**4**	**9.8**	**9.2**
Exportations totales	**23.3**	**34.6**	**27.1**
EXCÉDENTS D'IMPORTATIONS AGRICOLES	**231.5**	**146.1**	**62.2**
RAPPORT DES IMPORTATIONS AGRICOLES AUX IMPORTATIONS TOTALES	**95 %**	**95 %**	**92 %**

Il est facile de voir tout d'abord que nos exportations agricoles en Russie sont insignifiantes ; elles ne se composent, en effet, que de vins et de fruits de table. Les importations au contraire sont considérables, et l'on conçoit aisément qu'il puisse exister de ce chef des excédents très notables.

Les produits d'origine végétale, et il s'agit ici des céréales, constituent l'élément important de nos achats en Russie. Les traits caractéristiques de ce tableau n'ont pas du reste changé d'une période à l'autre, et en particulier le rapport des importations agricoles aux importations totales n'a guère varié depuis 1857 ; il s'élève à 95 p. 100 pour les deux dernières périodes, et cette énorme proportion de matières premières ou de produits alimentaires suffirait à caractériser notre commerce avec la Russie. Notons toutefois que sans les excédents extra-ordinaires provoqués par nos achats de céréales durant les années de disette 1878, 1879, 1880 et 1881, cette proportion se fût abaissée quelque peu.

Notre commerce avec l'Italie, que nous résumons plus bas sous la même forme, présente une physionomie et des caractères différents :

TABLEAU IV. — **Commerce de la France avec l'Italie.**

(Commerce spécial, valeur en millions de francs.)

	PÉRIODES		
	1877-86	1867-76	1857-66
1° *Importations en France.*			
Produits d'origine végétale..................	119.9	72 8	42.2
Produits d'origine animale..................	173.1	203.3	101.4
Total des importations agricoles...........	293	273.1	143.6
Importations totales..................	360.9	339.5	193.7
2° *Exportations de France.*			
Produits d'origine végétale..................	6.1	10.2	26.3
Produits d'origine animale..................	59.7	47.2	24.5
Total des exportations agricoles...........	65.8	57.4	50.9
EXCÉDENTS D'IMPORTATIONS AGRICOLES.....	227.2	215.7	92.7
RAPPORT DES IMPORTATIONS AGRICOLES AUX IMPORTATIONS TOTALES..................	81 %	80 %	74 %
RAPPORT DES EXPORTATIONS AGRICOLES AUX EXPORTATIONS TOTALES..................	35 %	28 %	24 %

Les exportations françaises sont ici très largement représentées ; on y voit figurer les vins, les céréales, les bois, les huiles, et, parmi les produits d'origine animale, la *soie*, les *laines brutes*, le *bétail*, les *chevaux et mulets*, les *peaux* et même les *œufs de vers à soie*, que les Italiens viennent très volontiers demander à nos éleveurs du Midi.

Parmi les importations, beaucoup plus importantes, il faudrait citer les vins, les fruits, l'huile d'olive, la soie, le bétail, la laine, le beurre, le gibier, etc. On constate donc l'existence de ces courants opposés composés d'éléments semblables que nous avons signalés dès le début de cette étude.

En examinant attentivement la composition des importations, on voit en outre que nos énormes achats de vin viennent seuls grossir durant la dernière période le total des produits végétaux envoyés en France. Sans les ravages du phylloxéra les importations d'origine italienne auraient diminué de valeur et non pas augmenté de 1877 à 1886, et comme nos exportations se sont accrues, la *réduction des excédents à l'entrée en France eût été sensible*.

On remarquera d'ailleurs que le rapport des importations agricoles aux importations totales est resté fixe depuis 1867, et n'a augmenté que de 6 p. 100 depuis 1857. La concurrence des produits agricoles italiens ne se fait donc pas sentir plus vivement, toutes proportions gardées, dans ces dernières années, que durant celles qui les ont précédées. Nos exportations de matières premières ou de denrées alimentaires ont, au contraire, une importance relative qui n'a pas cessé de s'accroître de 1857 à 1876. Le rapport des exportations agricoles aux exportations françaises totales a passé, en effet, de **24** à **35** p. 100 dans cet intervalle. Il faut noter en passant cette modification caractéristique, que nous aurons l'occasion de signaler tout à l'heure pour d'autres pays.

Le commerce de la France avec l'Espagne nous offre présisément un exemple à l'appui de cette affirmation.

Tandis que les excédents d'importation atteignaient 7 millions (1857-1866). 34 millions (1867-1876), puis 201 millions de francs (1877-1886), et que le rapport des importations agricoles aux importations totales s'élevait à 56 p. 100, 60 p. 100 et 82 p. 100 durant les mêmes périodes, la proportion des exportations agricoles passait de 21 p. 100 à 24 p. 100 et à 26 p. 100 pendant les dix dernières années 1877-1886. Qu'il s'agisse de l'Italie ou de l'Espagne, on voit donc que dans nos exportations l'élément agricole *figure avec une importance croissante.*

Voici maintenant les chiffres qui se rapportent aux relations commerciales de la France avec les États-Unis. En raison de l'intérêt qui s'y attache, nous avons cru devoir entrer dans quelques détails et donner au tableau suivant une plus grande importance (voyez tableau V).

Un examen rapide nous révèle dès le premier abord les particularités caractéristiques de ce mouvement commercial. Depuis 1857 jusqu'à 1877, les importations agricoles des États-Unis à destination de la France sont en somme très peu importantes. Elles atteignent seulement 36 millions de francs en moyenne dans les dernières années du second Empire, après être restées inférieures à 30 millions durant la période décennale précédente. Le rapport des importations agricoles en France aux importations totales s'élevait à 17 et 18 p. 100 seulement et l'on constatera que nos achats à la grande République américaine consistaient surtout en coton ou en produits divers non agricoles. La valeur de nos expor-

TABLEAU V. — Commerce de la France avec les États-Unis.

(Commerce spécial en millions de francs.)

	PÉRIODES		
MARCHANDISES	1877-86	1867-76	1857-66
1° Importations en France.			
CÉRÉALES	**171.5**	**12.6**	**12.1**
Merrains de chêne........................	1.4	1.9	5.0
Bois à construire........................	4.6	0.6	0.5
Graines à ensemencer......................	1.2	0.1	0.1
TOTAL........................	178.7	15.2	17.7
Graisses............................	29.6	11.6	8.9
Viandes salées.........................	18.1	6.2	1.4
Peaux brutes et pelleteries....................	2	3.1	1.5
TOTAL....................	49.7	20.9	11.8
TOTAL DES IMPORTATIONS AGRICOLES........	**228.4**	**36.1**	**29.5**
IMPORTATIONS AGRICOLES..................	**428**	**197**	**165**
2° Exportations de France.			
Vins, eaux-de-vie, esprits, liqueurs...........	10.9	19	29.9
Fruits de table et oléagineux................	3.3	2.4	2.9
TOTAL........................	**14.2**	**21.4**	**31.9**
Soie et bourre de soie......................	5.3	1.8	0.4
Laines et déchets.........................	5.7	1.7	5.8
Peaux brutes et pelleteries..................	4.8	0.4	0.0
Fromages............................	0.1	0.0	0.0
Viandes salées..........................	0.0	0.2	0:1
TOTAL........................	**15.9**	**4.1**	**6.3**
TOTAL DES EXPORTATIONS AGRICOLES.......	**30.1**	**25.5**	**38.2**
EXPORTATIONS TOTALES....................	**287.4**	**250**	**166**
RAPPORT DES IMPORTATIONS AGRICOLES AUX IMPORTATIONS TOTALES.................	**53** °/₀	**18** °/₀	**17**°/₀
EXCÉDENTS D'IMPORTATIONS AGRICOLES.....	**198**.3	**10.6**	**— 8.7**

tations, et de nos vins en particulier, était restée assez forte pour constituer en notre faveur un excédent d'exportation de 1857 à 1866. Durant les dix années suivantes, les excédents d'importation ne s'étaient élevés qu'à 10 millions de francs, somme vraiment insignifiante.

Le développement soudain et considérable des exportations de céréales américaines vient brusquement modifier cette situation à partir de 1877. Nos importations passent de 12 millions à 171 millions pour ces produits, et le rapport des importations agricoles aux importations totales, qui se trouve immédiatement affecté, monte d'un seul bond de 18 p. 100 à 53 p. 100. Il faut tenir compte, comme nous l'avons dit déjà, des achats extraordinaires provoqués par les mauvaises récoltes de 1878, 1879, 1880 et 1881, et en déduisant de la moyenne les chiffres relatifs à ces années de disette, il ne reste que **77** millions comme représentant la valeur de nos importations normales de céréales américaines pendant la décade 1877-1886. Cette réduction abaisse le total des importations agricoles à **134** millions, le montant des excédents correspondants à **104** millions et le rapport des importations totales à **40** p. 100 au lieu de **53** p. 100.

Telle est en réalité, et dans les conditions normales, la situation commerciale de la France en ce qui concerne ses rapports avec les États-Unis durant la période 1877-1886.

Envisagée avec calme, sans parti pris et sans frayeur, cette situation ne doit pas nous apparaître sous un jour très menaçant. Les États-Unis peuvent, il est vrai, et l'expérience en a été faite, nous envoyer pendant quelques années désastreuses des masses énormes de céréales représentant 400 millions de francs, mais ce sont là des faits exceptionnels. En ce qui concerne notamment le blé, ou plus exactement le froment, les États-Unis ne sont pas nos plus importants vendeurs. Voici les chiffres empruntés aux documents officiels qui le prouveront aisément. Nous prenons, pour rendre ces calculs plus probants, les importations récentes de la période quinquennale 1885-1890 :

TABLEAU VI. — Importations de froment (grains) en France par milliers de quintaux.

	1885-1890	
	Quantités	Proportions p. 100
1° Russie	2.670	29.5
2° États-Unis	2.392	26.5
3° Algérie	**1.005**	**11.0**
4° Indes anglaises	779	8.5
5° Australie	382	4.2
6° Belgique	240	2.8
7° Autres pays	1.591	17.5
Total	**9.059**	**100.0**

Ainsi non seulement les États-Unis ne nous envoient pas les plus fortes quantités de froment, mais leurs exportations ne représentent guère plus du *quart* de nos importations totales.

Enfin, si l'on considère dans leur ensemble, et sans leur faire subir aucune réduction, les excédents d'exportations agricoles des États-Unis, on constate que dans le total de nos excédents généraux s'élevant à 1,473 millions ils ne représentent que 298 millions, soit **13** p. 100, rapport qui tomberait à 7 p. 100 seulement en tenant compte des exportations anormales relatives aux céréales. — Tel est le rang véritable occupé par les

États-Unis sur la liste des nations avec lesquelles nous entretenons des relations commerciales importantes au point de vue des produits agricoles.

Nous allons aborder maintenant l'étude du commerce franco-allemand; et pour donner au lecteur des éléments complets d'appréciation, nous reproduisons ci-après le tableau qui en résume les détails caractéristiques. Nous avons même pris soin de remonter jusqu'à la période 1847-1856, de façon à permettre d'intéressantes comparaisons portant sur l'économie générale des échanges avant et après la réforme économique de 1861 (voyez tableau VII).

Les importations agricoles allemandes se sont accrues, cela est certain, depuis 1847 ; elles ont environ *quadruplé*. Leur valeur s'élevait, il y a quarante ans, à **38** millions, et elle atteint **156** millions de 1877 à 1886. En revanche, nos exportations agricoles ont *quintuplé*, en passant de **20** millions à **107** dans le même intervalle. C'est déjà là un phénomène très important et très significatif. Il est non moins utile de noter que nos excédents d'importation, qui s'élevaient à **17** millions (1847-1856), puis à **42** millions de 1857 à 1866, sont tombés durant la période décennale suivante à **9** millions seulement, et n'ont atteint de 1877 à 1886 que le chiffre de **49** millions. Cet écart est dû en grande partie, comme on peut le voir, à une diminution de nos exportations de céréales et à un accroissement simultané de nos importations de *grains* et de BOIS COMMUNS. Cette observation est déjà utile, mais ce qu'il est surtout intéressant de signaler, c'est la modification très profonde de la composition élémentaire des importations allemandes ou des exportations françaises en général. Pendant la période 1847-1856, c'est-à-dire à une époque où le régime douanier de la France

TABLEAU VII. — **Commerce de la France avec l'Allemagne.**

(Commerce spécial en millions de francs.)

	PÉRIODES			
	1877-86	1867-76	1857-66	1847-56
1° *Importations en France.*				
Céréales...................................	28.0	18.9	10.1	5.0
Bois communs.............................	28.0	14.2	13.3	8.2
Graines oléagineuses......................	3.4	5.1	3.3	0.1
Eaux-de-vie, esprits et liqueurs..........	7.2	1.9	2.3	0.4
Lin.......................................	2.1	1.8	1.0	2.2
Graines à ensemencer......................	2.4	1.7	1.1	0.4
Huiles....................................	1.0	0.5	0.4	0.0
	72.1	44.1	31.4	16.3
Bestiaux..................................	41.0	39.5	22.7	6.5
Chevaux...................................	5.5	3.9	1.1	1.8
Viandes...................................	6.8	3.0	1.4	0.2
Peaux brutes et pelleteries..............	19.4	19.4	17.1	4.8
Laines et déchets.........................	6.1	8.3	16.5	8.3
Soie et bourre de soie....................	5.8	4.7	1.7	0.1
Graisses..................................	0.2	0.7	0.4	0.0
	84.8	79.5	60.9	21.7
TOTAL DES IMPORTATIONS AGRICOLES...	**156.9**	**123.6**	**92.3**	**38.0**
IMPORTATIONS TOTALES.................	**416.0**	**283.0**	**158.0**	**66.5**
2° *Exportations de France.*				
Vins......................................	30.0	29.7	18.2	12.0
Céréales..................................	16.0	24.8	4.6	0.9
Bois communs.............................	1.6	6.5	5.4	1.6
Graines oléagineuses et à semer..........	3.6	3.9	2.6	0.5
Fruits de table...........................	2.8	3.0	1.0	0.5
Huiles de toute sorte.....................	2.3	1.6	0.7	0.2
Garance...................................	0.0	2.5	4.3	1.9
Houblon...................................	0.6	2.4	1.3	0.0
	56.9	74.4	38.1	17.6
Bestiaux..................................	4.9	5.8	0.2	0.0
Peaux brutes et pelleteries..............	17.1	9.3	2.3	0.0
Laines et déchets.........................	11.9	12.9	2.2	0.0
Soie et bourre............................	13.8	9.1	6.3	2.5
Chevaux...................................	3.0	2.2	1.1	0.1
	50.7	39.3	12.1	2.6
TOTAL DES EXPORTATIONS AGRICOLES...	**107.6**	**113.7**	**48.4**	**20.2**
EXCÉDENTS D'IMPORTATIONS AGRICOLES.	**49.3**	**9.9**	**42.4**	**17.8**
RAPPORT DES IMPORTATIONS AGRICOLES AUX IMPORTATIONS TOTALES.........	**37** %	**43** %	**58** %	**57** %
RAPPORT DES EXPORTATIONS AGRICOLES AUX EXPORTATIONS TOTALES.........	**31** %	**34** %	**24** %	**30** %

était très restrictif, le rapport des importations agricoles aux importations totales s'élevait à **57** p. 100. La France recevait donc d'Allemagne plus de denrées agricoles que de produits manufacturés. De 1877 à 1886, au contraire, la proportion plus haut citée tombe à **37** p. 100, accusant une diminution de **20** p. 100. Ce sont donc aujourd'hui des produits manufacturés qui figurent en majorité dans les importations d'origine allemande.

L'industrie française pourrait se plaindre avec plus de raison que l'agriculture de la concurrence des marchandises d'outre-Rhin.

Nos exportations agricoles en Allemagne sont en revanche constituées de la même façon en 1877 qu'en 1848. La proportion des exportations agricoles s'élevait à **30** p. 100 durant les dernières années de Louis-Philippe, *avant* 1860, et ce rapport remonte à 34 p. 100 et 31 p. 100 pendant les vingt années qui se sont écoulées de 1867 à 1886.

En résumé, ce qui caractérise notre commerce avec l'Allemagne depuis près d'un demi-siècle, c'est, avec une très légère augmentation des excédents d'importations agricoles, une tendance marquée à importer des denrées alimentaires ou des matières premières dans une proportion de moins en moins forte par rapport à l'ensemble de nos échanges; tandis que la composition élémentaire de nos exportations reste au contraire fixe, ou même accuse une tendance à la prépondérance des produits agricoles français.

Si nous examinons le commerce de la France et de la Belgique, il en est encore ainsi.

Le rapport des exportations agricoles aux exportations françaises totales n'atteignait que **33** p. 100 durant la période de 1857-1866 ; tandis qu'il dépassait **39** p. 100 vingt ans après. Dans le même intervalle, la composition des importations totales était légèrement modifiée, et la proportion des denrées agricoles envoyées en France par rapport aux autres marchandises baissait de **37** à **35** p. 100. Il s'est produit du reste pour la Belgique une transformation fort importante de la puissance des courants d'exportation ou d'importation. Jusqu'en 1877 nous recevions en effet de 20 à 30 millions de produits agricoles dont la valeur n'était pas compensée par des exportations françaises similaires. A partir de 1877 et pendant les dix années suivantes, nous constatons au contraire un excédent moyen d'*exportation*, représentant 18 millions de francs en chiffres ronds.

Ce qui est un phénomène nouveau à l'égard de la Belgique est au contraire devenu une tradition en ce qui concerne l'Angleterre.

Voici en effet quels ont été nos excédents d'exportations agricoles depuis 1847 :

1847-56	35 millions de francs.
1857-66	23 —
1867-76	115 —
1877-86	126 —

Le rapport de nos exportations agricoles aux exportations totales oscille depuis quarante ans autour de 30 p. 100 avec une très légère augmentation de 1 à 4 p. 100 suivant les périodes.

La proportion des importations agricoles, comparée à l'ensemble des marchandises venues de la Grande-Bretagne, a passé au contraire de 24 à 42 p. 100 dans l'espace de quarante ans. Ce serait une erreur de croire que nous sommes tributaires, suivant le mot consacré, dans une plus forte proportion de nos voisins d'outre-Manche pour tout ce qui concerne les produits de l'agriculture.

L'Angleterre est le grand marché des blés, des laines

et d'une foule de denrées d'origine extra-européenne qui passent par les ports anglais avant de pénétrer en France.

La douane, qui, pour les importations par voie de mer, tient compte seulement des ports d'où viennent les navires, sans s'inquiéter de savoir quelle est la véritable provenance des marchandises, considère comme anglaises des denrées agricoles ou matières premières qui ne le sont pas en réalité. Cette méthode évidemment inexacte de constater les pays de provenance, a pour conséquence de troubler ici les rapports des importations agricoles aux importations totales.

Conclusion. — Nous terminons ici cette histoire sommaire du commerce international de la France au point de vue des intérêts agricoles. Pour la rendre complète, il faudrait donner à ce chapitre les dimensions d'un volume.

Quelques vérités importantes peuvent cependant être dégagées des faits que nous avons constatés et commentés. La première à signaler, c'est le caractère anormal des excédents d'importations agricoles qui durant la période 1877-1886 figurent dans les tableaux de notre commerce avec les principales nations de l'Europe et de l'Amérique. Nos achats énormes de céréales et de vins ont profondément troublé l'économie de nos échanges internationaux, et ce serait commettre une erreur grave que de voir seulement dans ce développement subit de nos importations agricoles, prises en bloc, une conséquence de la liberté commerciale. — Il ressort au contraire, avec une extrême clarté, de l'étude à laquelle nous nous sommes livré, que durant la dernière période 1877-1886, le courant d'importations étrangères a diminué à la fois de rapidité et de puissance. Si l'on tient compte, comme on doit le faire, de nos achats de vins, qui ont un caractère anormal et, espérons-le, transitoire, si l'on déduit en outre des moyennes relatives aux céréales les chiffres qui se rapportent à des années calamiteuses, évidemment exceptionnelles, on constate une diminution dans l'accroissement habituel des excédents d'importation et une réduction non moins significative dans le rapport des importations agricoles aux importations totales. Ce sont là deux faits d'une extrême gravité. Il faut y ajouter comme trait caractéristique cette tendance si remarquable que nous avons signalée, à un accroissement de l'importance relative des produits agricoles exportés de France dans le total des marchandises qui franchissent nos frontières à destination de l'étranger.

En résumé, la situation commerciale de notre pays ne nous semble pas être devenue plus difficile et plus dangereuse à la suite des vingt-cinq années du régime douanier libéral inauguré en 1861. L'invasion des produits agricoles étrangers n'est pas aussi menaçante qu'on l'affirme généralement, et avant de modifier nos droits de douane sur les produits de l'agriculture, qui sont en même temps des matières premières et des denrées d'alimentation, il serait utile d'examiner impartialement les faits que nous venons de signaler à toute l'attention du lecteur.

III

Il ne suffit pas, du reste, d'examiner la situation de la France considérée isolément pour apprécier le mérite ou les dangers de la politique économique qu'elle a suivie. Un jugement éclairé ne peut reposer que sur des comparaisons instructives capables d'apporter de la lumière dans une étude aussi délicate. Nous allons donc étendre nos recherches, jeter les yeux de l'autre côté de nos frontières, et chercher quels sont les traits caractéristiques qui distinguent le commerce international des produits agricoles chez les principales nations du monde.

Ce sujet est trop vaste d'ailleurs pour qu'il ne soit pas nécessaire de nous borner et de choisir parmi tant de peuples divers ceux dont l'exemple sera plus instructif. — En premier lieu, nous parlerons de l'Allemagne, dont la politique économique a été si souvent proposée comme modèle, et dont l'étendue, la population, l'industrieuse activité, ont été, si souvent aussi, l'objet de comparaisons faites avec la France. Une première difficulté nous arrête dès le début de cette étude. Les statistiques douanières de l'empire allemand ne peuvent en effet être utilement consultées et suivies que depuis 1872, si l'on veut avoir des vues d'ensemble. Pour remonter au delà de cette date, il nous eût fallu sortir du cadre d'un simple article. Nous nous sommes donc contenté de grouper les chiffres relatifs au commerce de l'Allemagne en trois colonnes correspondant au trois périodes quinquennales qui se sont écoulées depuis 1873 jusqu'à 1889. Ce champ d'investigations est du reste assez vaste pour nous permettre de tirer quelques conclusions sérieuses des résultats que nos recherches mettront en lumière.

Il est à peine besoin de dire que nous ne nous occupons ici que du commerce des principaux produits agricoles. Quant aux documents consultés, ce sont les publications officielles allemandes, résumées et reproduites par un éminent statisticien anglais, R. Giffen, dans le volume annuel publié sous sa responsabilité et intitulé *Résumé statistique relatif aux principales nations étrangères* (1) (voyez tableau VIII).

L'Allemagne, comme tous les pays dont l'industrie est avancée, importe donc beaucoup de matières premières, et

____

(1) Il s'agit d'un livre bien connu de tous les statisticiens ou hommes politiques sous le nom de *Statistical abstract for the principal and other foreign countries,* publié chaque année à Londres depuis 1874.

TABLEAU VIII. — **Commerce de l'empire allemand (commerce spécial en millions de marks).**

(1 mark = 1 franc 25 centimes.)

	PÉRIODES		
	1884-88	1879-83	1874-78
1° *Importations en Allemagne.*			
1. Chevaux	67.4	58.4	52.8
2. Autres animaux	87.4	128.2	151.5
3. Grains et farines	287.0	431.8	424.0
4. Soie brute	137.6	115.8	89.0
5. Laine brute	213.6	214.0	206.0
6. Vins en fûts et bouteilles	36.0	50.6	57.1
7. Lin	38.9	41.2	45.9
8. Graisses	25.4	37.8	30.1
9. Peaux brutes et pelleteries	92.9	91.4	83.7
10. Graines de lin	13.0	12.7	14.6
TOTAL	**999.2**	**1181.9**	**1154.7**
IMPORTATIONS TOTALES	**3101.2**	**3189.6**	**3644.0**
2° *Exportations d'Allemagne.*			
1. Chevaux	16.0	24.8	30.2
2. Autres animaux	93.6	118.2	126.8
3. Beurre	20.0	20.6	26.5
4. Graines, farines et pommes de terre	58.6	169.2	296.0
5. Esprits	22.6	32.8	32.0
6. Laine brute	34.6	48.0	48.0
7. Lin	23.7	27.5	30.0
8. Chanvre	13.4	14.2	13.4
9. Houblon	31.3	36.8	37.8
TOTAL	**313.8**	**491.9**	**640.7**
EXPORTATIONS TOTALES	**3077.8**	**3021.8**	**2608**
EXCÉDENTS D'IMPORTATIONS AGRICOLES	**686**	**680**	**514**
RAPPORT DES IMPORTATIONS AGRICOLES AUX IMPORTATIONS TOTALES	**32 %**	**37 %**	**31 %**
RAPPORT DES EXPORTATIONS AGRICOLES AUX EXPORTATIONS TOTALES	**10 %**	**16 %**	**24 %**

elle achète en outre une grande quantité de produits alimentaires. Il suffit de jeter les yeux sur le tableau précédent pour s'en convaincre. A eux seuls les dix principaux articles d'importation indiqués plus haut représentent en *francs* des sommes qui ont varié de **1,250** millions (1884-1886), à **1,476** (1879-1883) et à 1,442 millions de 1874 à 1878. On remarquera que les plus fortes valeurs se rapportent aux *céréales*, aux *bestiaux*, au *laines*, aux *peaux* et aux *chevaux*. L'empire allemand, pas plus que la France, l'Angleterre, la Belgique, l'Italie, etc., etc..., ne peut se suffire à lui-même, et il doit acheter au dehors les denrées dont il ne trouve pas les *équivalents* à l'intérieur de ses frontières.

L'Allemagne a-t-elle du moins le privilège, refusé à la France, de compenser les importations agricoles par de fortes exportations ? Les chiffres suivants, qui se rapportent aux chevaux, aux animaux compris sous le nom de bétail, aux grains et farines, puis aux laines, répondent clairement à cette question :

TABLEAU IX. — Commerce de l'Allemagne en millions de francs.

N. B. — *Les excédents d'exportation sont précédés du signe* (—).

	EXCÉDENTS D'IMPORTATIONS		
	1884-88	1879-83	1874-78
Chevaux	64.2	42.2	28.2
Autres animaux	— **7.7**	12.7	30.8
Grains et farines	285.5	328.4	160 »
Laines brutes	223.0	207.7	197 »
Total	**565.0**	**680.8**	**416.0**

Pour ces quatre éléments de son commerce interna-

tional, l'Allemagne nous présente des *excédents* d'IMPOR-
TATION s'élevant à **565,680** et **416** *millions de francs*,
durant les trois dernières périodes quinquennales. Voici
maintenant les chiffres relatifs à la France, puisés dans
les mêmes publications et correspondant aux mêmes
périodes :

TABLEAU X. — **Commerce de la France en millions de francs.**

(D'après le *Statistical Abstract*.)

Les chiffres affectés du signe (—) représentent des excédents d'*exportation*.

	EXCÉDENTS D'IMPORTATIONS		
	1884-88	1879-83	1874-78
Chevaux......................	**—10.1**	20.5	**—0.3**
Bestiaux......................	80.8	145.2	108.0
Grains et farines	275.4	545.3	151.2
Laine brute..................	198.1	210.1	248.1
Total..............	**544.2**	**921.1**	**507.0**

La comparaison de ces deux tableaux et du précédent
est singulièrement instructive. On voit qu'en dehors de la
période 1879-1883, qui a été pour la France une époque
de *disette*, nos excédents ne sont pas beaucoup plus élevés que ceux de l'Allemagne. De 1884 à 1888, ils l'ont
même été moins, avec une différence de **11** millions de
francs en notre *faveur*, suivant l'expression consacrée.
Sauf pendant les années exceptionnelles dont nous avons
parlé, il est entré plus de céréales en Allemagne qu'en
France, déduction *faite des exportations*. Pour les chevaux, les différences sont encore bien plus accusées ; s'il
est un pays qu'on peut considérer comme *tributaire* de
l'étranger, n'est-ce pas l'empire allemand qui en importe

pour 64 millions de 1884 à 1889, déduction faite égalc-
ment de ses exportations ? La France pendant les mêmes
années en exportait pour 10 millions de francs, *déduction
faite des importations!* La seule catégorie de produits
agricoles qui paraît révéler en Allemagne une situation
satisfaisante est celle des animaux de boucherie. On pourrait nous accuser à ce sujet de passer sous silence les
« énormes » exportations de viandes dépecées qui constituent pour nos agriculteurs une si « dangereuse concurrence ». Voici les faits, qui parleront assez clairement
eux-mêmes. Nous prenons comme exemple la période
sexennale 1880-1886, parce qu'après cette date l'augmentation des droits de douane sur les animaux vivants
à leur entrée en France a pu exercer une influence sur
les valeurs échangées. La période 1880-1886 est au contraire caractérisée par un régime libéral en ce qui concerne les importations dans notre pays.

TABLEAU XI. — Commerce de l'Allemagne en mil lions de francs.

N. B. — *Les excédents d'importation sont précédés du signe (—).*

Années.	EXCÉDENTS D'EXPORTATIONS			
	Taureaux et vaches.	Bœufs.	Moutons.	Viandes.
1880	0.5	12.5	27	— **20** »
1881	— **2** »	26 »	35.5	— **15.5**
1882	— **13** »	24.5	47.5	— **1.5**
1883	— **9.5**	21.5	46.5	— **1.0**
1884	4	22 »	39.5	8
1885	— **6.5**	18 »	31.2	7.5

On voit qu'en ce qui concerne les viandes, ce sont des
EXCÉDENTS D'IMPORTATIONS, et non d'EXPORTATIONS,

qu'il y a lieu de constater. Si l'on voit figurer des écarts en faveur des exportations à partir de 1884, ces derniers ne compensent pas les réductions portant sur les *bœufs* et *moutons*.

Enfin il faut savoir de plus qu'en Allemagne on importe beaucoup plus de *porcs* qu'on n'en exporte ; la différence atteint parfois 15 millions de francs de 1880 à 1886.

On voit en tout cas à quoi se réduisent les « énormes » exportations allemandes de viande dépecées à une époque où le courant protectionniste était loin d'être aussi général qu'aujourd'hui, et où les portes de la France s'ouvraient toutes grandes !

Quant aux céréales, nous constatons que la valeur des importations n'a pas fléchi de la période 1874-1878 à la suivante, malgré le droit imposé en 1883 aux blés étrangers à leur entrée en Allemagne. Pendant la période suivante, le chiffre des exportations de grains et farines passe de 431 millions de marks à 287 ; cette réduction s'explique beaucoup moins par l'établissement des droits de douane que par l'accroissement des stocks disponibles dus à une série de bonnes récoltes qui ont fait passer la production en céréales de 142 millions de quintaux (1874-1883) à 152 millions (1884-1888). *Dans le même intervalle les importations n'avaient diminué que de 1 million 800 mille quintaux.* En Allemagne comme en France, les droits de douanes n'ont donc pas arrêté les importations. Il faut donc constater, en revanche, que les exportations allemandes de céréales ont brusquement diminué à partir de 1879, de telle sorte que l'excédent des importations n'a jamais été plus élevé que pendant la série d'années où la protection douanière fut assurée aux protecteurs de grains. La différence est même considérable, car de 1874 à 1878, période de liberté commerciale, les excédents moyens s'élevaient à 160 millions de marks seulement, tandis que dans les deux périodes quinquennales suivantes ils ont atteint **328** et **285** millions de marks. Les résultats des tarifs protecteurs ne nous paraissent donc pas avoir été ceux que l'on espérait. Il est, croyons-nous, inutile d'insister davantage sur ce point.

Revenons maintenant au tableau général de la page 353 et cherchons quels sont les faits caractéristiques qu'il nous révèle. Le premier et le plus important c'est l'existence d'un excédent considérable d'importations agricoles pour l'empire allemand. Évalué en francs il s'élève à **642** millions (1874-1878), puis à **850** pour la période suivante (1879-1883), et enfin à **857** millions de 1884 à 1889. L'accroissement est donc manifeste.

Le rapport des importations agricoles aux importations totales oscille pour l'empire allemand entre 41 et 37 p. 100. Les marchandises introduites sont donc pour les deux tiers *des produits manufacturés*. En France, au contraire, nous avons constaté que le même rapport atteignait **50** p. 100. La proportion des denrées agricoles ou matières premières à l'importation est donc plus forte en France qu'en Allemagne.

Des différences plus remarquables encore existent à propos de la composition élémentaire des exportations. Les marchandises exportées d'Allemagne ne sont guère que des produits manufacturés, ou des matières extraites du sol comme la houille et le minerai. Le rapport des exportations agricoles aux exportations totales tombe en effet de **24** p. 100 à **10** p. 100 en 1884. Pour la période décennale 1879-1888, c'est une moyenne de **13** p. 100 seulement au lieu de **31** p. 100 en France pendant la décade 1877-1884. Il ressort de ces faits que la concurrence de l'Allemagne est bien plus redoutable pour l'industrie de ses voisins que pour leur agriculture, puisque ses exportations sont constituées dans la proportion de **87** ou **90** p. 100 par des produits fabriqués, houille, minerais, etc., etc.

La puissance d'exportation de la France au point de vue des produits agricoles tend à s'accroître, celle de l'Allemagne paraît tendre, au contraire, à diminuer. Telle est la seconde conclusion à tirer des faits que nous venons d'exposer.

Conclusion. — En résumé, l'étude du commerce de l'Allemagne nous prouve que cette nation ne doit pas à sa politique douanière une situation privilégiée.

1º Ses excédents d'importations agricoles sont très élevés et tendent à s'accroître.

2º Contrairement à l'opinion généralement répandue, la production chevaline est notoirement insuffisante, et chaque année des excédents considérables d'importation prouvent que l'Allemagne doit demander à l'étranger ce qu'elle ne possède pas dans les limites de ses frontières.

3º Contrairement à l'opinion non moins généralement répandue, ses exportations de bétail ont *notablement diminué* de 1884 à 1888, sans que les *excédents tout récents* d'exportation relatifs aux viandes abattues aient compensé cette réduction.

4º Contrairement aux idées trop souvent acceptées sans discussion, l'Allemagne importe beaucoup plus de céréales qu'elle n'en exporte, et les excédents d'importation se sont accrus depuis l'élévation des droits de douane, qui ont provoqué une hausse factice des prix.

5º Enfin, non seulement les exportations agricoles de l'empire allemand ont diminué de valeur d'une *façon absolue*, pendant ces dix dernières années, mais encore la proportion des exportations agricoles aux exportations totales a décru très sensiblement, ce qui prouve incontestablement que l'Allemagne peut de moins en moins faire aux nations voisines une concurrence redoutable pour l'agriculture de ces pays.

IV

Si l'Allemagne importe régulièrement et habituellement beaucoup plus de produits agricoles qu'elle n'en exporte, c'est le phénomène inverse que nous allons constater pour l'Italie pendant les mêmes périodes. Voici en effet les chiffres que nous empruntons aux documents officiels :

TABLEAU XII. — Commerce de l'Italie en millions de francs.

	PÉRIODES		
	1884-88	1879-83	1874-78
Exportations agricoles	586	664	601
Importations agricoles	307	235	234
Excédents d'exportations	**279**	**429**	**367**
Exportations totales	**988**	**1135**	**1027**
RAPPORT DES EXPORTATIONS AGRICOLES AUX EXPORTATIONS TOTALES	**59 %**	**58 %**	**58 %**
RAPPORT DES IMPORTATIONS AGRICOLES AUX IMPORTATIONS TOTALES	**21 %**	**19 %**	**19 %**

Les excédents d'exportations ont très notablement diminué, comme on le voit, pendant la dernière période de 1884-1888 ; et cette différence tient à une diminution des exportations coïncidant avec une augmentation des importations. Ce n'est pas là un phénomène isolé, surtout en ce qui concerne la diminution des exportations. Le commerce de l'Allemagne et celui de la France nous présentent des faits analogues.

C'est ainsi que les valeurs des produits agricoles sortis de l'empire allemand sont tombées de **640** millions de marks (1874-1878) à **491** (1879-1883), et à **313** millions pendant les cinq années suivantes (1884-1888). En Italie comme en Allemagne, les plus fortes réductions portent sur le bétail, les grains et farines, les chevaux, les laines, etc., etc. En France, elles se rapportent aux animaux de ferme, *à l'exception des chevaux*, aux céréales et aux soies.

V

Cette tendance si marquée à la baisse des valeurs correspondant aux exportations agricoles est-elle spéciale aux nations de l'Europe occidentale ? Nullement ; et en voici la preuve tirée de l'examen des tableaux officiels du commerce des États-Unis :

TABLEAU XIII. — **Exportations des États-Unis en millions de francs (non compris le coton).**

	1884-88	1879-83	1874-78
Animaux vivants	70.0	63.5	17.0
Céréales et farines	739.5	1155.0	700.0
Viande de porc	173.5	247.5	202.0
Bœuf frais	47.5	37.5	23.5
Bœuf salé	14.5	15.0	14.5
Beurre	13.5	23.0	11.5
Fromages	45.5	66.0	62.5
Saindoux	113.5	141.0	120.0
Porcs	24.5	32.0	28.0
Totaux	**1242 0**	**1780.0**	**1179.5**
Rapport des exportations agricoles aux exportations totales	**35 %**	**45 %**	**38 %**

L'augmentation considérable des exportations durant

la période 1879-1883 était tout exceptionnelle, et la prompte diminution qui survient à partir de 1884 le prouve aisément. On pourrait croire toutefois que cette réduction est provoquée par l'élévation des tarifs de douane en France, en Allemagne, etc. Ce serait une erreur ; et notamment les quantités de blé exportées des États-Unis ont diminué brusquement à partir de 1883, c'est-à-dire avant l'établissement de nos droits d'entrée votés en 1885. L'Allemagne importe fort peu de blés d'Amérique ; ses principaux achats consistent en seigles qui viennent de Russie et d'Autriche. L'élévation des tarifs de douane allemands n'ont donc pas exercé d'influence sur les exportations des États-Unis.

Il est en outre très utile de remarquer combien est faible le rapport des exportations agricoles *indiquées dans ce tableau* (1) aux exportations totales. Cette proportion a du reste diminué encore après la période d'exportations extraordinaires qui caractérisent les années comprises entre 1879 et 1884.

Si nous examinons maintenant la question à un point de vue plus général et plus élevé, est-il possible de savoir dans quelle mesure les États-Unis rendent les différentes nations de l'Europe « tributaires » de l'agriculture, de l'industrie, ou, en un mot, de la production américaine ? Un document officiel (2) publié à Washington tous les ans va nous permettre de répondre à cette question.

En 1888, les États-Unis exportaient en Europe **226** millions de dollars, et au contraire importaient **84** millions, ces deux sommes étant représentées par des marchandises. Voici maintenant comment étaient classées les

---

(1) Le *coton* ne figure pas en effet dans ce tableau.

(2) *Annual Report and statement of the chœf of the Bureau of statistic of the foreign commerce and navigation of the United States.* — Washington, 1888. — Voir page 86.

nations européennes d'après ce document américain (voyez tableau XIV).

TABLEAU XIV. — Commerce de l'Europe avec les États-Unis (1).

PAYS EXPORTANT plus qu'ils n'importent	EXCÉDENTS d'exportation.	PAYS IMPORTANT plus qu'ils n'exportent	EXCÉDENTS d'importation.
	millions de dollars.		millions de dollars.
FRANCE............	34	GRANDE-BRETAGNE....	183
Allemagne.........	22	Espagne...........	9
Suisse...........	13	Russie...........	7.7
Autriche-Hongrie...	8	Autres pays........	26.3
Italie............	5.6		
Autres pays........	3.4		
TOTAL.........	84.0	TOTAL..........	226.0

On voit que l'Angleterre est de toutes les nations d'Europe celle qui présente le plus gros excédent d'importations américaines. *Aux yeux des statisticiens de la République américaine, la France vient au contraire en première ligne parmi les nations qui exportent plus qu'elles n'importent.*

Ces faits se passent de commentaire.

Il était néanmoins utile de les mettre sous les yeux du lecteur pour lui permettre de bien saisir la physionomie générale et en même temps les particularités aussi curieuses que peu connues du commerce de l'Europe avec les États-Unis, d'après les documents américains.

Conclusion. — Nous sommes en droit de conclure maintenant, et d'affirmer l'exagération des craintes si souvent manifestées à propos de l'invasion des produits amé-

(1) Ce tableau se rapporte à l'année 1888, mais il suffirait de consulter le document cité pour voir que nous n'avons pas choisi une année exceptionnelle.

ricains venant des États-Unis. Une seule nation en Europe pourrait s'effrayer des masses énormes de marchandises qu'elle reçoit dans ses ports, et l'Angleterre, loin de s'émouvoir de sa dette, représentant 900 millions de francs, continue à laisser ses portes ouvertes toutes grandes.

Peut-on au moins soutenir que les exportations agricoles des États-Unis sous forme de céréales, de viande, de bétail, etc., etc., s'accroissent d'année en année avec une rapidité redoutable ? Assurément non ! Dans un intervalle de quinze années, depuis 1874 jusqu'à 1889, l'augmentation des exportations de la grande République américaine n'atteint guère que 300 millions de francs, sur lesquels 200 millions sont représentés par des céréales. C'est un accroissement moyen de 5 p. 100 en quinze ans, accroissement bien inférieur à celui des exportations totales, comme nous l'avons prouvé. En vain pourrait-on dire que ce sont les tarifs protecteurs établis chez quelques nations d'Europe qui ont arrêté le mouvement d'expansion des produits de l'agriculture américaine.

L'Angleterre, qui est le plus fort marché de céréales et de bétail, a laissé ses portes ouvertes ; en France l'élévation factice des prix a rendu inutiles les obstacles destinés à entraver les importations de froment.

Nous avons donc montré successivement, par l'étude du commerce international de l'Allemegne, de l'Italie et enfin des États-Unis, combien étaient fausses ou exagérées les idées généralement acceptées sur la supériorité de la production agricole de ces nations ou tout au moins sur la puissance redoutable de leurs exportations. Des faits nouveaux se sont produits, cela est incontestable ; des pays autrefois inconnus entrent dans l'arène commerciale, et se révèlent en quelque sorte à nous comme des nations agricoles ; mais c'est avec calme qu'il faut envisager une situation nouvelle et étudier les faits qui dissipent des craintes trop vives.

Notre intention en publiant ce travail a été de faire connaître des statistiques étrangères, et de tirer quelques conclusions intéressantes de leur étude. Ces recherches demanderaient à être poursuivies, nous ne l'ignorons pas, et celles que nous présentons aujourd'hui au lecteur ne se rapportent qu'à un petit nombre de pays. Il nous semble pourtant qu'en portant à la connaissance du public des faits qu'il ignore probablement, et en mettant à sa disposition des documents sérieux, nous aurons servi la cause de la vérité.

LE SOCIALISME ET L'AGRICULTURE

EN FRANCE

Le problème social.

L'homme n'est point capable de supprimer l'inégalité
des conditions, mais depuis bien des siècles il s'efforce
de la faire disparaître, il s'irrite de la voir subsister, et
après avoir complaisamment décrit toutes les injustices
qu'elle suppose, toutes les souffrances qu'elle provoque,
il menace de destruction cette société barbare qui laisse
vivre des riches à côté des pauvres.

Ce n'est pas, en effet, la richesse que l'homme voudrait
détruire; que souhaite-t-il, au fond de son cœur, si ce
n'est la richesse pour lui ou pour d'autres ?

Ce qu'il voudrait détruire, c'est le riche, le « possédant », celui qui se distingue de la foule par la supério-
riorité de sa fortune. Peu importe, en vérité, que la
condition générale des peuples vienne à s'élever, que leurs
besoins les plus impérieux soient mieux satisfaits, ou que
moins de souffrances les accablent. Comment la génération qui traverse la vie aurait-elle le loisir de comparer
son existence, ses ressources, ses satisfactions et ses
désirs à ceux de la génération disparue ? Ce que l'on voit,
c'est qu'il existe des hommes plus fortunés que soi; ce
que l'on sent, c'est l'épreuve présente, la déception
d'hier, le désir toujours plus vif d'un avenir meilleur

mêlé au regret de n'avoir pu saisir tout ce que l'on convoitait, tout ce que l'on ne possédera jamais parce que la vieillesse est peut-être déjà venue.

Voilà ce que l'homme a pensé de tout temps et ce qu'il pensera demain. Le « riche » a toujours été l'objet des anathèmes de ceux qui souffraient de l'inégalité des conditions. Or, nous en souffrons tous, puisque nous voudrions tous l'atténuer. On demandait, un jour, à Proudhon : Qu'est-ce donc que le socialisme ? C'est, répondit-il, toute aspiration vers l'amélioration de la société. — Mais, dans ce cas, lui disait-on, nous sommes tous socialistes. — C'est bien ce que je pense, répliquait Proudhon.

Entraînés par l'ardeur de leur pensée et la bonté de leur cœur que blessaient les inégalités sociales, les Pères de l'Église chrétienne n'ont pas davantage hésité à flétrir le riche et à le condamner. « En bonne justice, disait saint Clément, tout devrait appartenir à tous. C'est l'iniquité qui a fait la propriété privée. » — Saint Jean-Chrysostôme, plus audacieux, a écrit : « Le riche est un brigand. Il faut qu'il se fasse une espèce d'égalité en se donnant l'un à l'autre le superflu. Il vaudrait mieux que tous les biens fussent en commun. »

Bien des siècles après que la mort eut posé son sceau sur les lèvres de ces grands chrétiens, un évêque tenait encore ce langage : « Les sentiments et les aspirations du socialisme sont certainement chrétiens, écrivait-il en 1887. S'affliger de l'extrême inégalité des conditions, constater l'abîme qui sépare le pauvre et le riche, se déclarer partisan de la fraternité et de l'égalité essentielle de tous les enfants du même père, soutenir, non le droit abstrait à un salaire équitable, à une éducation suffisante, à une bonne demeure, à un repos nécessaire, mais la nécessité de faire obtenir tous ces bienfaits à ceux qui veulent en jouir ; si c'est là l'esprit du socialisme, c'est aussi l'esprit du christianisme. »

A défaut des joies de ce monde, le christianisme apportait aux déshérités une consolation et un espoir. Dans une autre patrie commune à toutes les âmes des souffrants une puissance souveraine devait donner cette égalité dans le bonheur que rien ne pourrait troubler désormais. Après le dur labeur du jour, chaque homme levant les yeux vers le ciel, se reprenait à espérer, et la prière s'envolant sur les ailes de la foi, emportait sa douleur en lui laissant la paix.

Notre génération ne se contente plus d'espérer, et elle ne sait plus croire. On lui a répété avec un enthousiasme sincère que la science avait renouvelé la face du monde, asservi la matière, multiplié sous toutes ses formes les richesses ou accru les loisirs. On a déployé sous ses yeux en mille occasions, toutes les merveilles de l'industrie moderne, et la foule n'a compris qu'une chose, c'est que la lutte était finie, c'est que le travail plus fécond serait moins âpre et moins prolongé, en même temps que les jouissances seraient plus faciles durant cet âge d'or. Ces promesses ont été vaines, et ces espoirs déçus. La terre n'a pas donné spontanément les récoltes abondantes qu'on voulait lui faire porter. Le labeur agricole ou industriel n'a pas été moins nécessaire, s'il est devenu plus productif. On rêvait une révolution soudaine, une abondance inespérée de toutes choses, et l'on se trouve en présence d'une réalité plus sévère. Le microscope à la main et le regard fixé sur des images amplifiées, l'homme a tressailli de joie, et il a voulu saisir ce qu'il voyait si clairement. L'étrange vision s'est évanouie ; la déception est d'autant plus cruelle que l'illusion avait été plus complète et plus décevante.

Au lieu de constater les progrès accomplis réellement,

la foule surprise et irritée n'en veut plus voir que l'insuffisance et la lenteur. C'est la société qu'elle accuse de l'avoir trompée en la berçant d'un espoir chimérique.

Un moment oubliées, les inégalités sociales apparaissent plus sensibles et plus choquantes.

En même temps, l'égalité des droits politiques reconnus à tous les citoyens dans notre pays, semble avoir pour conséquence l'égalité des conditions. Reconnu souverain, le peuple devra-t-il rester misérable ? Redoutable problème qui s'est toujours posé et auquel les sociétés démocratiques ont toujours dû répondre !

Comment se fait-il que la solution en soit si longtemps retardée ?

Pourquoi la loi souveraine n'abaisse-t-elle pas ceux qui se sont élevés, pour élever ceux qui détiennent, en définitive, le pouvoir souverain, puisqu'ils en ont délégué l'exercice à leurs mandataires ? S'il est vrai, comme on l'a répété, que l'aristocratie gouverne en vue de ses intérêts particuliers, pourquoi la démocratie ne chercherait-elle pas à niveler toutes les conditions au nom des intérêts de tous ? Que faut-il pour y parvenir, si ce n'est vouloir, et tout retard apporté à cette nouvelle révolution ne provient-il pas de quelque trahison coupable, de l'influence égoïste d'une caste détestée, de l'aristocratie, des riches défendant une fortune dont les dépouilles seraient assez belles pour faire disparaître à jamais la misère du pauvre et les souffrances des déshérités devenus rois.

Naguère, c'était la science et ses prophètes que le peuple accusait de l'avoir trompé en lui promettant un avenir plus riant, des plaisirs faciles, des jouissances sans labeur, des loisirs réservés jusque-là aux favoris de la fortune. La politique lui réserve-t-elle les mêmes déceptions, et armé de tous les pouvoirs, n'aura-t-il donc pas la force de détruire cette inégalité qu'il déteste, comme

la source de toutes les injustices et la cause de toutes ses
douleurs ?

Voilà, croyons-nous, ce que l'on appelle le problème
social, éternelle question que toutes les sociétés humaines ont dû étudier, qu'elles n'ont jamais résolue, et qui
est, aujourd'hui, plus brûlante, plus grave que jamais.

Elle est plus brûlante et plus grave parce que la foule
encore ignorante croit, cependant, mieux connaître ses
droits et sa force. Ne lui a-t-on pas dit que la force
donnait tous les droits ? Ne lui a-t-on pas répété que le
riche opprimait le pauvre parce qu'il en avait le pouvoir ?
Comment prouver demain à cette foule enivrée par sa
puissance, qu'elle aurait tort en opprimant à son tour les
puissants d'hier, au nom de la justice et pour établir
l'égalité entre les hommes ?

Il importe cependant de le prouver, non point dans le
but de soutenir les intérêts de ceux qui possèdent, mais
pour prévenir les dangers d'une révolution dont la stérilité nous paraît manifeste.

L'erreur de tous ceux qui croient pouvoir effacer l'inégalité des conditions consiste à supposer que cette inégalité est la conséquence d'une organisation sociale défectueuse. En modifiant cette organisation, ils admettent
sans hésiter qu'on réussirait à réaliser leur idéal chimérique.

C'est précisément là ce dont nous ne saurions convenir.

Ils prétendent que notre état social a pour effet de
rendre le riche de plus en plus riche et le pauvre de
plus en plus pauvre.

C'est le contraire qui nous semble vrai.

Certes, nous ne pouvons songer à passer en revue dans
cet article les principaux systèmes socialistes, à signaler
les critiques de notre constitution sociale, et à discuter

la valeur des plans de réforme qui nous sont exposés.

Nous nous proposons simplement d'examiner les reproches qu'adressent les socialistes, au système actuel d'appropriation et d'exploitation du sol. A leurs yeux, la propriété privée de la terre n'est pas seulement funeste dans ses conséquences, elle est encore injuste dans son origine.

Tous les modes d'exploitation méritent les mêmes critiques parce qu'ils donnent lieu aux mêmes abus. La propriété privée du sol aussi bien que le mode d'exploitation par des entrepreneurs de culture, rejette dans la classe des prolétaires et des misérables tous ceux qui devraient avoir leur place marquée au banquet de la vie. La terre est devenue ou tend à devenir la proie de quelques hommes : cette nouvelle féodalité plus cruelle est plus insolente que l'ancienne, chasse le paysan de son domaine et en fait un salarié sans indépendance et sans appui. En même temps, la grande culture se substitue à la petite ou à la moyenne, et l'abîme devient de plus en plus profond entre le capitaliste qui exploite le sol et l'employé qui loue ses bras.

Ce qu'il convient de faire, c'est de rendre à l'homme dépouillé par la société et ses lois, une part du sol de la patrie qu'il doit défendre aujourd'hui sans la posséder.

Ce que l'on doit supprimer, c'est le système d'exploitation qui fait d'un entrepreneur de culture l'arbitre de la destinée des salariés qu'il emploie sans leur donner la part du produit qu'ils ont, seuls, obtenu par leur labeur.

Tel est le réquisitoire prononcé contre le régime actuel de la propriété et de la culture. La question est double puisqu'il s'agit à la fois du droit de propriété et des modes d'exploitation.

Nous examinerons à ces deux points de vue les critiques auxquelles se livre, et les solutions que propose le socialisme contemporain.

Le socialisme agraire.

LA PROPRIÉTÉ COLLECTIVE DU SOL

Il y a plus d'un siècle, J.-J. Rousseau écrivait ces lignes : « Le premier qui ayant enclos un terrain, s'avisa de dire : ceci est à moi, et trouva des gens assez simples pour le croire, fut le vrai fondateur de la société civile. Que de crimes, de guerres, de meurtres, que de misères et d'horreurs n'eût point épargnés au genre humain celui qui, arrachant les pieux ou comblant le fossé, eût crié à ses semblables : gardez-vous d'écouter cet imposteur ; vous êtes perdus si vous oubliez que les *fruits sont à tous* et que *la terre n'est à personne* (1). »

Les socialistes ne tiennent pas, aujourd'hui, un autre langage. Le droit de propriété appliqué au sol est, à leurs yeux, la source des inégalités sociales. Dépouillé fatalement du droit primitif qu'il possédait de cultiver une parcelle de la terre commune, le déshérité est devenu un prolétaire. Le droit absolu reconnu à quelques hommes sur le sol, et l'appropriation définitive du territoire cultivable fait de tout enfant qui naît pauvre un être voué à la misère, à la dépendance ou à la mort.

Les hommes, d'ailleurs, ont-ils commencé par reconnaître ce droit absolu, personnel et héréditaire d'une personne sur une portion du sol ? En aucune façon.

« Ce droit, écrit M. de Laveleye, est un fait très récent. Pendant bien longtemps, les hommes n'ont connu et pratiqué que la possession collective. Puisque l'orga-

______

(1) J.-J. ROUSSEAU. *Discours sur l'origine et les fondements de l'inégalité parmi hommes.*

nisation sociale a subi de si profondes modifications à travers les siècles, il ne doit pas être interdit de rechercher des arrangements sociaux plus parfaits que ceux que nous connaissons. Nous y sommes même obligés sous peine d'aboutir à une impasse où la civilisation périrait (1). »

Que faut-il donc faire pour épargner à notre nation la destinée des démocraties antiques qu'a perdues la lutte inévitable des riches et des pauvres ? Il faut rendre à tout être venant en ce monde sa part inaliénable, la jouissance d'une partie du sol. Ce sont des spoliations et des violences, qui ont dépouillé l'humanité de ce patrimoine ; la justice commande de le lui restituer. Possédée en commun, la terre sera allotie comme autrefois, et répartie entre les familles d'après le nombre de leurs membres et les besoins qui en résultent.

C'est l'âge d'or qu'on verra revenir, assurent certains socialistes. Voici, par exemple, un de ceux qu'on a nommés « socialistes de la chaire », M. de Laveleye, qui nous dit : « Il est certains pays où la démocratie la plus radicale s'est maintenue à travers les âges sans qu'ils aient passé par la féodalité et la royauté, et où la liberté la plus complète a régné sans aboutir à la lutte des classes et à la guerre sociale. Ce sont les cantons forestiers de la Suisse. Là on retrouve le gouvernement direct rêvé par J.-J. Rousseau. Le peuple entier réuni dans ses comices fait la loi, nomme tous ses magistrats et gouverne par lui-même, exactement comme dans les républiques grecques. Mais ici le but, en vain poursuivi par les législateurs antiques, a été atteint. Comme le voulait Aristote, une grande égalité des conditions a été maintenue, et ainsi l'égalité politique n'a pas conduit au despotisme à travers l'anarchie.

____

(1). E. DE LAVELEYE. *De la propriété et de ses formes primitives*, préface, p. XXI.

« *On a respecté la forme primitive de la propriété qui, seule conforme au droit naturel, permet seule aussi à la démocratie véritable de durer sans jeter la société dans le désordre...* Dans toutes les sociétés primitives, en Asie, en Europe et en Afrique, chez les Indiens, chez les Slaves et les Germains, comme aujourd'hui encore en Russie et à Java, le sol, propriété collective de la tribu, était périodiquement partagé entre toutes les familles, de façon à ce que toutes pussent vivre de leur travail suivant les commandements de la nature. L'aisance de chacun était en proportion de son activité, de son intelligence ; tout au moins nul n'était complètement destitué des moyens de subsister, et l'inégalité héréditaire et croissante était prévenue.

« Dans la plupart des pays, cette forme primitive de la propriété a fait place à la propriété quiritaire, et l'inégalité des conditions a eu pour conséquence la domination des classes supérieures et l'asservissement plus ou moins complet du travailleur... L'ancien droit germanique avait un mot admirable pour désigner les habitants d'un village ; il les appelait *geerften*, « les héritiers ». Tous les enfants de la même famille communale avaient droit, en leur qualité d'homme, à une part d'héritage. Nul n'était jamais un « déshérité ». La coutume germanique et slave qui assurait à chaque homme la jouissance d'un fonds dont il pouvait tirer sa subsistance est seule conforme à la notion rationnelle de la propriété (1). »

Pour rendre à l'homme sa félicité primitive, Rousseau lui conseillait de revenir à l'état de nature. Le conseil était, sans doute, excellent, mais bien difficile à suivre.

« Il prend envie de marcher à quatre pattes quand on lit votre ouvrage, écrivait Voltaire à l'auteur du *Discours*

____

(1) E. DE LAVELEYE. *Loc. cit.* Préface de la première édition, p. XXVI.

sur l'inégalité ; cependant comme il y a plus de soixante ans que j'en ai perdu l'habitude, je sens malheureusement qu'il m'est impossible de la reprendre, et je laisse cette allure naturelle à ceux qui en sont plus dignes que vous et moi. »

La thèse soutenue par M. de Laveleye mérite pour réponse autre chose qu'une épigramme. Mais on peut lui dire également que nous sommes un peu vieux pour vivre maintenant de la vie de nos pères dans les forêts de la Germanie ou de la Gaule.

Si demain le patrimoine collectif de chaque commune rurale était constitué ou agrandi, quel usage en serait fait ? Verrait-on beaucoup de citadins quitter l'usine ou l'atelier, le magasin ou le bureau pour manier la bêche et saisir les mancherons de la charrue ? Il est permis d'en douter ; supposons, cependant, que beaucoup veuillent revivre de la vie des champs et réclament une part de l'héritage collectif dans la commune où ils sont nés. Il ne suffit pas de posséder une terre ou d'en avoir la jouissance pour lui faire porter des récoltes.

Où sont pour ces déshérités les instruments, le bétail, les semences que nul n'a pris soin de leur réserver ?

Où se trouvent la grange et l'étable, la hutte ou la chaumière dont ils ont besoin ?

Quelles avances leur permettront d'attendre la récolte ou de parer à son insuffisance ?

La société généreuse envers ces déshérités leur donne à cultiver quelques hectares de terre. A-t-elle garanti du même coup leur indépendance, assuré leur bien-être, ou remédié seulement à leur misère ? Ayons le courage de ne pas nous laisser abuser par une illusion. L'homme a la jouissance gratuite d'une terre ; cela est vrai, mais il ne possède rien de ce qui est indispensable pour l'exploiter. Le domaine du prolétaire est de 2, de 3, de 10 hectares peut-être ; soit, nous y consentons bien volontiers. Ce qu'il reçoit en réalité, c'est la jouissance gratuite d'un lot de terre qu'il ne pourra pas cultiver. Pour devenir réellement agriculteur il lui faudrait disposer d'un capital dix fois supérieur à la valeur locative du sol nu auquel il a droit. Mais s'il possède ce capital qui l'empêche aujourd'hui même de devenir un entrepreneur de culture ? S'il ne le possède pas, qui devra donc le lui fournir ? La société, répondent les socialistes ! Et en effet, la logique veut qu'après avoir établi au profit de tous la propriété collective du sol, on fonde également, au profit de tous, la propriété collective des autres instruments de production.

Le bétail et les semences, le chariot et la charrue, la grange et l'étable, la maison ou la chaumine ne sont pas moins utiles à l'homme que la terre. Il faut tout donner ou ne rien promettre.

Mais la société, encore plus généreuse, a promis et elle veut tenir ses promesses. C'est la terre, tout d'abord, qu'il s'agit de donner. Les mains sont tendues ; que va-t-on leur jeter ? Le territoire agricole de la France a une surface de 49 millions d'hectares ; malheureusement, il faut retrancher de ce chiffre 6 millions d'hectares de landes et terrains incultes, plus 3 millions d'hectares de forêts appartenant déjà à l'État ou aux communes. On ne pourrait donc mettre à la disposition du peuple ou lui restituer que 40 millions d'hectares susceptibles d'être cultivés (1). Supposons que le tiers de la population, insensible aux séductions de la propriété foncière collective, s'obstine à s'occuper de commerce, d'industrie, de transports, et séjourne dans les villes. Il reste environ 7 millions de familles qui devraient avoir une part du sol national, et une part égale, sans doute, pour mieux res-

(1) Voir l'*Enquête agricole* de 1882.

pecter le droit naturel dont chacun est investi en venant au monde. Le lot commun à tous les groupes qui représentent 7 millions de familles sera donc inférieur à 6 hectares ! Le problème social est résolu ; l'égalité règne parmi les hommes. Étrange illusion ! L'inégalité est aussi marquée, l'envie aussi exaspérée; les plaintes sont aussi vives que par le passé. Le lot assigné à chacun est d'égale *étendue*, mais il n'est pas d'égale *valeur !* 6 hectares de bonne terre en Beauce sont plus productifs que 6 hectares découpés sur les craies de la Champagne ou sur les sables des Landes. Dans l'intérieur de chaque commune, d'inconcevables inégalités de fertilité existent entre les parcelles. De nouveaux « déshérités » se plaignent avec amertume, et l'on se demande en vain comment, il y a deux mille ans, les Germains avaient fait pour prévenir ou corriger d'aussi regrettables inégalités naturelles et sociales.

Les habitations, les bâtiments d'exploitation, les instruments de culture et tous les capitaux n'ont pas été non plus très équitablement répartis.

Bref, personne n'est content. Les moins satisfaits, à vrai dire, sont encore ceux dont les propriétés ont été « socialisées » et que les communes sourdes à leurs pressantes réclamations ont oublié d'indemniser. Les propriétaires des bestiaux sur lesquels a été également exercée une revendication collective se prononcent même hardiment contre la spoliation légale dont ils se prétendent les victimes.

Avons-nous réellement assombri le tableau ? Il nous est impossible de le penser. La chimère de l'appropriation collective du sol doit être dépouillée du masque séduisant qu'on lui a donné et qui nous trompe. On n'impose pas impunément à un peuple des institutions disparues depuis deux mille ans, et qui pouvaient seulement convenir à des hordes presque sauvages campées dans quelque steppe à la lisière des forêts où elles chassaient.

Quel a, d'ailleurs, été le mérite véritable de ces coutumes ? Ont-elles donc préservé les familles humaines qui les avaient adoptées de l'inégalité sociale, du despotisme et de la lutte des classes ? L'histoire répond pour nous.

Il ne semble pas, en effet, que la propriété collective du sol ait assuré le bonheur ou la paix au sein de toutes les tribus qui campaient en Europe à l'âge d'or dont nous parlent les socialistes. La guerre incessante, les pillages, les meurtres et l'esclavage ne marquent-ils pas de traits indélébiles ces civilisations primitives, qui nous sont aujourd'hui proposées comme modèles ? Pourquoi, d'ailleurs, cette institution bienfaisante de la communauté des terres a-t-elle partout disparu, alors que tous les hommes libres, égaux en droits, et protégés par la propriété collective contre l'inégalité des conditions, avaient un même intérêt, celui de maintenir les vieilles coutumes ? Chose étrange, c'est en Germanie que la propriété commune des terres préservait la société des maux qu'engendre l'inégalité, et c'est précisément de Germanie que nous est venu le système féodal avec son organisation basée sur l'inégalité des conditions sociales ?

Nous n'exagérons rien en ce moment. M. de Laveleye convient lui-même que cette transformation des institutions est difficilement explicable : « Comment, dit-il, l'aristocratie, puis le despotisme se sont-ils introduits dans les sociétés où le maintien de l'égalité était garanti par une mesure aussi radicale que le partage périodique des terres ; en d'autres termes, comment les démocraties primitives se sont-elles féodalisées ?

Dans beaucoup de pays, en Angleterre, en France, dans l'Inde, dans la péninsule Italique, l'inégalité et l'aristocratie ont été le résultat de la conquête ; mais comment se sont-elles développées dans les pays comme l'Allemagne qui n'ont point connu de conquérants venant constituer au-dessus des vaincus asservis une caste privilégiée ? A l'origine, nous voyons en Germanie des associations de paysans égaux et libres. A la fin du moyen âge, on trouve, dans ce même pays, une aristocratie féodale plus lourdement assise sur le sol, et une population rurale plus asservie que celle de l'Angleterre, de l'Italie ou de la France. Comment le régime féodal avec sa hiérarchie de classes subordonnées les unes aux autres, est-il venu en Allemagne remplacer un régime où l'inégalité était garantie par le partage périodique des terres ? C'est là une question qui n'est pas très bien éclaircie (1). »

Constatons, tout d'abord, que le collectivisme agraire n'a pu suffire à préserver du despotisme et de l'inégalité les peuples qui l'avaient adopté. Peut-on nous prouver que ce régime imposé demain à ceux-là mêmes qui le repousseraient, préserverait d'un pareil sort nos vieilles sociétés ?

Il faudrait avoir une bien aveugle confiance dans les vertus magiques de la propriété collective pour oser répondre affirmativement à cette question.

Nous croyons, en effet, que le régime de la communauté des terres a été fort général il y a quelques milliers d'années. Mais ce sont des circonstances spéciales à la vie des tribus humaines campant au milieu des forêts ou des steppes, qui expliquent tout à la fois l'origine et le maintien de la propriété collective des terres. Pourquoi l'homme devant lequel s'étendait la lande, la forêt ou la prairie, aurait-il cherché à s'approprier une parcelle de cette surface ? Personne ne lui en interdisait l'usage ;

____

(1) E. DE LAVELEYE. *Op. cit.*, p. 411.

personne ne songeait qu'un jour la terre pût manquer, puisque alors d'immenses étendues restaient libres et sans possesseurs. Il suffisait donc de faire respecter simplement la portion de territoire dont la tribu avait besoin pour la nourriture de ses troupeaux et la culture des plantes nécessaires à l'alimentation des familles groupées sur quelque colline ou au bord de quelque cours d'eau.

Ce que l'on répartissait entre les membres de la tribu c'était les terres voisines du village ou du camp.

Combien de temps dura ce régime ? Personne ne peut le dire aujourd'hui. Comment le régime féodal fut-il substitué à l'organisation sociale antérieure ? Nous ne le savons pas davantage.

Ce dont nous sommes sûrs, c'est que la propriété privée existait déjà au moment où la possession collective du sol paraissait l'exclure.

Il s'est toujours trouvé des hommes qui ont préféré la propriété exclusive à la jouissance précaire d'un lot de terre tiré au sort. C'est là un fait incontestable et dont la portée est considérable. On se trompe donc lorsque l'on affirme que le droit absolu du propriétaire moderne est tout récent et qu'il a été constitué au profit d'une classe de privilégiés pour asseoir leur domination.

Sur quelle base reposait le droit exclusif du propriétaire, au temps où la plupart des hommes se contentaient encore de la jouissance collective des terres ? Ce droit, respecté des hordes guerrières elles-mêmes, reposait sur cet autre droit naturel au nom duquel nous garantissons à tout homme les fruits de son travail.

Personne ne conteste même cette vérité : *Celui qui clôturait un terrain vague, ou une partie de la forêt commune pour la cultiver en devenait propriétaire héréditaire.*

M. de Laveleye dit à ce propos : « Les terres ainsi

défrichées échappèrent au partage ; on les appelait pour ce motif *exortes* en latin, et en langue teutonne *bifang*, du verbe *bifâhan*, qui signifie saisir, entourer, enclore. Le mot *porprisa*, en français *pourpris*, *pourprins*, a exactement le même sens. *Beaucoup de titres des premiers temps du moyen âge donnent pour origine aux propriétés auxquelles ils se rapportent l'occupation dans le désert ou sur un sol vacant,* IN EREMO. *En France, les chartes des deux premières dynasties en font très souvent mention. Les coutumes en parlent comme d'un moyen ordinaire d'acquérir la propriété* (1). »

Ainsi, on n'en saurait douter, le droit absolu de propriété est fondé sur l'occupation d'une surface sans possesseur, il est légitimé aux yeux de tous par le travail de celui qui défriche, c'est-à-dire, en définitive, par une transformation analogue aux transformations industrielles. Certes, l'homme n'a pas fait la terre, mais il l'a rendue féconde par son labeur, et c'est le fruit de son travail que respectaient les barbares en lui reconnaissant un droit absolu sur le sol auquel il avait fait porter des récoltes. Ni la violence, ni la ruse n'expliquent et ne condamnent en même temps l'appropriation privée de la terre. Au moment même où elle apparaît, le droit sur lequel elle se fonde semble si légitime que nul ne le conteste.

En a-t-il toujours été ainsi ? Certes non. Pourquoi ? Parce que, après s'être disputé leurs bestiaux et leurs esclaves, les hommes se sont disputé la terre, cette autre richesse devenue plus rare à mesure que la population s'accroissait. Au sein même de la tribu, l'inégalité des conditions apparaît ; le régime féodal est fondé. La propriété collective n'a pas pu préserver la société de cette transformation. — Mais la société féodale elle-même se transforme

(1) LAVELEYE. *Op. cit.*, p. 408, chapitre intitulé : De l'origine de l'inégalité de la propriété foncière.

bientôt. De plus en plus nombreux et étendus, des lambeaux de territoire sont distraits du domaine seigneurial ; le travailleur s'en empare, ses droits s'affirment et s'étendent, le nombre des petits propriétaires s'accroît.

Étrange ironie du sort ! Le régime féodal succède à l'état social qui reposait sur le partage périodique des terres communes. Quelques siècles plus tard, la petite propriété naissait, en France, tout au moins, et son développement marquait la fin du régime féodal qui s'écroulait peu de temps après.

Quelle nouvelle révolution s'était donc opérée ? Une révolution égalitaire, cela est évident, c'est-à-dire une transformation absolument différente de celle qui avait marqué l'avènement de la féodalité.

Certes, les seigneurs ne se firent aucun scrupule de s'emparer du domaine collectif de la commune et de maintenir dans la plus étroite dépendance la population rurale établie sur leurs propriétés. Les exigences mêmes de la culture devaient provoquer une amélioration de la condition des travailleurs ruraux. Il fallait, en effet, tirer parti du sol et l'exploiter. Pour intéresser à cette œuvre le serf lui-même, les seigneurs n'eurent pas de meilleur parti à prendre que de lui concéder la jouissance d'un fonds, jouissance le plus souvent héréditaire, moyennant une redevance. Telle est l'origine du bail à cens, du bail à rente, et de l'emphytéose, conventions qui ont servi à démontrer une fois de plus la supériorité du travail libre sur le travail des esclaves ou des serfs. Moins dépendants et bientôt plus riches, les cultivateurs se sont, enfin, affranchis des liens qui les rattachaient au seigneur.

La petite propriété est née.

Est-ce là une conséquence de la Révolution de 1789 ? En aucune façon.

Arthur Young visitait la France en 1788, et voici ce qu'il disait à ce propos : « Dans les observations précédentes, je n'avais en vue que les fermes louées à rente ; mais il y a en outre, dans *toutes* les provinces de la France, de petites terres exploitées par leurs propriétaires. Le nombre en est si grand que je penche à croire qu'elles forment le tiers du royaume. »

Sans doute, le voyageur exagère, mais l'exagération est le mensonge des honnêtes gens, et Young nous paraît homme de bien puisqu'il convient sans détour des mérites de la petite culture si méprisée dans son pays. — N'a-t-il pas rencontré, pourtant, la misère partout où la propriété a été acquise par le paysan ? Le voyageur est précisément dans le Béarn, auprès de Pau ; ce sont des petites propriétés qu'il visite, et il nous conte ses impressions, sans recherche, sans emphase, mais avec un charme pénétrant. « En prenant la route de Moneins, je suis tombé sur une scène si nouvelle pour moi que j'en pouvais à peine croire mes yeux. Une longue suite de chaumières, bien bâties, bien closes et confortables, construites en pierre et couvertes en tuiles, ayant chacune son petit jardin entouré d'une haie d'épines nettement taillée, ombragé de pêchers et d'autres arbres à fruits, de beaux chênes épars dans les clôtures, et çà et là de jeunes arbres traités avec ce soin, cette attention inquiète du propriétaire que rien ne pourrait remplacer. De chaque maison dépend une ferme parfaitement enclose ; le gazon des tournières dans les champs de blé est fauché ras, et les champs communiquent ensemble par des barrières ouvertes dans les haies... Partout on respire un air de propreté, de bien-être et d'aisance qui se trouve dans les maisons, dans les étables fraîchement construites, dans les petits jardins, dans les clôtures, dans la cour qui précède les maisons, jusque dans les mues de volailles et les toits à porcs (1). »

La propriété privée n'a donc pas toujours engendré la misère, et le bonheur des paysans béarnais nous semble égaler la félicité des anciens Germains.

La propriété privée a encore un autre avantage. « L'industrie des petits propriétaires éclate d'une façon si remarquable, si méritoire qu'il n'y a pas pour elle de louanges trop grandes. Cela seul suffit à prouver que la possession du sol est le stimulant le plus énergique à un travail rude et incessant, et telle est l'étendue, la force de ce principe, que je ne sais pas de moyen plus sûr de mettre en valeur le sommet des montagnes que de les partager entre les paysans (2) ! »

Il ne s'agit plus ici d'une étude historique nécessairement imparfaite sur les mérites passés d'une institution disparue. La terre est appropriée, et un observateur impartial, venant d'un autre pays, nous atteste lui-même les avantages de ce droit nouveau. Sans avoir eu recours à une révolution violente, le travailleur rural a su acquérir l'héritage qu'il cultive. Son aisance n'est pas contestable, son activité et ses succès sont la conséquence du droit même qu'il a conquis par son travail. Est-il possible de le lui enlever, et acceptera-t-il volontiers en échange la jouissance précaire d'une portion du sol communal ? Il est permis d'en douter.

Les socialistes eux-mêmes hésitent à dépouiller le petit propriétaire. « Le petit champ, dit l'un deux (3), est l'outil du paysan comme la varlope est celui du menuisier et le bistouri celui du chirurgien. Le paysan, le menuisier et le chirurgien n'exploitant personne avec leur instru-

. (1) YOUNG. *Voyage en France*, t. I, p. 76.
(2) YOUNG. *Op. cit.*
(3) LAFARGUE. *La propriété paysanne et l'évolution économique.*

ment de travail, n'ont pas à redouter de se les voir enlever par une révolution socialiste. »

La précaution est fort sage, et c'est là une prudente dérogation au principe de l'égalité. Le caractère chimérique des réformes socialistes est pourtant visible dans le passage cité plus haut. « Le petit champ, dit l'auteur, est l'outil du paysan comme la varlope est celui du menuisier. » C'est là une grossière erreur, et une comparaison inexacte. La terre n'est que l'un des agents de la production agricole, et le cultivateur qui ne posséderait que cet instrument serait aussi pauvre que le dernier des prolétaires, il lui manquerait tous les capitaux sans lesquels l'homme est impuissant à exploiter les facultés productives du sol. Nous l'avons prouvé plus haut, et nous avons montré en même temps que l'attribution d'un lot de terre devait être complétée par la concession de ce que l'on nomme un capital d'exploitation.

Remarquons, en outre, que le respect de la petite propriété est aussi peu logique qu'il est dangereux.

Qu'est-ce qu'une petite propriété ? La définition en est nécessairement arbitraire. Tiendra-t-on compte de la surface ou de la valeur, de la nature des cultures, ou du mode d'exploitation ? Autant de problèmes qu'il est impossible de résoudre par une formule, sans blesser l'équité et sans consacrer des inégalités au lieu de les effacer.

Si l'on respecte le droit de propriété pour quelques-uns, au nom de quel principe de justice sociale se contentera-t-on de garantir la simple jouissance d'un lot de terre à ceux qui ne possèdent rien aujourd'hui ?

Pour faire droit aux revendications des « déshérités », où prendra-t-on demain les terres qu'ils peuvent réclamer ? Nulle parcelle n'est aujourd'hui sans maître ; il faudra donc exproprier une partie de la nation au profit des propriétaires nouveaux.

« Les grands biens ruraux, dit M. Lafargue, seront arrachés des serres de la nouvelle aristocratie terrienne. »

« Il est nécessaire, écrit M. Guesde, de réunir le capital et le travail dans les mêmes mains, ou mieux de nationaliser la propriété. Il n'y a que trois moyens d'y arriver : le rachat, l'expropriation avec indemnité ou la reprise violente du patrimoine commun. » Puis, l'auteur conclut en en ces termes : « L'expropriation avec indemnité est une chimère autant, sinon plus que le rachat. Et, quelque regret qu'on en puisse éprouver, quelque pénible que paraisse aux natures pacifiques le troisième et dernier moyen, nous n'avons plus devant nous que la reprise violente sur quelques-uns de ce qui appartient à tous, disons le mot : la Révolution (1). »

Respectable et respecté, lorsqu'il s'agissait de ce domaine mal défini qui se nomme petite propriété, le droit de l'homme sur la terre n'est plus qu'un privilège odieux dès que nous sommes en présence d'un plus grand héritage.

Singulière logique, en vérité, ou étrange aberration des esprits que blesse la supériorité de toute fortune ! Pour réaliser leur idéal chimérique c'est l'expropriation violente qu'ils acceptent et qu'ils préconisent. Cette première expropriation doit être, en outre, suivie d'une seconde reprise violente exercée sur les autres agents de production aussi indispensables que la terre à l'exercice de l'industrie agricole.

Allons encore plus loin ; cherchons ce que valent les richesses produites par l'agriculture et attribuées aux propriétaires ! Sans doute ces richesses sont immenses, et il suffirait de les répartir entre les familles agricoles pour faire régner l'abondance dans toutes les chaumières !

---

(1) JULES GUESDE. *Collectivisme et révolution.*

Quelle déplorable illusion, et avec quelle force un semblable calcul démontre l'erreur de ceux qui croient pouvoir effacer la misère en... abolissant la richesse !

En 1879, le revenu net des biens-fonds ruraux de toute nature ne dépassait pas 2 milliards 645 millions de francs. La crise actuelle a diminué ce chiffre, mais nous le laisserons subsister. En revanche, on ne peut manquer de faire remarquer qu'il comprend le produit de terres et de forêts appartenant déjà à l'État, aux départements, aux communes, aux établissements de bienfaisance. Nous ferons également observer que chaque domaine est l'objet des soins d'un propriétaire intéressé à en accroître le revenu et la valeur ; l'appropriation collective faisant disparaître cet intendant zélé, intègre et toujours vigilant, ne pourrait que diminuer le revenu de la terre. Supposons malgré tout que ce revenu atteigne 2 milliards 500 millions de francs ! Il faut en déduire encore les impôts que les propriétaires eux-mêmes doivent acquitter. Le retranchement à opérer de ce chef, pour les seules taxes directes et réelles, s'élève à 300 millions de francs en chiffres ronds. Il reste 2 milliards 200 millions de francs à répartir entre les familles agricoles. Or, on comptait en France lors du dernier dénombrement (1891), 17,435,000 personnes constituant le groupe professionnel de l'agriculture et correspondant, environ, à 4 millions de familles. Chacune d'elles aurait donc un revenu de 550 francs si on lui attribuait sa part. Ainsi, les petits propriétaires aussi bien que les grands ont été dépouillés, et ces immenses richesses que l'imagination leur attribue si libéralement ne peuvent pas permettre d'assurer à chaque famille agricole plus de 550 francs! En réalité, ce chiffre est beaucoup trop fort. Nous avons dépouillé tous les propriétaires ruraux, et nous avons partagé leurs revenus entre les habitants des campagnes. Mais tous les propriétaires fonciers n'habitent pas les champs et ne figurent pas dans le groupe professionnel agricole. On en compte probablement 1,300,000 (1) qui n'exploitent pas eux-mêmes et résident à la ville. En se voyant dépossédés ils auraient bien le droit de demander leur part des revenus communs !

C'est donc entre 5 millions de familles qu'il faudrait répartir 2.200,000,000 de francs de revenus fonciers. Le lot de chacune d'elles n'est même plus de 550 francs, il tombe à 440 francs !

Enfin, si l'on admet que nul être ne puisse être dépouillé de sa part commune, c'est entre 10,600,000 ménages ou familles (2), que doivent être divisés les revenus des propriétaires ruraux. Le lot de chacun s'abaisse au chiffre dérisoire de 207 francs !

Voilà donc à quel résultat misérable pourrait aboutir une révolution agraire dans notre pays. Voilà quelles sont les immenses richesses accaparées par les propriétaires fonciers. Ces inégalités sociales monstrueuses dont on nous parle, dérivent de cette primitive inégalité introduite dans l'appropriation du sol. D'un trait de plume, nous renversons l'édifice construit par les privilégiés, nous nivelons toutes les conditions; châtelains et paysans sont chassés de leurs castels ou de leurs chaumières. Comme une faux tranchante, la révolution égalitaire a fait tomber tous les épis qui s'élevaient au-dessus des champs. La récolte est à terre, l'abondance va régner. Vain espoir des esprits généreux, épris de charité et de justice ; étrange déception pour ceux qui consentiraient à vivre pauvres, à la condition que personne ne fût riche ! « La vraie question sociale, dit un prophète, la seule question sociale est la question agraire, la question du

<hr>

(1) Voyez *Enquête agricole* de 1882, introduction, p. 316.
(2) Voir le *Dénombrement* de 1891. Introduction, p. 105. 1 vol. in-4°. Imprimerie nationale, 1894.

sol. Toutes les autres questions sociales dépendent de celle-là (1). » Eh ! bien cette question est résolue, la terre appartient à tous, et les récoltes sont détachées de cette terre qui les portait. On fait le partage, et chaque famille touche 207 francs !

Où peut-on donc trouver la solution du problème ? Quels sont les riches qu'il faut dépouiller pour que la pauvreté ne soit plus qu'un mauvais rêve ? Sans doute on doit chercher ailleurs que dans les champs, ces trésors dont l'homme qui travaille a été depuis des siècles dépouillé par les générations des oppresseurs. Or, voici la fortune des Français (2) :

Terres...	90 milliards.
Maisons...	50 —
Valeurs mobilières................................	80 —
Meubles, vêtements, objets de consommation.	12 —
Monnaies...	8 —
Total...............	200 milliards.

Peut-on partager cette masse énorme ? Nullement. Parmi les valeurs mobilières figurent 40 milliards de rentes sur l'État ou autres créances analogues qui ne constituent pas une richesse, mais une dette productive d'intérêt, et ces intérêts sont prélevés au moyen de l'impôt sur les revenus des citoyens. Que reste-t-il, en définitive, à titre de richesses réelles et partageables ? 160 milliards environ ! Puisqu'il existe, en France, 10,600,000 ménages ou familles, la somme distribuée à chacun de ces groupes s'élèverait à 15,000 francs ! Quel revenu correspondrait à cette misérable part ? A peine 750 francs, et il faut, pour cela, supposer que ni la terre, ni les maisons, ni les valeurs mobilières ne diminueraient

(1) *Revue socialiste*, par B. Malon, juin 1888, p. 167.
(2) Voir la *France économique*, par M. de Foville, p. 519.

de valeur après la grande expropriation sociale. Il faut, en outre, admettre que le travail de l'homme serait aussi âpre et aussi productif que par le passé, car la terre ne porterait, sans travail, aucune récolte, et tous les autres revenus, depuis le loyer des maisons jusqu'aux coupons des valeurs mobilières, ne représentent pas autre chose qu'une partie de la production humaine, le résultat de la collaboration aujourd'hui si féconde des capitaux et du travail.

Elle est donc bien profonde cette erreur des hommes qui nous répètent : « Il suffirait de prendre aux riches pour que personne ne fût pauvre. »

En réalité, la solution de la question sociale est tout autre que celle-là. Ce ne sont pas les parts qu'il faut rendre moins inégales, c'est la masse à partager qu'il convient d'augmenter.

Accroître la production : voilà le but auquel on doit tendre. Tout ce qui peut contribuer à décourager le producteur n'est pas seulement contraire aux intérêts de celui qui possède ; les intérêts de ceux qui travaillent pour le pain de chaque jour ne sont pas liés moins intimement au développement de la richesse sous toutes ses formes. Or, nous en avons la conviction profonde, armer l'une contre l'autre la classe de ceux qui possèdent parce qu'ils ont travaillé, et la foule qui travaille pour avoir le droit de posséder un jour, abolir la propriété, menacer l'homme qui épargne, flétrir au nom d'une prétendue justice sociale, celui qui est plus riche que son semblable, toute cette œuvre de haine et d'envie a pour conséquence fatale d'arrêter ou de ralentir le développement de la production.

Le socialisme agraire n'est qu'une forme du socialisme général. Ce que nous disons ici de la production humaine, s'applique à la production agricole. A mesure que celle-ci s'accroîtra, la condition sociale des « déshérités » deviendra plus heureuse. En même temps, la part relative attribuée aux propriétaires diminuera à mesure que la richesse de la culture se développera. En 1789, le produit brut de l'agriculture s'élevait en France à 2,700 millions et le revenu des propriétaires atteignait 1,100 millions de francs. La part de ces derniers était donc de 40 p. 100.

En 1882, moins d'un siècle plus tard, ce rapport s'abaisse à 24 p. 100, puisque le revenu net des terres n'est plus que de 2,645 millions pour un produit brut agricole qui dépasse 11 milliards. Nous indiquerons bientôt les raisons qui expliquent la hausse absolue des revenus fonciers, hausse que les socialistes considèrent comme le résultat injustifiable du monopole de la propriété foncière. Qu'il nous suffise de montrer, en ce moment, avec quelle rapidité les propriétaires ont vu diminuer la part du produit brut agricole qui leur était réservée. Nulle révolution violente n'a provoqué cette réduction dont le caractère est pourtant significatif et dont la portée économique mérite de fixer notre attention. Tandis que diminue la fraction dévolue aux propriétaires, on voit grossir celle qui représente la rémunération du travail manuel et du travail de direction et d'organisation. Nous disons avec intention, *le travail de direction et d'organisation*. On oublie trop souvent, en effet, qu'il s'agit là aussi d'un véritable labeur qui se distingue seulement du travail manuel parce qu'il est réellement plus productif et partant mieux rémunéré. Ce double mouvement que nous venons de signaler, ne peut que se prononcer plus nettement et plus rapidement à mesure que la production agricole deviendra plus abondante. La part absolue de tous les facteurs de cette production augmentera, mais tandis que la rémunération des propriétaires diminuera d'une façon relative, celle des « travailleurs » grandira au contraire.

Telle est, croyons-nous, la solution du problème social relatif à la propriété du sol.

L'appropriation et la jouissance collective n'ont pu préserver les sociétés humaines des inégalités sociales. Le système féodal est né, il s'est développé là où aujourd'hui les formes disparues de la propriété foncière auraient dû, paraît-il, préserver l'homme de tous les maux qu'engendre le droit exclusif appliqué au sol. Des lois économiques plus fortes que la volonté des hommes et plus puissantes que leurs passions égoïstes, ont déterminé la naissance d'un nouvel ordre social plus égalitaire et meilleur pour les pauvres. Ces lois, comme le dit Montesquieu, sont « les rapports nécessaires qui dérivent de la nature des choses ». Nous ne croyons pas qu'elles tendent à augmenter les inégalités sociales. L'accroissement ininterrompu des richesses a pour conséquence nécessaire une répartition plus conforme à l'idée que nous avons de la justice et du droit.

Avant de songer à établir dans un pays comme le nôtre la jouissance collective du sol, avant de niveler les conditions en bouleversant un régime basé sur la propriété privée, il serait, d'ailleurs, nécessaire de savoir avec précision si l'œuvre qu'on prétend accomplir par la violence n'a pas été déjà en partie réalisée par d'autres moyens. Que cherche-t-on en définitive, si ce n'est assurer au plus grand nombre l'indépendance et le bien-être ?

Aux yeux des égalitaires les plus farouches, la propriété privée du sol est un mal parce que la minorité qui possède enlève à la majorité déshéritée tout espoir d'acquérir à son tour sa part du domaine national. Mais est-il vrai que les propriétaires ruraux soient une minorité ?

Si leur nombre déjà considérable tend à grandir encore, si la propriété, en un mot, n'est pas le monopole de quelques-uns et devient un droit que la majorité possède et exerce, comment pourrait-on démontrer la nécessité d'une expropriation violente ?

Nous sommes donc amenés à examiner la situation de la propriété foncière rurale dans notre pays, et à chercher comment est constituée l'aristocratie terrienne qui l'a peut-être accaparée.

Les socialistes reprochent, tout d'abord, à la société bourgeoise et capitaliste, d'avoir organisé une nouvelle féodalité en accaparant la terre et en évinçant les petits propriétaires. Ainsi, peu à peu, les grands domaines seraient reconstitués en chassant le paysan de son héritage, et l'on verrait augmenter le nombre des prolétaires ruraux.

Ces deux affirmations sont contredites par l'étude des faits ; on ne saurait le répéter avec trop d'insistance, et nous ne croyons pas inutile de rappeler à ce propos les chiffres qui ont, depuis longtemps, déterminé notre conviction. Voici, tout d'abord, le nombre des cotes agraires (1) relevées en 1882 lors de l'enquête agricole qui se rapporte à cette date.

		Nombre	Surface
	au-dessous de 10 hectares.	11.255.374	17.573.550
Cotes	de 10 à 40 hectares........	696.579	12.758.161
	plus de 40 hectares........	163.324	19.230.150
		12.115.277	49.561.861

Ainsi, les petites cotes inférieures à 10 hectares sont encore au nombre de plus de 11 millions et l'étendue à laquelle nous les voyons correspondre est de 17 millions d'hectares. ·

Les cotes de moyenne importance sont moins nom-

---

(1) Ces cotes, relevées lors de l'enquête agricole de 1882, sont relatives aux *propriétés*. Leur nombre est supérieur à celui des propriétaires puisqu'une même personne peut posséder plusieurs propriétés.

breuses sans doute, mais la surface des domaines ruraux
compris dans cette catégorie dépasse, cependant, 12 millions d'hectares. Est-il possible de voir dans cette division
des cotes par catégories de contenance une preuve de la
concentration de plus en plus marquée de la propriété
foncière ? Évidemment non.

Toutefois, on pourrait dire que le domaine de la grande
propriété dépassant 40 hectares, est très considérable.
Il embrasse 19 millions d'hectares, comme l'indique le
tableau dressé par nous.

En réalité, la surface réservée aux grandes propriétés
possédées par des particuliers est bien moins considérable qu'on ne pourrait le croire. Il ne faut pas oublier,
en effet, que les propriétés communales ou départementales et celles des établissements publics viennent grossir
l'importance des cotes foncières de grande étendue. Or,
quelle est la surface de ces propriétés ? La voici telle que
nous l'indiquent des relevés précis :

		Hectares
Propriétés communales		4.621.450
— départementales		6.513
— d'établissements publics		381.598
Total		5.009.561

Nous ne comptons pas les propriétés de l'État qui n'ont
pas été comprises dans le relevé des cotes foncières de
1882. On voit, cependant, que plus de 5 millions d'hectares appartenant à des personnes morales doivent être
retranchées du domaine des particuliers tel qu'on serait
tenté de l'évaluer si l'on ne tenait pas compte de la cause
d'erreur que nous signalons en ce moment. Or, il est bien
certain que la plupart des domaines communaux ou départementaux, pour ne citer que ceux-là, ont une étendue
moyenne qui dépasse 10 et même 40 hectares. Les cotes
foncières qui s'y rapportent appartiennent donc à la caté-

gorie des grandes propriétés, et le nombre de ces cotes aussi bien que leur importance superficielle se trouvent exagérés. Il convient de retrancher du domaine attribué à la moyenne et à la grande propriété, les 5 millions d'hectares appartenant aux personnes morales si nous voulons comparer, sans chance d'erreur, la surface respective des petits héritages ruraux au *Latifundia* des grands propriétaires français. Ce calcul fait, on trouve, en définitive, que la petite propriété s'étend sur 17,573,000 hectares, tandis que la moyenne et la grande en couvrent seulement 26,979,000. En présence de pareils faits, il nous paraît singulièrement difficile de soutenir que la nouvelle féodalité capitaliste a reconstitué les grands domaines d'autrefois. En réalité, les surfaces attribuées respectivement au groupe de la petite propriété et à la catégorie constituée par la moyenne et la grande sont ainsi représentées :

	P. 100
Petite propriété	30,41
Grande et moyenne propriété	60,59
	100,00

Veut-on savoir maintenant quel est le nombre des propriétaires ruraux qui n'ont pas encore été dépossédés par la bourgeoisie et les hauts barons de la finance ? En voici le relevé : nous l'empruntons également à la statistique agricole officielle de 1882. On trouvera en regard le nombre des travailleurs ruraux, qui ne sont pas propriétaires.

	Nombre	p.100
Propriétaires cultivant *exclusivement* leurs terres avec leur famille ou avec l'aide d'autrui	2.150.696	31,2
Propriétaires cultivant leurs terres et travaillant en outre pour autrui	1.374.646	19,6
Total	3.525.342	51,1
Personnes non propriétaires travaillant pour autrui	3.388.162	48,9
Total des chefs de famille ou d'exploitation de la population agricole	6.913.604	100,0

Ainsi, 3,525,162 personnes, chefs de famille ou d'exploitation, sont propriétaires. Plus de la moitié de de la population agricole détient une parcelle du sol, et 2,150,696 « paysans » possèdent un domaine assez étendu pour pouvoir consacrer exclusivement leur activité à sa culture ! En dehors des propriétaires-cultivateurs, on compte 1,300,000 personnes qui n'exercent pas elles-mêmes la profession de cultivateur, mais qui possèdent une partie du sol. Il existe donc, réellement, 4,800,000 familles auxquelles appartient le territoire de notre pays.

Près de la moitié de la population totale de la France possède ce titre de propriétaire qui serait seulement le privilège d'une aristocratie si nous acceptions sans examen les affirmations des socialistes !

Quels sont maintenant ceux qui restent tenus à l'écart et constituent, sans doute, le groupe des prolétaires. En voici le relevé avec les noms qu'ils portent.

Cultivateurs non propriétaires.

	Nombre
Fermiers	468.184
Métayers	194.448
Régisseurs	17.966
Journaliers	753.313
Domestiques	1.954.251
Total	3.388.162

Les fermiers et les métayers sont-ils vraiment des prolétaires ? Il est permis d'en douter. Les fermiers, notamment, sont la plupart du temps beaucoup plus fortunés que les modestes propriétaires dont l'héritage rural constitue la principale richesse. Enfin, parmi les domestiques ou les salariés eux-mêmes, combien en compte-t-on qui ne soient pas des fermiers ou des métayers de demain ? Combien en compte-t-on aussi qui ne soient pas les *héri-*

tiers de ces petits propriétaires dont nous avons signalé le nombre ?

Enfin, le groupe de ceux qui ne possèdent pas la terre a-t-il grossi depuis quelque temps ? C'est le contraire qu'il nous faut admettre, et les chiffres suivants ne laissent subsister aucun doute à cet égard :

	1862	1882
Propriétaires cultivant exclusivement leurs biens...	1.812.573	2.150.696
Cultivateurs non propriétaires....................	3.563.306	3.388.162

Depuis 1862 jusqu'à 1882, le nombre des propriétaires cultivant exclusivement leurs biens s'est *accru* de 338,000 unités, tandis que celui des cultivateurs non propriétaires diminuait de 175,144. Tels sont les faits que nous révèle la statistique officielle sur laquelle nous avons le droit de nous appuyer, puisque l'on s'est souvent servi de ses indications pour accuser la société d'avoir dépouillé le travailleur rural.

Le lecteur impartial voudra bien tenir compte des enseignements que comporte l'étude rapide à laquelle nous venons de nous livrer. Avant de terminer nous lui soumettons encore une réflexion. Tout le monde sait que le morcellement de la propriété a en général pour raison d'être et pour effet une augmentation de la valeur du sol. Il nous paraît difficile d'admettre que la bourgeoisie capitaliste, si avide, paraît-il, et si exclusivement soucieuse de ses intérêts, ait eu la pensée de reconstituer de grands domaines sans se demander quel serait pour elle le résultat financier d'une pareille opération.

Pas plus que la dimension des exploitations rurales, l'étendue des propriétés n'est soumise au caprice des particuliers et aux inspirations des hommes d'État. Hippolyte Passy disait avec raison : « En quelque nombre de mains que soit répartie la propriété, rien ne saurait prévaloir contre la nécessité de les approprier aux convenances de la production, et tout propriétaire qui, dans n'importe quel but, voudrait imposer aux siennes des dimensions autres que celles dont l'expérience locale atteste la supériorité, en serait puni par l'affaiblissement de ses revenus. »

Il nous paraît douteux que des bourgeois avisés aient méconnu ces vérités pour chercher à reconstituer des fiefs étendus, en dépouillant, — moyennant indemnité — des paysans laborieux.

Nous croyons, en tout cas, avoir montré que la part faite dans notre pays, à la petite propriété, était assez considérable pour ne pas justifier les craintes des socialistes. L'organisation actuelle de la propriété ne mérite pas davantage les reproches qu'on lui adresse.

Quant au régime futur résultant de l'application des doctrines collectivistes ou socialistes, serait-il préférable à quelques égards ?

Nous ne pouvons pas l'admettre, et ce que nous avons dit plus haut nous dispense de justifier notre conclusion.

Ce qu'il importe surtout, c'est de dissiper l'illusion de ceux qui croient pouvoir donner aux hommes la richesse et l'indépendance au moyen d'une nouvelle organisation sociale et d'une meilleure répartition des produits du travail. Nul rêve n'est plus dangereux ; nulle pensée n'est plus fausse. Que de fois pourtant on nous a parlé de ce rêve ; et combien d'hommes sincères ont été trompés par cette pensée ! Pour faire disparaître la misère et rendre au monde le bonheur, il faut que les hommes unis contre leurs oppressions veuillent briser les chaînes sous le poids desquelles ils sont courbés :

« Sauvons-nous, ou mourons ensemble, s'écrie un des plus grands écrivains de notre siècle, qui nous conte, lui aussi, un de ses rêves.

« Et ayant dit cela, les hommes sentirent en eux une force divine, et j'entendis leurs chaînes craquer, et ils combattirent six jours contre ceux qui les avaient enchaînés, et le sixième jour ils furent vainqueurs, et le septième fut un jour de repos.

« Et la terre qui était sèche reverdit, et tous purent manger de ses fruits, et aller et venir sans que personne leur dît : « Où allez-vous ? On ne passe point ici. »

« Et les petits enfants cueillaient des fleurs et les apportaient à leur mère qui doucement leur souriait.

« *Et il n'y avait ni pauvres, ni riches, mais tous avaient en abondance les choses nécessaires à leurs besoins parce que tous s'aimaient et s'aidaient en frères* (1). »

Dépouillez ces paroles de la poésie séduisante du style, et il ne reste plus que cette pensée :

« Après avoir triomphé de ceux qui l'oppriment, l'homme serait riche et heureux. Il n'y aurait ni pauvres, ni riches, parce que les fruits seraient à tous et que la terre ne serait à personne. »

Eh ! bien non ; cela n'est pas. C'est au travail qu'il faut demander la richesse ; une réforme sociale ne peut la donner à tous.

Produire davantage, produire mieux, apprendre à connaître les lois de la nature pour les faire servir à la satisfaction de nos besoins, voilà quelle est la véritable solution de la question sociale. Nous l'avons prouvé, en montrant que la fortune de la France divisée entre toutes les familles ne suffirait pas à leur donner le nécessaire. Nous avons dit, en outre, que le travail humain était indispensable pour conserver même sa valeur à la maigre proie que chacun aurait en partage.

Dire à la foule qu'il lui suffirait de secouer ses chaînes

---

(1) LAMENNAIS. *Paroles d'un croyant.*

pour que tous eussent en abondance les choses nécessaires à leurs besoins, c'est la pousser à prendre ce qu'une
poignée de privilégiés égoïstes semble lui refuser. Avant
que l'illusion funeste dont on l'a bercée ait été dissipée,
que de violences et de fautes n'aura pas commises cette
foule qui se sera levée tout entière en invoquant ses
droits méconnus. Et quelle sera la victime de tous ces bouleversements, si ce n'est la dupe éternelle de ceux qui le
flattent et qui l'abusent, le peuple lui-même ?

La loi de « la rente » du sol.

Les systèmes relatifs à l'appropriation collective du
sol ne peuvent pas être considérés comme des solutions
acceptables de la question sociale. Nous venons de montrer leurs défauts et leurs erreurs. Mais, les critiques dirigées contre le régime de la propriété privée ne sont pas
toutes contenues dans l'exposé suivant que nous avons
déjà soumis à nos lecteurs.

« La propriété du sol, affirment certains socialistes, est
un droit naturel : nul ne devrait en être dépouillé. Si les
lois acceptées aujourd'hui par les sociétés humaines ont
privé le pauvre de sa part inaliénable, il est juste de la
lui restituer. La jouissance collective a précédé partout
l'appropriation privée ; c'est la violence et la ruse qui ont
établi la domination de quelques-uns en leur attribuant
exclusivement ce qui devait rester le patrimoine de tous.
Il convient de détruire aujourd'hui l'œuvre que défendent
des lois cruelles et égoïstes destinées à servir les intérêts
d'une poignée de privilégiés avides. »

C'est donc au nom d'un principe de droit naturel, et
en s'appuyant sur l'étude historique des formes primitives de la propriété foncière que l'on conclut à l'abolition de l'appropriation privée.

On peut aboutir à la même conclusion en prenant comme point de départ d'autres faits observés, d'autres critiques adressées au régime de la propriété personnelle. Résumons tout d'abord en quelques pages la théorie que nous allons combattre.

Un des socialistes les plus connus et les plus écoutés de notre époque, Henry Georges, a indiqué dans un de ses livres les principaux reproches qu'adressent à la société et à ses lois foncières, les collectivistes modernes. Il commence, tout d'abord, par tracer un tableau très sombre de la situation sociale des « déshérités ». « Cela est vrai, dit-il, la richesse a considérablement augmenté et la moyenne du bien-être, du loisir, du raffinement s'est élevée ; mais ces gains ne sont pas généraux. Les classes les plus basses n'y participent pas. Je ne veux pas dire, pourtant, que la condition du pauvre ne soit en aucun pays, ni en aucune façon améliorée ; ce que je veux dire c'est que nulle part on ne peut attribuer une amélioration quelconque à l'accroissement de la puissance productive. Je veux dire que cette tendance que nous appelons le progrès matériel n'améliorera jamais la condition des classes inférieures, ne leur donnera pas ce qui fait la vie heureuse et saine ; et qui plus est, qu'elle fera cette condition de plus en plus malheureuse (1). »

M. Georges est, d'ailleurs, si parfaitement convaincu de la vérité de ses affirmations qu'il ne songe pas un instant à l'établir. La misère irrémédiable du « pauvre » est pour lui aussi certaine et aussi évidente que la lumière du jour. Il connaît, en outre, la raison cachée de ce dénuement, il l'a découverte, il la voit ; elle doit produire ces effets, engendrer cette misère progressive et sans remède. A quoi bon démontrer la réalité de ce qui ne peut pas ne

---

(1) HENRY GEORGES. *Progrès et Pauvreté.* — Introduction, p. 7.

pas exister ? Cela doit être, donc cela est ! Cette inflexible rigueur des esprits déductifs ne saurait pourtant nous déconcerter.

Cherchons, maintenant, sur quelles prémisses s'appuie Henry Georges pour aboutir à sa triste conclusion.

L'homme, nous dit-il, ne peut rien produire s'il n'a pas à sa disposition une certaine étendue de terrain. Nul agriculteur, notamment, ne saurait exercer son industrie sans avoir la jouissance du sol. Tant que la terre resta libre et sans maître, il suffisait pour en disposer de prendre possession d'un champ, et de se tailler un domaine dans l'immensité de la steppe, ou sous le couvert de la forêt. Quelle que fût, à ce moment, la fertilité du sol, celui-ci n'avait aucune « valeur ». Personne n'eût consenti à donner quelque richesse, quelque fruit de son travail, en échange d'un coin de terre, puisqu'il suffisait de planter sa tente sur une lande inculte pour devenir propriétaire. A cette époque, la terre ne pouvait donc ni être louée ni être vendue. Nul homme n'avait encore émis la prétention de vivre oisif en forçant ses semblables à lui abandonner une part des fruits de leur labeur, à titre de fermage ou de prix de vente de la terre. Les récoltes appartenaient tout entières à ceux qui avaient forcé le sol à les porter. Nul tribut prélevé par un propriétaire ne venait en diminuer l'abondance pour ceux qui les avaient obtenues.

Il en est autrement maintenant que la propriété privée de la terre a été reconnue. Armée de ce droit, une classe d'hommes peut imposer ses conditions à tous. Personne n'a plus désormais la faculté de chercher dans l'étendue d'un vaste pays quelque champ resté sans maître. Partout on rencontre un homme ayant le droit de dire : « Ceci est à moi, et pour cultiver ce coin de terre il faudra me donner une part de vos récoltes. » Dès lors, le sol a une « valeur » ; celle-ci est distincte, d'ailleurs, de la somme ou de l'intérêt représenté par des bâtiments, et des améliorations foncières. Ce que le propriétaire peut exiger de son locataire ou de son acheteur, c'est la *rente*, c'est-à-dire le prix du monopole que la société reconnaît et sanctionne. Cette « Rente » capitalisée correspond à la valeur vénale du domaine agricole, ou, tout au moins à une fraction importante de ce que nous appelons ainsi habituellement. Le fermage est également constitué par la « Rente » augmentée de l'intérêt des capitaux consacrés à la construction des bâtiments ou aux améliorations foncières.

« Partout, dit Henry Georges (1), où la terre ayant une valeur est cultivée soit par le propriétaire, soit par le locataire, il y a une rente actuelle ; partout où elle n'est pas cultivée, mais a cependant une valeur, la rente est potentielle. C'est cette capacité de produire une rente qui donne de la valeur à la terre. Tant que la propriété ne confère aucun avantage la terre n'a pas de valeur.

« Donc la rente ou la valeur de la terre (nue) ne naît pas de la productivité ou de l'utilité de la terre. Elle ne représente en aucune façon une aide ou un avantage donné à la production, mais simplement le pouvoir de s'assurer une partie des résultats de la production. Quelles que soient ses forces productives, la terre ne peut produire une rente et n'a aucune valeur, à moins que quelqu'un en veuille donner du travail ou des résultats du travail pour acquérir le privilège d'en faire usage ; et ce que l'on donnera ainsi ne dépend pas de la force productive de la terre, mais de cette force comparée avec celle d'une terre qu'on peut acquérir pour rien. Je peux avoir une terre très riche, et cependant n'en recevoir aucune rente ; cette terre n'a pas de valeur parce qu'on

____

(1) *Progrès et Pauvreté*, p. 158.

peut avoir une autre terre aussi bonne sans rien payer. Mais quand cette autre terre a trouvé un propriétaire, et que la meilleure qu'on puisse avoir pour rien est inférieure, soit comme fertilité, soit comme situation, soit pour toute autre raison, alors ma terre commence à avoir de la valeur et à rapporter une rente. Et, bien que la fertilité de ma terre puisse diminuer, cependant, si la fertilité de la terre qu'on peut avoir pour rien décroît dans une plus grande proportion, la rente que je pourrai obtenir et par conséquent la valeur de ma terre, augmenteront rapidement. En résumé, la rente est donc le prix d'un monopole ayant pour origine la conquête par l'homme des éléments naturels qu'il ne peut ni produire ni augmenter. »

Que reste-t-il à dire pour montrer maintenant que l'existence de la rente doit réduire nécessairement à la misère tous les déshérités ? Bien peu de chose, en vérité. Le problème de la répartition des richesses peut être, en effet, réduit à une opération algébrique :

$$\text{Le produit} = \text{la Rente} + \text{le Salaire} + \text{l'Intérêt.}$$

En d'autres termes, tout produit se partage nécessairement entre le propriétaire, le salarié et le capitaliste.

Si le monopole du premier lui permet de prélever sous forme de rente une part du produit, la fraction réservée aux salariés ou aux capitalistes sera nécessairement diminuée.

« Par conséquent, dit encore H. Georges, quel que puisse être l'accroissement de puissance productive, si l'accroissement de la rente se produit en même temps, ni les salaires ni l'intérêt ne pourront augmenter. »

Or, ce qui caractérise précisément les civilisations avancées, c'est l'accroissement de la rente. A mesure que la population augmente, la lutte de ceux qui ont besoin de la terre tend à en élever toujours le prix.

Peu importe, en vérité, que le génie de l'homme multiplie les inventions et accroisse la masse des richesses. Toujours plus avide et toujours plus puissant, le propriétaire investi de l'odieux monopole que la société nous impose, verra grossir le tribut qu'il prélève sur tout être travaillant en ce monde.

Ceux qui seraient tentés de croire que nous exagérons en ce moment pourront relire le passage suivant du livre de Henry Georges :

« A la lumière de cette vérité tous les faits sociaux se groupent d'eux-mêmes, suivant l'ordre de leurs rapports, et l'on voit les phénomènes les plus divers sortis d'un seul et grand principe. Ce n'est pas dans les relations du capital et du travail, ce n'est pas dans l'excès de la population sur les moyens de subsistance, qu'il faut chercher une explication du développement inégal de notre civilisation. La grande cause de l'inégalité dans la distribution de la richesse c'est l'inégalité dans la possession de la terre. La propriété de la terre est le grand fait fondamental qui détermine en dernier ressort la condition sociale, politique et par conséquent, intellectuelle et morale d'un peuple. Et il doit en être ainsi... Le progrès matériel ne peut nous débarrasser de notre dépendance de la terre ; il ne peut qu'ajouter à notre pouvoir de tirer de la richesse du sol ; c'est pourquoi, si la terre est monopolisée, ce progrès peut augmenter à l'infini sans que les salaires augmentent ou que la condition de ceux qui n'ont que leur salaire pour vivre s'améliore. Il ne fait qu'ajouter à la valeur de la terre et au pouvoir que donne sa possession (1). »

(1) *Progrès et Pauvreté,* p. 281.

Quel est maintenant le remède proposé à la société pour sortir de cette situation douloureuse, et briser ce cercle de fer dans lequel on a prétendu l'enserrer ? Ce remède, c'est la confiscation !

« Il faut que la terre redevienne propriété commune.»

Le mot confiscation vous blesse-t-il ? Qu'à cela ne tienne, nous le remplacerons par un néologisme et nous dirons qu'il faut opérer la « nationalisation » du sol.

Est-il même besoin de procéder à une reprise violente? « Nullement, dit H. Georges ; il suffit d'élever les impôts sur les revenus du sol jusqu'à ce qu'ils absorbent la « rente ». Désormais la terre n'aura plus de valeur; elle ressemblera à un titre mobilier dont on aurait à l'avance détaché tous les coupons. L'inégalité des conditions résulte aujourd'hui de l'inégale possession du sol. En détruisant la rente on aura effacé l'inégalité elle-même.

« Le travail et le capital recueilleront le produit complet moins cette portion prise par l'État comme un impôt sur les valeurs foncières, portion qui servirait à des usages publics et qui serait également distribuée en bénéfices publics (1). »

Ce n'est pas tout encore ; il manquait à cette conception nouvelle d'un meilleur état social le trait caractéristique de toutes les réformes socialistes.

H. Georges ne nous avait pas parlé du bonheur de l'humanité délivrée du joug de la propriété privée. Il n'hésite pas à nous le promettre :

« Ainsi, ajoute-t-il, à mesure qu'avancerait le progrès matériel, la condition des masses s'améliorerait constamment. Ce n'est pas seulement une classe qui deviendrait plus riche, mais toutes les classes ; *ce n'est pas seulement une classe qui aurait plus que le nécessaire, qui*

(1) *Loc. cit.*, p. 416.

jouirait des agréments et des élégances de la vie, mais toutes (1). »

La première partie de notre tâche est, maintenant, achevée. Nous avons exposé la doctrine socialiste relative à la loi de la rente, et nous nous sommes attaché à ne rien dissimuler de ce qui pouvait en augmenter la force et la valeur.

Il est à peine besoin de dire que nous ne pouvons pas adopter les opinions de Henry Georges et de ses partisans. A notre avis, il n'est pas permis d'affirmer sans preuves que la situation matérielle et morale des masses tend à empirer, que les salaires s'abaissent ou restent nécessairement stationnaires. C'est le contraire que nous croyons vrai. Mais avant de soutenir cette opinion en nous appuyant sur des faits, il convient d'examiner avec soin cette théorie de la rente que Ricardo a le premier exposée avec sa rigueur inexorable.

Existe-t-il une « rente » que l'on puisse nettement distinguer de l'intérêt des capitaux consacrés à des améliorations foncières, et accorde-t-on aux propriétaires le droit de prélever un tribut sur les fruits du travail de tous sans que ce tribut corresponde à un service rendu? En un mot, le droit absolu conféré à une classe d'hommes possesseurs du sol n'a-t-il des avantages que pour eux seuls ?

En abolissant la « rente » et en l'absorbant notamment par une élévation brusque des impôts fonciers, pourrait-on améliorer la condition des cultivateurs ?

Enfin, est-il vrai que le monopole foncier ait pour conséquence d'enrichir les propriétaires en leur permettant d'augmenter indéfiniment la part absolue et relative qui leur est attribuée lors de la répartition du produit de l'agriculture ?

(1) *Loc. cit.,* p. 418.

Telles sont au moins les principales questions qui doivent être posées et discutées avant même d'examiner la valeur des affirmations de l'école socialiste relativement à la misère croissante des déshérités.

Les conséquences déduites de la théorie de la rente cessent d'être exactes si cette doctrine est elle-même reconnue fausse.

Critique de la loi de la rente.

La terre devenue propriété privée a désormais une « valeur ». Pour l'acquérir ou pour en obtenir la jouissance on consent à donner du travail ou des produits du travail. Cette « valeur » du sol représente, en réalité, deux choses distinctes. Les capitaux consacrés à l'amélioration de la terre ou à la construction des bâtiments en constituent un élément. Mais, affirment les socialistes, c'est surtout le monopole des propriétaires qui explique la valeur du sol et tend à la faire grandir. Cette fraction de la valeur des terres correspondant à un privilège, cette « rente » ne provient ni de l'utilité ni de la productivité des terres, elle ne représente pas davantage la rémunération d'un service rendu par le propriétaire à la production.

On peut faire à cette théorie des objections qui nous paraissent décisives.

Ceux-là mêmes qui ont conçu ou défendu la loi de la rente, avouent, tout d'abord, que la valeur du sol est en partie légitimée par les dépenses qu'ont occasionnées sa mise en valeur et la construction des bâtiments. Or, dans aucun cas, il n'est possible, à cette heure, de distinguer la fraction du prix ou du loyer d'un domaine correspondant aux améliorations foncières de toute nature, et la portion se rapportant au monopole du propriétaire actuel.

Comment tenir compte des améliorations successives dont personne n'a pris soin de noter le prix ? Comment apprécier surtout l'opportunité et l'efficacité de ces améliorations, puisqu'il est manifestement illogique et injuste d'évaluer au même taux les améliorations stériles, les dépenses d'agrément et celles qui ont véritablement ajouté à la productivité du domaine ? Il n'est pas moins nécessaire de calculer l'augmentation de revenu qu'ont produite, pour les propriétaires successifs, les améliorations réalisées. Ces plus-values obtenues compensent, en effet, les dépenses, et celles-ci, à leur tour, les expliquent et les justifient en même temps. Si l'on ne tenait pas compte de cette observation il n'existerait pas une terre de nos vieux pays dont la valeur actuelle ne fût inférieure aux dépenses successives qu'a provoquées son entretien ou son amélioration.

Enfin à côté de la plus-value qu'a pu engendrer le privilège du propriétaire, ne faut-il pas tenir compte des causes étrangères à ce monopole ? Est-ce que le développement des voies de communication, l'extension des débouchés et l'accroissement de la richesse publique, n'exercent pas une influence certaine sur la valeur du sol puisqu'ils produisent un effet indéniable sur les profits attachés à l'exploitation des héritages ruraux ?

On nous objectera, il est vrai, que ces circonstances indépendantes de la volonté et de l'action directe des propriétaires eux-mêmes, expliquent la hausse des valeurs foncières mais ne la légitiment pas. Précisément, dira-t-on, cette augmentation due à des causes extérieures et à l'influence des progrès de la richesse publique, justifie les mesures destinées à priver les propriétaires fonciers d'une plus-value à laquelle ils n'ont pas droit puisque nul sacrifice de leur part ne l'a légitimée.

C'est là une opinion beaucoup trop absolue pour être

acceptée sans réserves. On ne peut oublier que les propriétés foncières supportent des charges importantes du
fait des impôts qui en grèvent les revenus. Non seulement
ces taxes alimentent le budget général et servent par
conséquént à l'acquit des dépenses d'utilité publique
qu'exécute l'État, mais il existe encore des surtaxes
locales ayant pour but le développement et l'entretien
des voies de communication ou d'autres objets d'utilité
générale.

Une partie des revenus fonciers est également absorbée
par les taxes directes ou indirectes de toute nature qu'acquittent les propriétaires comme les autres contribuables.
Or, dans un pays comme la France où il existe certainement plus de quatre millions de familles détenant une parcelle du sol, il est clair que le chiffre des impôts acquittés
par ces privilégiés est considérable. Participant pour une
part si notable à l'accroissement de la richesse indivise
représentée par des travaux d'utilité publique, ils doivent en profiter.

En résumé, il nous paraît impossible de séparer aujour-
d'hui la « rente » provenant du monopole, et l'intérêt
légitime des améliorations foncières.

Nous constatons seulement que la confiscation brutale
proposée par les socialistes équivaudrait, de leur propre
aveu, à une spoliation que la loi est capable d'imposer,
mais qu'elle reste impuissante, cependant, à rendre légitime.

Il n'est pas moins chimérique de songer à calculer exactement l'influence qu'ont pu exercer sur la naissance
même de la « rente » ou sur son développement, des travaux d'utilité publique et l'accroissement de la richesse
indivise qui en résulte. Nous ne pouvons manquer, d'ailleurs, de reconnaître qu'en contribuant pour une large
part, au moyen de leurs revenus fonciers eux-mêmes,

à tous ces travaux d'utilité générale les propriétaires ont acquis le droit d'en bénéficier. Prétendre que le développement de la fortune nationale a augmenté la richesse des détenteurs du sol sans que ces derniers y aient contribué, c'est donc commettre une erreur, et provoquer une spoliation injustifiable.

Les socialistes ne sont pas mieux inspirés lorsqu'ils soutiennent que les propriétaires fonciers n'ont pas contribué au développement de la production. Pour soutenir cette thèse étrange, il faut perdre de vue la réalité et s'obstiner à voir dans tout propriétaire, un oisif indifférent dont la seule fonction consiste à recueillir des fermages.

Peut-on attribuer ce rôle aux deux millions de propriétaires qui cultivent exclusivement leurs propres terres dans notre pays?

Est-il davantage permis d'oublier que plus d'un million d'ouvriers, de fermiers ou de métayers possèdent un champ et le cultivent avec cette volonté tenace et cette industrieuse activité que donne précisément le sentiment de la propriété exclusive?

En quelque lieu que nous portions nos pas, la même cause a visiblement produit les mêmes effets. Partout le propriétaire a « changé le sable en or », suivant la pittoresque expression d'Arthur Young.

Est-il vrai, maintenant, que le possesseur d'un domaine affermé ne contribue pas à l'accroissement de la production? En aucune façon ; et pour se convaincre de l'importance exceptionnelle du rôle du propriétaire, il suffit d'étudier les faits au lieu de les travestir. Dans toutes les régions où domine le métayage, c'est le propriétaire qui fournit la moitié des capitaux d'exploitation sous forme de semences, d'engrais industriels, de bétail, ou d'avances indispensables aux cultivateurs pauvres. Intéressé à surveiller l'emploi et la mise en œuvre de ces capitaux, il collabore directement à l'œuvre de la production. C'est lui qui fixe le système de culture, le nombre et l'espèce des animaux entretenus, et la nature des engrais employés. A défaut de conventions précises, la législation lui trace ses devoirs en lui indiquant ses droits.

La loi récente de 1889 sur le métayage donne au propriétaire toutes les attributions d'un chef de culture, et le texte législatif sanctionne simplement un usage général.

Lorsqu'il s'agit d'un domaine soumis au régime du fermage, le rôle et les attributions du propriétaire ne sont pas moins importants. N'est-ce pas lui qui veille au bon entretien des bâtiments, à la culture des terres, au maintien de leur fertilité ? Dans tous les baux, des clauses spéciales à ces objets attestent la prévoyance du propriétaire et le souci toujours visible de ce qui peut conserver ou accroître précisément la productivité du sol. Si du jour au lendemain le propriétaire disparaissait, quel inspecteur de l'État pourrait remplacer cet intendant vigilant et honnête, intéressé plus que personne à prévenir toute diminution de la valeur des héritages ruraux? Cette surveillance incessante, cette attention toujours en éveil a de plus le mérite de ne rien coûter au public. L'armée d'intendants et d'employés nécessaires pour exercer un contrôle analogue constituerait une charge singulièrement lourde dont l'État devrait supporter le poids si la propriété foncière faisait retour à la nation.

Supposons même que cette confiscation ait été faite. Suivant le conseil de H. Georges, on a augmenté l'impôt foncier de façon qu'il absorbe la rente tout entière. Désormais, nul ne consentira à acheter un domaine, puisque celui-ci ne donne plus à son possesseur un revenu quelconque. — Le problème semble résolu. — Le premier venu peut cultiver une terre sans acquitter de fermage !

Mais il paie, en revanche, un impôt égal au prix de location antérieure ! Sa situation n'est donc pas améliorée, puisque les charges de la culture restent les mêmes. A des taxes indirectes multiples et fractionnées avec soin pour les faire porter sur tous, aussi également que possible, on a substitué un impôt unique, direct et réel grevant les revenus des héritages ruraux. Cette méthode est connue depuis deux cents ans. Le maréchal de Vauban l'avait proposée sous le nom de dîme royale. Encore son projet était-il plus logique et plus équitable, car sa dîme n'était prélevée que sur les récoltes obtenues réellement, tandis que le tenancier du régime socialiste devrait acquitter l'impôt foncier, quel que soit le succès de ses efforts et quelle que fût l'importance ou la valeur de la production annuelle.

Sous peine de voir diminuer ses ressources, l'État devrait exercer avec une extrême rigueur ses droits de créancier, tandis que le propriétaire toujours soucieux de l'avenir, ménage, au contraire, son débiteur en lui accordant un crédit et des délais.

Est-il même possible que la collectivité maintienne toujours le chiffre de son impôt territorial et qu'il ne soit pas obligé de le faire varier selon les époques ? Pour répondre à cette question, il nous suffira de montrer quelles ont été, depuis deux siècles, dans un pays comme la France, les variations de la valeur du sol, et, en particulier, les oscillations des loyers agricoles. Puisque l'impôt unique rêvé par les socialistes de l'école de Henry Georges a précisément pour objet d'absorber la « rente », il est clair qu'il devra subir toutes les fluctuations de cette dernière. L'étude de ces variations nous montrera en même temps de quelle façon s'accroît la « rente ». On pourra voir ce qu'il faut penser du monopole des propriétaires et de l'accroissement ininterrompu du tribut qu'on les accuse de prélever sur les produits du travail de tous.

Les variations de la valeur du sol en France.

Pour soutenir que le revenu des terres s'accroît spontanément, il faut ignorer les faits que l'étude nous révèle et dont nul sophisme ne peut altérer la signification si claire.

Au XVIIe siècle, par exemple, trois périodes nettement tranchées sont caractérisées par des variations opposées de la valeur du sol.

Depuis la fin du règne de Louis XIII jusque vers 1650 ou 1660, les loyers agricoles restent presque stationnaires.

A partir de cette date, ils s'élèvent au contraire avec une extrême rapidité jusque vers 1680. On les voit ensuite s'abaisser aussi rapidement qu'ils s'étaient élevés, et, à la fin du règne de Louis XIV, ils étaient parfois retombés au niveau qu'ils avaient atteint sous Henri IV (1)! Quelle était donc, dans le courant d'un siècle tout entier, l'augmentation de la rente; quelle était, pour les détenteurs du sol, la valeur du monopole qui devait accroître leur fortune?

Est-ce là toutefois une éventualité fâcheuse, une crise passagère qu'expliquent des guerres ruineuses et d'énormes accroissements d'impôts? En aucune façon. Après 1715 et jusqu'en 1740 ou 1750, les revenus fonciers s'abaissèrent encore ou restèrent stationnaires. Voici, par exemple, un « graphique » qui retrace les variations du prix de fermage de plusieurs groupes de domaines situés dans différentes parties de la France. En Normandie et en

____

(1) Voir à ce sujet les études publiées par nous dans les *Annales de l'École des sciences politiques*, de 1893 et 1894.

Anjou, dans le Languedoc aussi bien que dans la Bresse, nous voyons que la valeur du sol restait stationnaire ou avait décliné depuis la seconde moitié du XVIIe siècle. Soudain, elle augmente brusquement et monte d'un seul élan au-dessus même du niveau qu'elle avait atteint sous Louis XIV.

Nous voici, maintenant, au XIXe siècle. Les progrès de la population, l'accroissement de la richesse générale, et la paix dont on peut apprécier les bienfaits sous la Restauration, vont-ils déterminer une hausse nouvelle ? Rien de moins exact. Les fermages diminuent au contraire ; une véritable crise se déclare, et malgré le relèvement des tarifs douaniers destinés à protéger la production agricole contre la concurrence étrangère, on voit s'abaisser en même temps le cours des produits et la valeur des biens-fonds.

A partir de 1850, il est vrai, cette valeur augmente. Depuis 1851 jusqu'à 1879, par exemple, le revenu des propriétés non bâties s'est accru en France de 38 à 40 p. 100! Mais c'est là encore une moyenne trompeuse. Cette hausse est considérable dans la moitié occidentale de la France, dans la Bretagne, le Maine, l'Anjou, la Vendée elle atteint même et dépasse quelquefois 100 p. 100 dans certaines régions viticoles du Midi. Mais, en revanche, dans l'Est, on reste au-dessous de 15 ou 20 p. 100 lorsqu'il ne s'est pas produit une baisse comme dans la Haute-Marne, ou un véritable effondrement comme dans le Comtat-Venaissin et le Vivarais. Ce sont des causes spéciales qui expliquent ces phénomènes particuliers, nous dira-t-on. Nous n'hésitons pas, en effet, à l'admettre, mais il n'en est pas moins vrai que le monopole des propriétaires ne les a guère enrichis, et la loi de la rente n'explique pas cette étrange anomalie.

Peut-elle, toutefois, nous servir à trouver la cause de la hausse que l'on constate ailleurs ? Nullement. En

réalité, il faut tenir compte de plusieurs circonstances
trop souvent passées sous silence et qui expliquent en
partie, déjà, l'augmentation considérable des revenus

Variations des revenus fonciers en France (1650-1790).

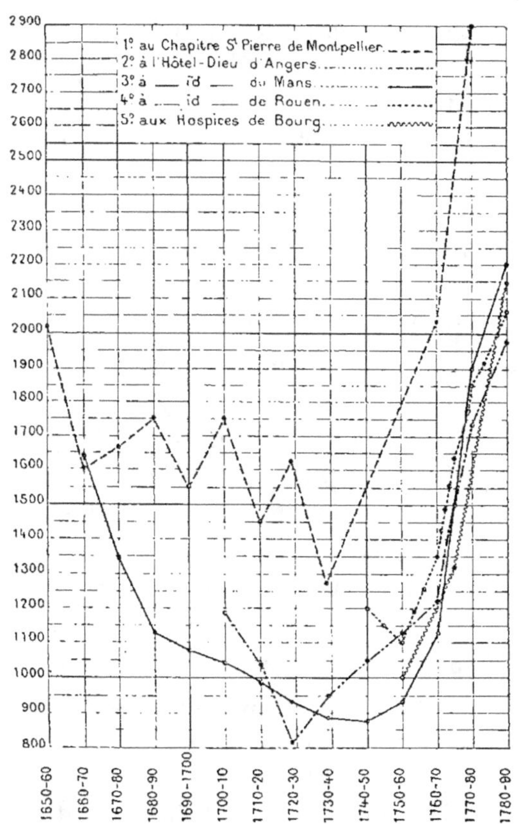

fonciers. M. Leroy-Beaulieu, qui a traité cette question
avec beaucoup de talent et surtout avec un rare bon sens,
estime qu'on peut distinguer trois grands faits qui ont
exercé une sérieuse influence sur la marche de la rente du
sol : 1° la dépréciation des métaux précieux qui réduit la

puissance d'achat de tous les revenus ; 2° l'accroissement des impôts qui portent sur les terres ou les constructions; 3° les capitaux considérables engagés dans le sol depuis 1790 et même depuis 1851 (1).

Il est, croyons-nous, incontestable que la diminution de la puissance d'achat de l'or et de l'argent a été très marquée en France, soit pendant les dix premières années de ce siècle, soit durant la seconde moitié à partir de 1850. M. Leroy-Beaulieu pense qu'on peut la porter à 30 ou 40 p. 100 depuis 1790, et il ajoute : « En tenant compte de ces observations, l'augmentation du revenu réel de l'ensemble des propriétaires fonciers est beaucoup moins considérable que l'augmentation apparente du revenu de la même classe. Au lieu que ce dernier s'est accru en France de 30 p. 100, qu'il a presque doublé depuis 1815 et qu'il a augmenté de 50 p. 100 depuis 1851, le revenu réel, c'est-à-dire la puissance d'achat n'a augmenté que de 50 à 60 p. 100 depuis 1790, de 30 à 40 p. 100 depuis 1815, de 15 à 20 p. 100 depuis 1851. »

Il ne faut pas oublier non plus, que les revenus des terres sont frappés par des taxes spéciales dont l'importance s'est notablement accrue depuis le commencement du siècle. Si le principal de l'impôt foncier a diminué depuis 1815 jusqu'à 1880, il est, en effet, certain que la charge en est devenue plus lourde d'une façon absolue, par suite de l'augmentation considérable des centimes additionnels. On peut admettre que, depuis 1840 seulement, la contribution foncière et la part de l'impôt des portes et fenêtres afférente à la propriété rurale, se sont accrues de 300 millions. Il faut donc déduire cette somme du revenu net de la propriété agricole.

Un autre fait explique encore et justifie la plus-value

____

(1) *De la répartition des richesses,* p. 105.

considérable acquise en France, depuis 1789, par le territoire cultivé. Nous voulons parler des améliorations foncières de toute nature ; du drainage comme de l'irrigation, de la construction des bâtiments ruraux aussi bien que de l'ouverture des chemins nécessaires aux travaux agricoles à l'intérieur des exploitations. Rien n'est plus juste que de tenir compte de l'intérêt et de l'amortissement des capitaux ainsi dépensés sous les formes les plus diverses ; mais rien n'est plus difficile que d'en apprécier l'importance. M. Leroy-Beaulieu résout le problème au moyen d'une hypothèse.

« On évalue, dit-il, à 1,200 ou 1,500 millions de francs l'épargne annuelle de la France qui vient à la Bourse de Paris se fixer en placements mobiliers. Est-il téméraire de supposer qu'une somme égale au tiers de celle-là est employée chaque année en plantation, en défrichements, en drainages, en clôtures, en constructions neuves, en chemins d'exploitation, etc. ? Non certes ! Ce serait ainsi 500 millions par an, soit à peine 10 francs par hectare, que les propriétaires français emploieraient en améliorations agricoles de toute nature. Pendant les vingt-trois ans de la période 1851-1874, cette affectation annuelle de 500 millions produit une somme totale de 11 milliards et demi. Or, un capital de 11 milliards et demi à 5 p. 100, taux légitimé par les risques courus, doit produire une rente annuelle de 475 millions de francs. De combien a augmenté le revenu net foncier rural de 1851 à 1874 ? De 850 millions dont il faut déduire plus de 100 millions d'impôts nouveaux, et probablement 75 ou 100 millions encore pour l'entretien des bâtiments accrus, des clôtures plus nombreuses, etc... Il reste donc à grand'peine la représentation équitable des capitaux qui ont été engagés dans la terre. Les propriétaires considérés dans leur ensemble et comme classe, sont donc simplement rentrés dans l'intérêt de leurs avances, et n'ont rien retiré de plus. »

L'hypothèse de M. Leroy-Beaulieu peut être critiquée, et les chiffres qu'il propose paraîtront peut-être exagérés. Il est, en tous cas, bien certain que la somme consacrée aux améliorations foncières est considérable. L'argument que nous avons le droit d'en tirer n'en est pas moins très sérieux.

La diversité même du taux des plus-values foncières constatées, par exemple, de 1851 à 1879, constitue non pas une hypothèse, mais un fait qui est en contradiction flagrante avec la théorie socialiste de la rente.

Lorsque l'on groupe les départements dans lesquels les terres ont rapidement augmenté de prix et de revenu, on constate qu'ils sont tous découpés sur des terrains appartenant à des formations géologiques bien connues. Nous savons, d'autre part, que le sol arable dans ces régions a été fécondé par des méthodes nouvelles et notamment par l'incorporation des engrais qui pouvaient en accroître rapidement la fertilité. Tout le monde sait, par exemple, que l'emploi de la chaux et des phosphates a transformé les terres granitiques de la Bretagne ou de la Vendée, et les terrains de transition du Maine et de l'Anjou.

Les progrès de la culture n'ont pas exercé à beaucoup près la même influence sur les sols jurassiques que l'on trouve dans l'est de la France.

Or, il suffit de comparer les augmentations de valeur des terres dans ces deux groupes de départements, depuis 1851 jusqu'à 1879, pour constater que les différences sont extrêmement marquées. En voici la preuve :

Variation de la valeur du sol (1851-1879).

		Hausse p. 100
	Ille-et-Vilaine	74 »
	Loire-Inférieure	72 »
	Vendée	74 »
Premier groupe	Deux-Sèvres	72 »
	Maine-et-Loire	69 »
	Mayenne	80 »
	Hausse moyenne	73 »
	Meuse	+ 21 »
	Haute-Marne	— 5 »
	Haute-Saône	— 0.3
	Doubs	+ 18 »
Deuxième groupe	Jura	+ 2.2
	Côte-d'Or	+ 17 »
	Yonne	+ 20 »
	Hausse moyenne	8.9

Ainsi, pour le premier groupe, la hausse a été de 73 p. 100, tandis qu'elle ne s'élève qu'à 8,9 p. 100 pour le second ! Le contraste est donc frappant. C'est presque exclusivement l'accroissement de la productivité des terres qui explique l'augmentation si notable de la valeur du sol dans le premier groupe.

Ce fait est en complète opposition avec l'étrange affirmation de Henri Georges que nous avons signalée plus haut : « La rente », dit-il, ne naît pas de la productivité du sol ou de l'utilité de la terre. Elle ne représente, en aucune façon, une aide ou un avantage donné à la production, mais simplement le pouvoir de s'assurer une partie des résultats de la production. »

Faut-il conclure avec le socialiste américain que l'accroissement des revenus fonciers pour les départements du premier groupe ne correspond pas à une augmentation de la « rente » ?

Le développement de cette dernière se réduit alors à

bien peu de chose, et l'augmentation des taxes foncières, l'intérêt des capitaux incorporés au sol, la dépréciation des métaux précieux suffisent, dès lors, à l'expliquer !

Que dire, enfin, de la période même dans laquelle nous sommes entrés depuis 1880 ? L'abaissement rapide du prix des terres est un phénomène général. Dans beaucoup de régions, cette dépression a été très marquée, et le monopole des propriétaires fonciers qui avaient acheté leurs terres dix ans auparavant n'a guère eu d'autres effets que d'amener une diminution sensible de leur fortune.

L'impôt unique d'Henry Georges, cette taxe équivalente à la rente, aurait donc subi une réduction inévitable, et les rêves du socialiste américain n'auraient pas été réalisés.

Nous nous contentons, en ce moment, d'opposer des arguments à d'autres arguments, des raisonnements à d'autres raisonnements, des faits à des hypothèses. Cherchons, maintenant, quelle est la valeur de la « rente », quel est le prix de ce monopole dont l'abolition rendrait à la société les richesses dont elle est dépouillée. Le calcul exact de cette part du produit agricole est impossible. Nous ne sommes pas capables d'en apprécier le chiffre. Mais ce dernier est certainement inférieur aux revenus de la terre dans son ensemble ; voilà ce qui est certain, et personne ne le conteste. Or, les loyers agricoles ne dépassaient pas en France, vers 1879, 2 milliards 545 millions. Depuis cette époque, ils se sont abaissés fort probablement de 25 p. 100. La dépréciation de la propriété foncière rurale est un phénomène que tout le monde constate, et la baisse que nous évaluons à 25 p. 100 pourra même paraître trop faible. Les revenus de tous les propriétaires ruraux n'atteignent donc pas, aujourd'hui, 2 milliards.

Sans tenir compte de la valeur des bâtiments ruraux et des améliorations foncières de toute nature qui sont bien l'œuvre des propriétaires, c'est à cette somme que se réduit la « rente » du sol.

Répartie entre 38 millions de Français elle correspondrait à un revenu annuel de 52 francs !

Allons plus loin encore. Supposons que la « rente » du sol des propriétés bâties soit brusquement confisquée. Le revenu net imposable des propriétés bâties s'élevait, en 1889, à 2 milliards en chiffres ronds. Nous admettrons que la moitié de ce chiffre correspond à la « rente » des terrains occupés par des constructions.

Il faut augmenter de moitié les chiffres indiqués plus haut à propos de la répartition de la rente du territoire agricole. On trouve ainsi 78 francs pour chaque citoyen de notre pays. Cette somme dérisoire ne permettrait sans doute pas d'ajouter 312 francs par an au budget de chaque famille. Encore faudrait-il déduire de ce revenu toutes les charges que supportent les propriétaires actuels, c'est-à-dire l'impôt foncier avec les centimes locaux, la contribution des portes et fenêtres, au moins pour la portion qui incombe aux personnes habitant leurs propriétés, et tous les frais d'assurances, de réfection ou de grosses réparations dont le montant n'a pas été déduit du revenu net imposable des propriétés bâties. Comment cette confiscation accomplie au nom des intérêts de la majorité permettrait-elle d'améliorer le sort du pauvre ?

Nous sommes donc amené à constater une fois de plus l'impuissance absolue, et la détestable stérilité de la révolution que propose le socialisme contemporain comme un remède souverain à toutes les misères.

Il y a quelques instants nous citions les paroles d'Henry Georges célébrant le bonheur de l'humanité, lorsque la « rente » aurait été supprimée.

« Ce n'est pas seulement une classe qui deviendrait plus riche ; mais toutes les classes. Ce n'est pas seulement une classe qui aurait plus que le nécessaire, qui jouirait des agréments et élégances de la vie, mais toutes. »

Soit ! Le rêve est une réalité. La rente est distribuée entre tous ceux qui en subissaient auparavant la charge accablante ; dans les champs et dans les villes, la valeur du sol a été confisquée au profit de la collectivité ! Il n'y a plus de propriétaire... et le revenu de chaque famille n'est pas augmenté de 312 francs par an !

Telle est la réalité, la sévère et triste réalité. Combien elle est différente des rêves dont on nous a parlé, et qu'il est douloureux de ne pas pouvoir donner à tous la richesse, en privant quelques-uns du superflu ! Mais il y a loin de la véritable situation de l'homme dans les dernières années du XIXe siècle, à l'âge d'or que nous décrivent et nous promettent les socialistes. Abolissez la rente, disent-ils, supprimez le droit de propriété de l'homme sur la terre « et une fois la misère détruite, une fois l'avidité du gain changée en de plus nobles passions, une fois la fraternité née de l'égalité mise à la place de la jalousie et de la crainte qui excitent aujourd'hui les hommes les uns contre les autres ; une fois l'intelligence délivrée de ses chaînes, *grâce à des conditions d'existence assurant au plus humble l'aisance et le loisir,* qui peut mesurer à quelle hauteur s'élèvera notre civilisation ? Les mots manquent pour rendre la pensée ! C'est l'âge d'or que les poètes ont chanté et dont les prophètes ont parlé avec de splendides métaphores ! C'est la vision glorieuse qui a toujours hanté l'homme de ses rayons d'une splendeur incertaine. C'est ce qu'a vu à Pathmos celui qui s'est éteint dans une extase. C'est l'apogée du Christianisme, la Cité de Dieu sur la terre, avec ses murs de jaspe et ses portes de perles ! C'est le règne du Prince de la Paix ! » (1).

Hélas ! Ces paroles éloquentes nous attristent sans nous convaincre. Non ; la détestable pauvreté ne peut être ainsi transformée en une heureuse médiocrité et la « vision glorieuse » dont parle Henry Georges s'évanouit soudain, lorsqu'on ouvre les yeux.

Les copartageants sont trop nombreux pour que le superflu du riche puisse faire disparaître la misère des « déshérités ». Nous le répétons avec une profonde conviction ; ce ne sont pas les parts qui restent trop inégales, c'est la masse à partager qui est trop faible. — Certes, la production industrielle pourraît être largement développée aujourd'hui, grâce aux merveilleux agents de transformation que nous a donnés le génie toujours plus fécond de nos inventeurs. Mais le produit brut de l'agriculture ne saurait être accru aussi aisément. Ce sont les denrées alimentaires et les matières premières qui nous manquent. Tous nos efforts doivent tendre à en augmenter la masse. La solution du problème social est intimement liée aux progrès de l'agriculture et à la liberté des échanges qui en est le corollaire indispensable. Sans doute, nous sommes loin de comprendre cette situation, et de l'étudier avec calme.

Bien des siècles s'écouleront avant qu'on ait ait résolu ces problèmes. Mais nous persistons néanmoins à espérer.

Le progrès ressemble à ces majestueuses marées dont le flot ne paraît quelquefois reculer que pour monter ensuite plus haut et s'avancer plus loin.

(1) H. GEORGES. *Progrès et Pauvreté*, p. 525.

La rente foncière et les salaires.

Il ne suffit pas de montrer sur quelles erreurs repose la théorie de la rente. Cette doctrine n'aurait pas été étudiée complètement si nous n'avions pas prouvé que le monopole de la propriété foncière n'a pas pour conséquence la misère du travailleur manuel. « La rente progressera pendant que les salaires baisseront, dit Henry Georges. » Et plus loin, il ajoute : « Du produit total le propriétaire prendra une part de plus en plus grande, le travailleur une part de plus en plus petite..... De tous côtés les lois de la matière nous ont été révélées ; dans chaque branche industrielle nous avons à notre service des bras de fer et des doigts d'acier qui ont sur la production de la richesse exactement le même effet qu'un accroissement dans la fertilité de la nature. Quel a été le résultat de toutes ces nouveautés ? Simplement que les propriétaires de la terre ont recueilli tout le bénéfice. Les découvertes et les inventions merveilleuses de notre siècle n'ont ni augmenté les salaires, ni allégé le travail. Elles ont simplement rendu le petit nombre plus riche, le grand nombre plus pauvre ! »

A cette affirmation si hardie, nous aurons le courage de répondre résolument : non ! cela n'est pas.

Et, tout d'abord, il est faux que le propriétaire prenne une part de plus en plus large du produit total. Nous l'avons montré déjà, c'est le contraire qui est vrai. En 1790, le produit brut de l'agriculture française s'élevait à 2,700 millions de francs et le revenu des propriétaires ne dépassait pas sans doute, 1,100 millions. La « rente » représentait donc 40 p. 100 du produit brut. Aujourd'hui, pour un produit total de 11 à 12 milliards, le revenu net des biens-fonds ruraux ne dépasse pas 2 milliards, et la part attribuée aux propriétaires s'abaisse à 24 p. 100 ! Ces chiffres globaux pourraient toutefois laisser subsister quelques doutes dans l'esprit du lecteur. Voici d'autres résultats empruntés à la monographie d'une exploitation rurale dont on a étudié la comptabilité depuis 1840 jusqu'à 1894 (1) :

	ANCIENNE CULTURE		NOUVELLE CULTURE	
	Par hectare	p. 100	Par hectare	p. 100
	francs		francs	
Fermage, impôts	65	21.7	84	11.»
Salaires	78	26.0	192	24.9
Frais généraux	41	13.7	74	9.6
Achat de matières	78	26.0	292	38.0
Bénéfices	38	12.6	128	16.5
Produit brut total	300	100.0	770	100.0

Il y a cinquante ans, le fermage et les impôts s'élevaient à 65 francs par hectare et représentaient 21 p. 100 du produit brut. Aujourd'hui, la part attribuée au propriétaire et au fisc atteint 84 francs et ne représente plus que 11 p. 100 du produit !

En revanche, voyons-nous diminuer le chiffre absolu des salaires ou la part relative qu'il prélèvent ? La somme dépensée sous forme de main-d'œuvre a plus que doublé ; elle a passé de 78 francs à 192 francs par hectare, et la fraction correspondante du produit brut tombe seulement de 26 à 25,9 p. 100 ! Ainsi plus du quart du produit

(1) Voir l'intéressant article de M. Convert : *La ferme de Fresnes*, dans le *Journal d'Agriculture pratique* du 31 janvier 1895, p. 172.

total est attribué aux salariés. Ailleurs, la proportion est souvent plus forte.

La comptabilité d'une ferme de Seine-et-Marne que nous avons sous les yeux prouve que la somme dépensée en salaires représente plus du tiers de la production.

Pour compléter ce que nous venons de dire, il suffit de montrer quelles ont été les variations simultanées de la valeur des terres et des salaires ruraux. Le graphique ci-joint indique clairement ces fluctuations,

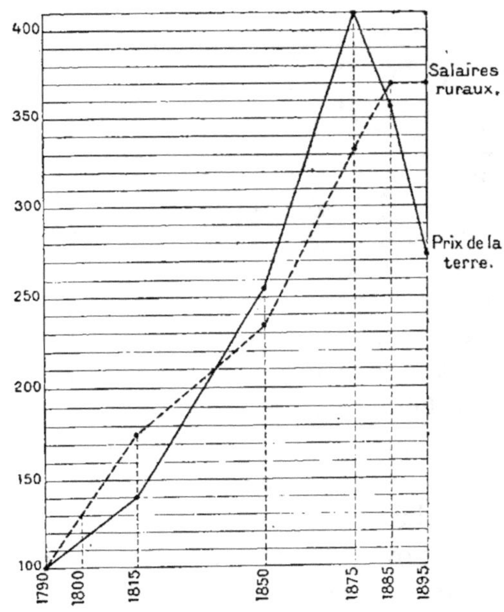

Variations du prix de la terre et des salaires.

Voici, maintenant, les chiffres correspondants (1) :

(1) Voir pour ces chiffres : *La France économique,* par A. de FOVILLE.

	VALEUR de l'hectare de terre en France	PRIX de la journée du travailleur rural (non nourri)
	fr.	fr. c.
1790.................	500	0 60
1821.................	800	1 05
1851.................	1.275	1 42
1879.................	1.730	2 00
1884.................	1.785	2 22
1894.................	1.373	2 22

En ramenant à 100 la valeur du sol et le prix de la journée de travail vers 1790, on peut noter les fluctuations suivantes plus faciles à suivre.

	VALEUR de la terre.	SALAIRES
1790.....................	100	100
1821.....................	160	175
1851.....................	255	236
1879.....................	366	333
1884.....................	357	370
1894.....................	274	370

Il demeure donc démontré qu'à presque toutes ces dates, l'augmentation des salaires ruraux avait été supérieure à l'accroissement de la « rente », ou plus exactement à celui de la valeur du sol qui y correspond assez exactement.

Nous ne pouvons noter que deux exceptions, en 1851 et en 1879. Mais, depuis cette date, les salaires sont restés stationnaires, tandis que le prix de la terre diminuait, croyons-nous, d'environ 25 p. 100!

D'ailleurs, il n'est pas douteux que les salaires ne se soient accrus d'une façon absolue, c'est-à-dire que leur prix en francs ne se soit élevé rapidement, quoique inégalement depuis 1790.

Voici encore, à titre de documents, quelques chiffres

empruntés à la monographie d'une exploitation agricole des environs de Pithiviers (1).

Variations des prix des gages domestiques (nourriture non comprise) de 1810 à 1893.

	1810 à 1820	1821 à 1830	1831 à 1840	1841 à 1850	1851 à 1860	1861 à 1870	1871 à 1880	1881 à 1890	1891 à 1893
	fr.	fr.	fr.	fr.	fr.	fr.	fr.	fr.	fr.
Premier charretier......	270	290	300	320	400	480	560	750	750
Deuxième —	200	230	250	280	350	400	450	500	500
Troisième —	150	170	180	200	280	300	400	450	400
Quatrième —	100	105	110	120	130	150	200	250	200
Première servante......	135	150	160	180	250	300	320	400	400
Deuxième —	90	100	110	120	»	»	»	»	»
Vacher ou garçon de cour.	.....	.....	.....	.....	450	600	720	600	600
Jardinier.............	.....	.....	.....	.....	.....	500	600	650	700

Non seulement l'accroissement des salaires ou gages est nettement marqué surtout à partir de 1851, mais on peut voir encore que la rémunération du travail manuel ne s'est pas abaissée à partir de 1881 ou 1890 malgré la diminution de la valeur du sol.

Ce dernier phénomène si intéressant et si curieux même peut être observé ailleurs que dans l'Orléanais. Les renseignements suivants, puisés dans la comptabilité d'une ferme de l'Aisne (arrondissement de Château-Thierry), le prouvent très clairement.

(1) *Journal d'Agriculture pratique,* n° du 31 janvier 1895. Article de M. CONVERT

Ferme de X.. , arrondissement de Château-Thierry.

| | GAGES EN ARGENT (nourriture non comprise.) | | |
	1874.	1882.	1892.
	fr.	fr.	fr.
Premier charretier	500	600	600
Deuxième —	450	500	525
Troisième —	350	400	425
Chargeur en moisson	500	525	550
Vacher	600	650	700
Servante	300	350	460
Berger (non nourri)	1.000	1.050	1.050

Depuis 1882 jusqu'à 1892, les fermages et le prix des
terres ont diminué de 25 ou 30 p. 100, et cependant les
gages sont restés stationnaires ; parfois même ils se sont
élevés ! Ce contraste ne justifie pas les conclusions des
défenseurs de la théorie de la « rente ». L'accroissement
des loyers agricoles n'a nullement empêché les salaires
de s'élever depuis 1851 jusqu'à 1880 ; nous l'avons
prouvé. L'état stationnaire des salaires doit être simplement rattaché à une baisse de la *valeur* du produit brut
agricole, baisse évidemment momentanée et qu'explique
à cette heure la dépression du cours des principales denrées.

Conclusion.

Avant de terminer cette étude, il nous faut maintenant
résumer les principales questions qui ont été posées et
rappeler les solutions que nous avons proposées.

Les socialistes affirment qu'il existe une « rente » distincte des capitaux incorporés au sol pour l'améliorer ou
en faciliter la culture. La « rente » est le prix d'un monopole et tend à grandir sans que le propriétaire apporte
une aide ou un avantage à la production.

Cette affirmation peut être combattue par l'étude des faits. Il est presque impossible, en réalité, de distinguer la rente de l'intérêt légitime des dépenses faites pour améliorer les héritages ruraux. L'accroissement incontestable de la valeur du sol est donc en partie expliquée par ces avances. Il l'est encore par l'augmentation des charges fiscales, et par la dépréciation de l'unité monétaire dont le pouvoir d'achat a diminué de 30 à 40 p. 100 depuis un siècle.

Il n'est pas permis de soutenir que le propriétaire joue le rôle d'un parasite prélevant un tribut sur la production agricole sans coopérer réellement et efficacement à son développement. Le propriétaire est, au contraire, l'auxiliaire, le banquier et le directeur du cultivateur, il veille avec toute l'attention que commande le souci de ses intérêts personnels, à la bonne culture du sol, et à l'accroissement de sa valeur intimement liée à sa productivité.

Cette conclusion est assurément exacte lorsqu'il s'agit de biens-fonds soumis au régime du fermage ou du métayage ; elle reste, à plus forte raison, admissible lorsqu'il s'agit des terres cultivées par le propriétaire lui-même. L'invincible attachement du « paysan » au sol dont il est le maître explique les efforts bien connus qu'il déploie pour en augmenter la fécondité.

On pourrait croire que le prix des terres et leur valeur locative s'élève graduellement et fatalement à mesure que le monopole des propriétaires devient plus précieux pour eux et plus onéreux pour tous. C'est là une erreur ; et cette affirmation gratuite est démentie par les faits. Au XVIIe siècle, comme au XVIIIe et au XIXe, on a constaté des périodes prolongées de hausse et de baisse que la théorie de la rente ne peut expliquer. Alors même que le prix du sol s'accroît d'une façon générale, on observe des contrastes frappants dans le taux des plus-values suivant

les régions d'un même pays. Presque toujours, l'accroissement de la valeur des terres est d'autant plus rapide
que la productivité du sol a été plus aisément développée.

Ces faits sont en contradiction absolue avec la loi de
la rente.

Enfin la valeur de cette dernière, si incertaine déjà, et
si difficile à préciser, n'a certainement pas l'importance
qu'on lui prête complaisamment. Alors même qu'on abo-
lirait la « rente », alors même que l'on confisquerait au
profit de l'État le revenu tout entier du territoire agricole, la part de ces dépouilles attribuée à la population
de la France ne saurait suffire à donner l'aisance aux
« déshérités ».

La solution de la question sociale n'est donc pas liée à
la suppression de la « rente » du sol. Le seul moyen
d'accroître le bien-être de tous, c'est de développer la
production et, en particulier, la production agricole.

Enfin, il n'est pas vrai que l'augmentation de la valeur
du sol corresponde à une réduction des salaires. Ces derniers s'élèvent, au contraire, en même temps que les
loyers agricoles. A mesure que la richesse de la culture
augmente, la part du produit brut réservée aux propriétaires diminue d'une façon relative. Loin de prélever sur
les produits du travail de tous une dîme plus abondante,
le seigneur foncier de notre époque la voit diminuer graduellement. Ses revenus décroissent même durant les
périodes de crise, tandis que les salaires restent stationnaires.

Telles sont, résumées en quelques lignes, les conclusions que comporte l'examen de l'étude critique de la
théorie de la « rente foncière ».

TABLE DES MATIÈRES

IMPRIMERIE LEMALE ET Cⁱᵉ, HAVRE